国家级职业教育规划教材
人力资源和社会保障部职业能力建设司推荐
全国高等职业技术院校化工类专业教材

化工生产技术

崔世玉 主编

中国劳动社会保障出版社

图书在版编目(CIP)数据

化工生产技术/崔世玉主编. —北京：中国劳动社会保障出版社，2012
全国高等职业技术院校化工类专业教材
ISBN 978-7-5167-0025-9

Ⅰ. ①化… Ⅱ. ①崔… Ⅲ. ①化工生产-生产技术-高等职业教育-教材 Ⅳ. ①TQ06

中国版本图书馆 CIP 数据核字(2012)第 286554 号

中国劳动社会保障出版社出版发行
(北京市惠新东街 1 号 邮政编码：100029)
出 版 人：张梦欣
*
三河市华骏印务包装有限公司印刷装订 新华书店经销
787 毫米×1092 毫米 16 开本 15.25 印张 357 千字
2012 年 12 月第 1 版 2024 年 7 月第 8 次印刷
定价：28.00 元
营销中心电话：400-606-6496
出版社网址：http://www.class.com.cn
http://jg.class.com.cn

前　言

随着我国化学工业的迅速发展，化工企业对从业人员的知识结构和技能水平提出了更高的要求。为了更好地满足企业的用人需要，促进高等职业技术院校化工类专业教学工作的开展，加快高技能人才培养，我们组织有关院校的骨干教师和行业、企业专家，对专业培养目标、课程设置、教学模式进行了深入研究，开发了全国高等职业技术院校化工类专业教材。

本次开发的教材包括《基础化学》《化工安全与环保》《化工电气与仪表》《化工识图与CAD》《化工分析》《化工生产仿真实训》《化工单元操作》《化工生产技术》《化学分析》《仪器分析》《工业分析》《化验室组织与管理》《精细化工概论》，以及《基础化学习题册》和《化工识图与CAD习题册》。

本次教材开发工作的重点有以下几个方面：

第一，坚持高技能人才培养方向，突出教材的职业特色。以职业能力为本位，从职业（岗位）分析入手，根据高等职业技术院校化工类专业毕业生所从事职业的实际需要，科学确定学生应具备的知识和能力结构，避免专业知识过深、过难，同时进一步加强实践性教学，提高教材的实用性。

第二，体现化工行业发展趋势，突出教材的先进性。根据化工行业的发展现状，尽可能多地在教材中体现本行业的新知识、新技术、新工艺和新设备，并严格执行国家有关技术标准，使教材具有鲜明的时代特征。

第三，创新编写模式，突出教材的直观性。按照学生的认知规律，合理安排教材内容，并尽量采用以图代文的编写形式，注重利用图表、实物照片辅助讲解知识点和技能点，激发学生的学习兴趣。为了配合学校的教学改革，部分教材采用了任务驱动的编写思路。

本套教材可供全国高等职业技术院校化工类专业（应用化工技术专业、化工工艺专业、工业分析与检验专业、精细化学品生产技术专业等）选用，也可作为职业培训教材。本套教材的编写工作得到了山东、四川、河南、广西等省、自治区人力资源和社会保障厅及有关院校的大力支持，在此，我们表示诚挚的谢意。

人力资源和社会保障部教材办公室

2012年11月

简　介

本教材按照项目化教学、任务驱动和基于工作过程的思路组织编写，创设具体的工作情境，选择具有典型性、代表性、可操作性的工作任务，分析完成任务需要运用的工作方法和所需掌握的知识，突出完成任务的过程、步骤和工作技能，重点讲述化工生产过程所需要的化工生产技术。

本教材共分为五个模块，包括化工装置开车前准备、化工装置原始开车、化工装置正常生产工况维持、化工装置停车和典型化工装置运行与开、停车。

本教材为高等职业技术院校化工类专业教材，也可作为成人教育教材和职业培训教材。

本教材由崔世玉主编，王玉玖、穆远庆、杨发财、朱景洋、孙欣欣参加编写，刘振河审稿。

目　录

绪 论

一、"化工生产技术"的含义

化学工业又称为化学加工工业，主要是指采用化学方法将原料加工成有价值的产品的工业，即通过一系列物理、化学分离和化学反应，包括催化、电化和生化反应过程，改变物料的形态、微观结构和化学组成，以得到制成品。

化学工程是研究化工生产中共性规律的一门工程技术学科，它的一个重要任务就是研究有关工程因素对过程和装置的效应，特别是放大中的效应。

化工生产技术是指将原料物质主要经过化学反应转变为产品的方法和过程，包括实现这种转变的全部化学的和物理的措施。

化工生产技术的主要任务就是广泛而综合应用物理、化学、物理化学、化学工程、化工设备等学科的理论和知识以及技术经济方面的有关原则，按照国家的方针政策，选定具体化工生产过程应采用的原料路线、技术方案、工艺条件、设备选型等生产过程的必要环节，确定其最佳的经济技术指标，评价过程的经济效益和社会效益。

化工生产技术以过程为研究目的，是将化学工程学的先进技术运用到具体生产过程中，以化工产品为目标的过程技术。随着科学技术与国民经济的发展，化工生产技术的范围也在不断扩大，如生产过程中的过程控制与优化技术、环境与安全控制技术及节能减排技术等，只要涉及化工生产的，都可以列入化工生产技术的范畴，例如，化工生产自动化技术、化工生产环境治理技术、化工生产安全技术、化工生产管理技术等。通常所说的化工生产技术主要指依据化学反应原理和规律实现化工产品生产的工业技术。

二、化学工业的分类

化学工业既是原材料工业，又是加工工业，不仅包括生产资料的生产，还包括生活资料的生产，是一个多行业、多品种的产业。化学工业常见的有以下几种分类方法。

按化学特性分类，可分为无机化工、有机化工、高分子材料化工、精细化工等；按原料来源分类，可分为煤化工、石油化工、盐化工、天然气化工、矿产化工、海洋化工、农林化工等；按产品的用途分类，可分为日用化工、农用化工、食品化工、药物化工、国防化工、环境化工、能源化工、信息化工、材料化工、皮革化工、冶金化工、硅酸盐化工等；按产品行业和工业规模，依据我国统计的方法分类，可分为合成氨及肥料工业、硫酸工业、制碱工业、无机物工业、精细化工业、橡胶加工业、化学矿冶炼工业、化工机械加工业等。

三、化学工业的行业特征

化学工业的行业范围很广，归纳它们的大体特征是：

1. 品种多，发展和更新速度快

化工产品产值的发展速度历来快于整个工业的发展速度，而且化工生产技术的进步快，产品更新快，几乎日新月异，新产品、新工艺层出不穷。

2. 原料、生产方法和产品的多样性及复杂性

在化学工业中，从原料、生产方法到产品，都具有复杂性和多样性的特点。

3．设备特殊，投资大、更新快

化学工业是个装置工业，设备分为通用设备和专用设备以及标准设备和非标准设备。由于化工产品多达数千万个品种，生产工艺流程不尽相同，往往专用设备多于通用设备，非标准设备多于标准设备，因此，在建厂投资时，设备投资大，而且设备使用寿命短，更新快。

4．知识技术密集，投资和资金密集

产品的更新，技术的进步，需要先进的测试仪表和高科技含量的技术，许多开发技术具有知识产权，而研究开发的经费投资较高，往往一个开发研究要投入较多的技术人员协作攻关，经过数年才能突破。当市场上有某种化工产品时，就同时必须研究第二代更新换代产品和第三代技术储备，才能应对不断更新的市场需要。

5．能量消耗密集和物质消耗密集

化工生产尤其是基本原料化工的生产，消耗较多的自然界原料或经过初加工的原料，许多化工产品消耗较多的能量，因此，研究节能、降耗是创造更大效益的重要环节。

6．要求环境保护和防治，要求自动控制条件比较严格

化工生产中往往存在着有毒、有害和易燃易爆、腐蚀或有令人不愉快的气味或各种刺激性的原材料、辅助材料、产品、副产品和中间体等。要求连续化生产不排放或少排放有害环境的物质。在治理环境处理“三废”时，化工生产又可以获得变废为宝的副产物，充分利用资源。所以化工企业是环境保护和治理的重点企业。

四、化工生产过程组成

化工产品种类繁多，性质各异。不同的化学产品，其生产过程不尽相同；同一产品，原料路线和加工方法不同，其生产过程也不尽相同。但是，化工生产过程一般都包括原料的净化和预处理、化学反应过程、产品的分离与提纯、“三废”处理及综合利用等。

1．生产原料的准备（原料工序）

该工序包括反应所需的各种原、辅料的储存、净化、干燥、加压和配制等操作。

2．反应过程（反应工序）

该工序以化学反应为主，同时还包括反应条件的准备，如原料的混合、预热、气化，产物的冷凝或冷却以及输送等操作。

3．产品的分离与提纯（分离工序）

反应后的物料是由主、副产物和未反应的原料形成的混合物，该工序是将未反应的原料、溶剂以及主、副产物分离，对目的产物进行提纯精制。

4．综合利用（回收工序）

该工序包括对反应生成的副产物、未反应的原料、溶剂、催化剂等进行分离提纯、精制处理，以利于回收使用。

5．“三废”处理（辅助工序）

该工序包括化工生产过程中产生的废气、废水和废渣的处理以及废热的回收利用等，化工生产过程的组成如图 1 所示。

为保证化工生产的正常运行，还需要动力供给、机械维修、仪器仪表、分析检验、安全和环境保护、管理等保障和辅助系统。

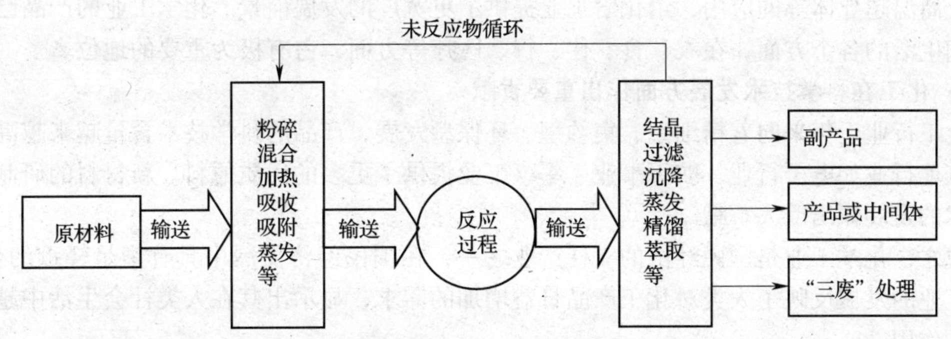

图 1　化工生产过程的组成

五、化学工业在国民经济中的主要作用

化学工业是国民经济的一个重要工业部门，它与国民经济各部门和人民生活各方面都有着不可分割的联系。进入 21 世纪以来，化工产业保持快速增长，产业规模不断扩大，综合实力逐步提高。工业增加值年均增长 20% 左右，拉动国民经济增长约 1 个百分点。化肥、农药、成品油、乙烯、合成树脂等产品产量位居世界前列，化学工业在国民经济中的主要作用如下。

1. 化学工业促进了农业的发展

化学工业提供了大量的化肥、农药、塑料薄膜、排灌胶管和植物生长刺激素等产品，在农业增产中发挥了重要作用。最近 20 年，我国农业增产有 40% 是依靠化肥的作用。另外，2009—2011 年，石化产业保持平稳较快增长。2009 年实现平稳运行，经过三年调整和振兴，到 2011 年，产业结构趋于合理，发展方式明显转变，综合实力显著提高，农资保障能力逐步增强。到 2011 年，化肥年产量达到 6 250 万吨（折纯），钾肥年产量达到 400 万吨（折纯），高浓度化肥比例提高到 80%；在原料产地生产的化肥比例提高到 60%，生产成本大幅下降；化肥储备基本满足市场调控需要。高效低毒低残留农药比例显著提高，农用柴油供应网络不断完善。

2. 化学工业为其他工业提供了大量的原材料

各种各样的化工厂为农业、纺织工业、石油工业、汽车工业、电子信息工业提供了各种各样的化工产品，例如，涂料、油漆、金属加工助剂、香料、香精、合成材料助剂、食品添加剂、无机颜料、填料、合成胶黏剂、吸附剂、电子工业用助剂、石油蜡、表面活性剂、化学试剂、农药原药、染料、涂料助剂、工业用清洗剂、纺织染整助剂、选矿药剂及冶炼助剂、建筑用精细化学品、天然胶黏剂、饲料添加剂、植物生长调节剂、石油产品添加剂、皮革化学品、造纸助剂、有机颜料、涂料乳液及成膜物质、磁性材料、不锈钢材、有色金属合金、非金属矿产、建筑钢材、金属丝、绳、金属粉末、有色金属矿产、黑色金属矿产、涂镀产品等，给其他工业节约了成本，增加了整个行业的产出。

3. 化学工业为人类提供了生活用品

化学加工在形成工业前的历史，可以从 18 世纪中叶追溯到远古时期，从那时起人类就能运用化学加工方法制作一些生活必需品，如制陶、酿造等。从那时起化工就肩负起为人类提供大量生活用品的重任。在这一阶段，无机化工已粗具规模，有机化工正在形成，高分子化工处于萌芽时期。近年来，高新技术和新材料发展迅速，如复合材料、信息材料、纳米材料以及高温超导体等的应用，给化学工业提供了更宽广的发展前景。化学工业的产品已深入到人们生活的各个方面，在衣、食、住、行、医疗等方面，占有极为重要的地位。

4. 化工在科学技术发展方面作出重要贡献

化工行业近年来向着精细型、集约型、环保型发展，产品的科学技术含量越来越高，并且为其他行业如电子行业、航天事业、军事工业提供了更多的优质原料。新材料的研制为科学技术的发展作出巨大贡献。

总之，化学工业是国民经济的支柱产业之一，在国民经济发展中具有举足轻重的作用。化学工业的发展反映了人类对化工产品日益增加的需求，显示出其在人类社会生活中越来越重要的作用。

六、化工生产技术课程的性质及要求

本课程是高职高专及技工院校化工生产技术类专业的一门核心专业课程，也是其他相近专业的一门必修课，是在学生具备了基础化学、化工制图、化工单元操作、化学反应设备等基本知识、基本技能和基本能力后的一门专业课，也是化工生产技术类专业后续专业课的先行课。本教材以全新的视角，综合分析了当今化工装置及其设备生产操作所具有的共同属性，系统介绍了一个化工厂从原始开车到转入正常生产、正常工况维持及停车操作等所需要的各种化工生产工艺技术知识。通过各项操作技能训练，使学生达到化工总控工高级技工职业技能水平。

本课程的主要任务是培养学生系统掌握化工生产工艺技术知识，掌握从事化工装置原始开车、正常生产、正常工况维持及停车操作等所必备的生产操作技能。

本课程的要求是：以化工装置为载体，以开车、正常操作、停车为脉络，以工艺操作为驱动，在教师的指导下，充分发挥学生学习和演练的主体作用，重点培养学生各项操作技能，同时使学生学会化工装置生产的组织与管理，使之成为既懂操作技术、又懂管理的化工高技能人才。

思考练习题

1. 化学工业在国民经济中的地位如何?
2. 举例说明化学工业的产品及应用。
3. 按生产原料及产品划分，化学工业分为哪些行业?
4. 现代化学工业有何特点?
5. 什么是化工生产技术?
6. 试以原料的变迁和技术的发展说明化学工业的发展过程。
7. 现代化工生产技术有何特点?试举例说明。
8. 本课程学习的主要内容有哪些?它与学生所学专业的主要专业基础课和后续专业课有何区别和联系?

【知识链接】

化学工业发展简史

化学加工在形成工业之前的历史，可以从18世纪中叶追溯到远古时期，从那时起人类就能运用化学加工方法制作一些生活必需品，生产均为作坊式手工工艺，如制陶、酿造、染色、冶炼、制漆、造纸以及制造医药、火药和肥皂等。

在18世纪初叶，第一个典型的化工厂建成，以含硫矿石和硝石为原料的铅室法生产硫酸。到20世纪初，以酸、碱为基础的无机化工粗具规模。同期，德国首创了肥料工业和煤化学工业，人类进入了化学合成的时代。

20世纪初，化学家F.哈伯发明了合成氨技术，于1913年在化学工程师C.博施的协助下建成世界上第一个合成氨工厂，使氮肥工业得到迅速发展。合成氨工艺是工业化实现高压催化反应的第一个里程碑，有力地促进了无机化工和有机化工的发展。

从20世纪初至第二次世界大战后的60—70年代，是化学工业真正变为大规模生产的主要阶段，石油化工、高分子材料、精细化工得到蓬勃发展。

1920年，美国开始大规模发展石油化工。1939年美国标准油公司开发了加氢催化重整过程。1941年，美国建成第一套以炼厂气为原料制乙烯的装置。在第二次世界大战以后，由于化工产品市场不断扩大，石油可提供大量廉价有机化工原料，同时，由于化工生产技术的发展，逐步形成石油化工。由于基本有机原料及高分子材料单体都以石油化工为原料，所以人们以乙烯的产量作为衡量有机化工的标志，20世纪80年代，90%以上的有机化工产品来自石油化工。

高分子材料在战时用于军事，战后转为民用，获得了极大的发展，成为新的材料工业。作为战略物资的天然橡胶产于热带，因产地、运输的限制，许多国家进行化学法合成橡胶研究。1937年德国法本公司开发合成橡胶获得成功，以后各国又陆续开发了顺丁、丁基、氯丁、丁腈、异戊、乙丙等多种合成橡胶。1937年，美国成功地合成尼龙66，以后涤纶、维尼纶、腈纶等陆续投产，也因为有石油化工为其提供原料保证，逐渐占有天然纤维和人造纤维大部分市场。在塑料方面，继酚醛树脂后，又生产了醇酸树脂等热固性树脂。1939年，高、低压聚乙烯、聚丙烯的开发成功，为民用塑料开辟了广泛的用途，这一时期还出现了耐高温、抗腐蚀的材料。第二次世界大战后，一些塑料也陆续用于汽车工业、建筑材料、包装材料等。在氯丁橡胶实现工业化和尼龙66合成以后，高分子化工蓬勃发展，塑料、合成橡胶和合成纤维的大规模工业生产，使人类进入了合成材料的时代。

在精细化工方面，人类发明了活性染料，使染料与纤维以化学键相结合，使合成纤维及其混纺织物在新型染料推动下交互发展。此外，还有用于激光、液晶、显微技术等的特殊染料。20世纪40年代，瑞士P.H.米勒发明第一个有机氯农药之后，又开发了一系列有机氯、有机磷等具有胃杀、触杀、内吸等特殊作用的高效农药。20世纪60年代后，高效低毒或无残毒的农药发展极快。此外，还有抗生素农药，如我国1976年研制成功的井冈霉素，用于抗水稻纹枯病；在医药方面，1910年法国制成606砷制剂（根治梅素的特效药）后。1928年，英国开辟了抗生素药物的新领域，之后还成功研制治疗生理方面疾病的药物，如治疗心血管疾病、精神疾病等的药物以及避孕药。此外，还有一些专用诊断药物问世。在涂料行业，也摆脱了天然油漆的传统束缚，改用如醇酸树脂、丙烯酸树脂等合成油漆，以适应汽车工业等高级涂饰的需要。第二次世界大战后，丁苯胶乳制成水性涂料，成为建筑涂料的主要品种，采用高压无空气喷涂、静电喷涂、电泳涂装、阴极电沉积涂装、光固化等新技术，可节省劳动力和材料，并发展了相应的涂料品种。

20世纪60—70年代以来，化学工业各企业间竞争激烈，由于对反应过程的深入了解，可以使一些传统的基本化工产品的生产装置日趋大型化，以降低成本。与此同时，由于新技术革命的兴起，对化学工业提出了新的要求，推动了化学工业的技术进步，发展了精细化工、超纯物质、新型结构材料和功能材料。

1963年，美国凯洛格公司设计建设第一套日产540 t合成氨单系列装置，这是化工生产装置开始大型化的标志。从20世纪70年代起，合成氨单系列生产能力已发展到日产900 ~1 350 t，20世纪80年代出现了日产1 800 ~2 700 t合成氨的装置，其吨氨总能量消耗大幅度下降。乙烯单系列生产规模从20世纪50年代年产5万吨发展到20世纪70年代年产10万~30万吨，20世纪80年代初新建的乙烯装置最大生产能力达年产68万t。其他化工生产装置如硫酸、烧碱、基本有机原料、合成材料等均向大型化发展，规模大型化减少了对环境的污染，提高了长期运行的可靠性，促进了安全、环保防护技术的迅速发展。

自20世纪60年代以来，信息技术用化学品得到了较快发展，大规模集成电路和电子工业迅速发展，所需电子计算机的器件材料和信息记录材料也得到迅速发展。20世纪60年代以后，多晶硅和单晶硅的产量以每年20%的速度增长。随着半导体器件的发展，气态源如磷化氢（PH_3）等日趋重要，它不仅用于音频记录、视频记录等，更重要的是用于计算器作为外存储器及内存储器，有磁带、磁盘、磁鼓、磁泡、磁卡等多种类型，不仅用于光纤通信，而且在工业上、医疗上作为内窥镜材料。

20世纪60年代已开始用尼龙、聚缩醛类以及丙烯腈－丁二烯－苯乙烯三元共聚物等为结构材料，它们具有高强度、耐冲击、耐磨、抗化学腐蚀、耐热性好、电性能优良等特点，并且自重轻，易成形，广泛用于汽车、电器、建筑材料、包装等方面。20世纪60年代以后，又出现了耐热性高、密度小、比强度高、韧性好的复合材料，特别适于作为航天、航空及其他交通运输工具的结构件，以代替金属，节省能量。氟材料也发展迅速，由于它们具有突出的耐高低温性能、优良电性能、耐老化、耐辐射，广泛用于电子与电器工业、核工业和航天工业，又由于它们具有生理相容性，也可作为人造器官和生物医疗器材。

20世纪50年代原子能工业开始蓬勃发展，要求化工企业生产重水、吸收中子材料和传热材料以满足航天事业的需要。固体推进剂由胶黏剂、增塑剂、氧化剂和添加剂所组成。液体高能燃料有液氢、煤油、偏二甲肼、无水肼等，氧化剂有液氧、发烟硝酸、四氧化二氮等。这些产品都有严格的性能要求，已形成一个专门的生产行业。为了满足节能和环保的要求，1960年美国试制成可以用于生产的膜，以淡化、处理工业污水，以后又扩展用于医药、食品工业，但这种膜易于生物降解，也易水解，使用寿命短。1970年又开发了芳香族聚酰胺反渗透膜，它能够抗生物降解，但不能抗游离氯。1977年，改进后的复合膜用于海水淡化，每立方米淡水仅耗电23.7 ~28.4 MJ。聚砜中空纤维气体分离膜用于合成氨尾气的氢氮分离及其他多种气体分离，这种技术比其他工业分离方法节能更多。1971年，美国福特汽车公司及西屋电气公司以β－氮化硅（β－SiN）为燃汽透平的结构材料，运行温度曾高达1 370℃，以提高功效，节省燃料，减少污染，为良好的节能材料，但经10年试验，仍存在不少问题，尚须进一步改进，现主要用做陶瓷发动机、透平叶片、导电陶瓷、人造骨等。陶瓷的主要物系有氧化物系和非氧化物系，如氧化铝、氧化锆等氧化物系，如碳化硅、氮化硼等非氧化物系。20世纪80年代，为改进陶瓷的脆性，又开发了硅碳纤维增强陶瓷。

专用化学品也得到进一步发展，它以很少的用量增进或赋予另一产品以特定功能，获得很高的实用价值。例如，食品和饲料添加剂，塑料和橡胶助剂，皮革、造纸、油田等专用化学品，以及胶黏剂、防氧化剂、表面活性剂、水处理剂、催化剂等。以催化剂而言，电子显微镜、电子能谱仪等现代化仪器的发展，有助于了解催化机理，因而制备成各种专用催化剂，也标志着催化剂的发展进入了一个新阶段。

模块一　化工装置开车前准备

新建或大修后的化工装置，从建设竣工到原始开车需要做大量的准备工作。本模块主要从总体试车方案网络图识读、动设备单体试车、系统吹扫和清洗、设备和管道酸洗与钝化、系统水压试验和气密性试验、装置联动试车这6个方面对化工装置开车前的准备进行全面学习与训练，以便学生能掌握化工装置开车前准备工作的理论知识和操作技能。

任务1　总体试车方案网络图识读

学习目标

了解总体试车方案的作用，掌握总体试车方案的内容。能够识读总体试车方案网络图，确定网络图关键线路。

任务引入

一个新建或者大修后的化工厂，从基本建设交工到转入投料试生产都要经过一个漫长的交替过程。由于各个单项工程不可能在一天之内完成，这就涉及各个单位的合理安排和衔接，因此，必须有一个统一的试车方案来约定各个方面的工作。总体试车方案成为顺利启动化工装置的关键因素。本任务要求识读总体试车方案网络图。

任务分析

总体试车方案与单个装置试车方案的主要区别在于“总体”二字，该方案的主要目的是组织、协调各装置之间包括上下游装置之间以及主装置和公用工程装置之间的相互配合关系，以期安全顺利而又最经济地启动一个工厂或大中型联合装置。正确识读总体试车方案的关键是将组成网络图的元素进行分解、分析。

相关知识

一、总体试车方案的作用

1. 大型化工装置在试车期间只有投入，没有产出。大型化工装置自开车之日起到通用折旧寿命期的一般盈亏情况曲线图如图1—1—1所示。

由图1—1—1可见，开工第一年是亏损最为严重的一年，而其亏损额往往要用3~5年才能填平，因此，通过总体试车方案的制定和实施，用最少的资金迅速顺利地启动化工装置

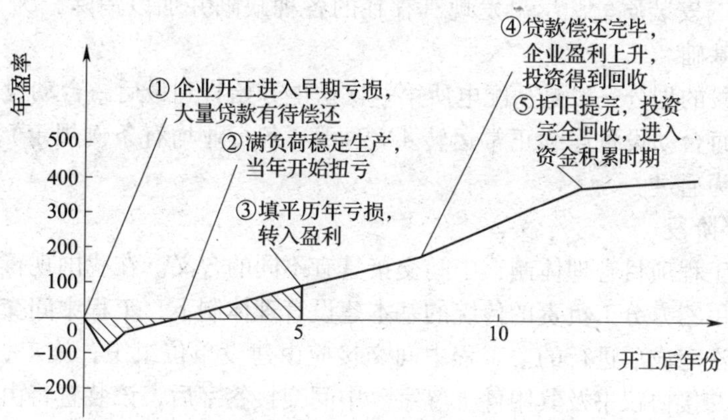

图1—1—1　大型化工装置盈亏

并使之尽早步入盈利状态，是每个单位必须认真考虑的问题。

2. 现代化工装置大型化、超大型化的发展，既为企业带来了规模效益，同时也形成了规模消耗。一套大型乙烯装置，如果在开工阶段发生上下游装置不能紧密衔接的问题，其乙烯放空损失每天将在200万元以上。因此，开工组织者和所有开工人员要精心考虑和妥善安排每一个开工步骤摆放的顺序、占用的时间、前后的衔接以及发生意外情况时的应急措施等，尽可能地优化整个开工步骤，缩短开工周期，减少资金的投入，以期取得最佳的经济效果。

3. 由于大型化工装置开工过程的长周期和复杂性，要求必须有一个严密的总体试车方案。

（1）从基本建设自身的规律来讲，涉及各个单项工程之间的合理安排和衔接，还涉及五大步骤之间甲方（工程发包方或建设单位）和乙方（工程承包方或施工单位）之间人员职责的转换和配合，因此，必须有一个统一的试车方案来约定各个方面的工作。

（2）大型化工装置的原始启动程序十分复杂，周期很长。

（3）其他方面，如财务工作需要安排流动资金的借贷计划，人事工作需要确定各种人员结束培训进入装置的时间，供销系统需要落实大宗物料和产品的运输准备等。

所有这些工作的协调，均需依靠总体试车方案的安排部署。实际上，总体试车方案就是在化工装置建设中后期围绕化工装置试车投产这一目标指挥各个方面协同作战的纲领性文件。

4. 总体试车方案最后一个重要作用就是研究和解决整个试车过程的重大关键问题。如水、电、汽等公用工程的供应，“三废”的排放及处理，原燃料质量的差异，下游生产装置的衔接等。

二、总体试车方案的内容

化工装置由基本建设（或重大技术改革，下同）施工收尾转入原始启动的程序和职责转换的标准程序划分为单机试车（含系统吹扫）、中间交接、联动试车、化工投料、装置（或系统）考核5个阶段，现将这5个阶段的主要特点简述如下：

1. 单机试车阶段

单机试车又叫单机试运，单机试运的目的是对运转机械输入动力（电力、蒸汽等）以使机械启动（由电动机至整个机组），在接近或达到额定转速的情况下初步检验该机械的制造（包括设计）与安装质量，尽早发现其存在的各种缺陷并加以消除，为下一步联动试运和化工投料打好基础。

单机试车阶段的划分一般是从配电所第一次送电开始直到最后一台动设备试车完毕。一般情况下，要求每台动设备连续正常运转 4 ~ 24 h（各行业均有条例规定），经各方联合确认合格后即可视为通过。

2. 中间交接阶段

对于不同的工程项目管理体制，中间交接具有不同的含义。在我国现行的以工程建设单位和施工单位为甲乙方分工负责的传统的基本建设管理体制下，工程中间交接是在单机试车和系统吹扫、清洗完成后进行的。工程中间交接应由建设单位组织，施工、设计单位参加，分别在工程中间交接协议书及其附件上签字。中间交接签字后，该装置将由建设单位接手管理和操作，联动试车正式开始，施工单位转入配合角色。

3. 联动试车阶段

联动试车的目的是检验装置的设备、管道、阀门、电气、仪表、计算机等的性能和质量是否符合设计与规范的要求。其试车工作一般包括：系统的气密、干燥、置换和“三剂”充填（化学药品、催化剂、干燥剂等）、耐火衬里烘烤、烘炉、惰性气体置换、仪表系统调试、以假物料（通常是空气和水、油等）进行单机或大型机组系统试运及系统水试运、油联运及实物或代用物料进行的“逆式开车”等。这也是化工装置原始启动过程中工艺程序复杂多变、甲乙各方职责和工作交叉最频繁的一个阶段。

4. 化工投料阶段

这是整个原始启动过程中最为关键的阶段。一旦进入化工投料阶段，物料在装置中将使所有设备经受真实负荷的考验，如果出现操作不当或外部条件失谐等情况，极可能发生各种事故。再从经济角度来看，化工原燃料一般要占产品成本的 60% ~ 80%，投料之后，如不能尽快生产出合格产品，必将造成严重的经济损失。因此，在化工投料前，必须严格按照标准检查是否已确实具备了投料条件，并根据投料试车方案平稳有序地进行，保证化工投料一次成功。根据多年的经验，公认的准则是“单机试车要早，吹扫气密要严，联动试车要全，投料试车要稳，经济效益要好”。

5. 装置考核阶段

这是新建化工装置原始启动的最后一个阶段，其目的是在设计规定条件下，全面检验整个化工装置的工程质量和工艺、设备的特性，确定该装置各项指标是否能够达到设计规定值或合同保证值，为最后的工程竣工验收提供依据。一般情况，考核时间为 72 h。

三、总体试车方案网络图的组成

一般情况下，网络图是由节点（node）和箭杆（arc 或称边）两个元素组成的。这两个元素的组合反映出一项计划的 3 个重要内容，分别是工序、事项、线路。

1. 工序

工序泛指一项需要消耗人力、物力或时间的具体活动过程，在网络图中用箭线表示，并在箭线上部注明工序名称，在箭线下部注明该项工序的持续时间。一项工序所包括的内容，可以根据该网络图所要反映的总体范围来设定，如在图 1—1—2 中，初步设计是作为一个工序出现的，但如果网络图所要反映的是设计工作总体计划，则该工序还可详细分解为确认设计条件、各专业设计、图样审核、出图装订等工序。

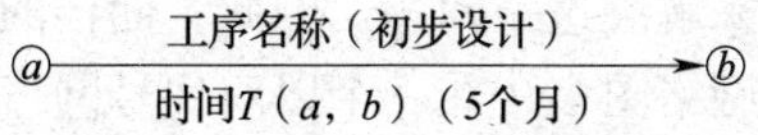

工序名称（初步设计）

ⓐ ——→ ⓑ

时间T（a，b）（5个月）

图 1—1—2　工序的表示法

在一般情况下的网络图均不带时间坐标，这时箭线的长短可以随意绘制。在有的情况下，要求网络图带有时间坐标，这时箭线的长短应按工序所需时间的比例绘制，如果必须画斜向箭线，则用箭线的水平投影来代表工序的时间。此外，在网络图中，还有一种虚工序，在两个节点之间以虚箭线表示。这种工序不占用人力、物力和时间，是一种只反映两个工序之间前后联系关系的一种虚拟工序。

在网络图中各个工序之间的关系，用紧前工序、紧后工序、平行工序、交叉工序等专用名称代表，如图 1—1—3 所示。

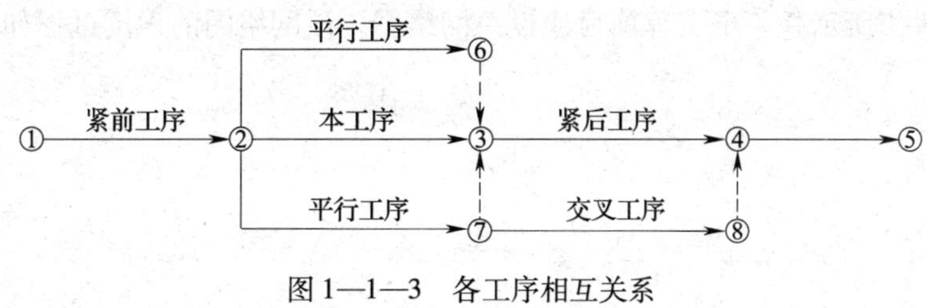

图 1—1—3　各工序相互关系

2. 事项

事项指一个工序开始或结束的瞬时阶段点。在网络图中，一般用圆圈和其中的符号（数字或字母）来表示。除去起点和终点事项外，每个圆圈都连接两条或两条以上的箭线，所以这些圆圈称为节点（或结点），每个节点都含有双重意义，既代表上一个工序的结束，又代表下一个工序的开始。节点的编号可以是连续的，也可以是不连续的。不连续编号可以在中间空出一定的备用号，以便进行局部修改。节点号码的顺序要与箭线方向相配合，箭尾的号码要小于箭头的号码，同一号码不能重复使用。两个相同号码之间只能连接一条箭线，也就是只能表示一个工序，平行的工序应另设节点表示，如需要表示逻辑关系，可在箭尾节点上以虚线相连接来表示。

3. 线路

线路是指由箭线（工序）和节点（事项）组成的整体。在一个网络图完成之后，从总起点（或称总开工事项）开始到达项目终点（或称总完工事项），顺着节点和箭线的方向前进，一般至少有两条以上的多条线路。

4. 单代号网络图

按照上述规定绘制出来的网络图称为双代号网络图。随着网络技术的推广和演变，又产生了一种单代号网络图。在单代号网络图中，将双代号中以箭线表示的工序和以节点表示的事项结合起来，统一由节点表示，箭线的作用仅限于表示各工序之间的前后逻辑关系。

单代号网络图的优点是图面比较清楚，上下工序之间的关系比较明了，修改比较方便，在许多新型网络计划技术中应用较多。但与双代号网络图相比，如果工序的名称不是直接标注在节点内，要直接理解代码的含义需要对业务很熟悉，而如果通过附表查阅对照则又十分烦琐，综合起来看并不如双代号网络图直观；而且双代号网络图中可以用虚线表示虚工序，而单代号网络图必须增加节点来解决这一问题。因此，同样的工程项目计划，单代号网络图的节点和箭线数目要比双代号网络图多，在一个以双代号网络图表示为 178 个节点的网络图上，以单代号网络图表示需要 183 个节点和 261 条箭线，其总输入数据为 444 个，计算机处理结果需要的时间，双代号网络图为 11 min，单代号网络图则需 23 min。这也是单代号网络图的一个缺点。目前在工厂一般总体试车计划网络图中，还是以双代号网络图居多，在某些特定情况下也有使用单代号网络图的。

任务实施

学生通过查找资料，了解总体试车方案网络图的种类，通过分组讨论和工序、事项、线路的逐一学习，深入学习识读总体试车方案网络图的方法。

如图 1—1—4 所示是一个工程项目建设总网络图。该网络图的识读过程如下：

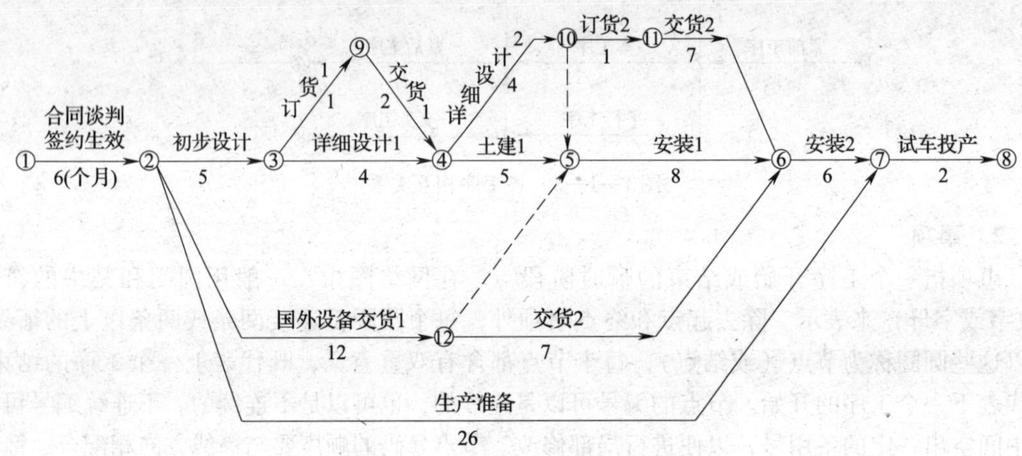

图 1—1—4　某工程项目建设总网络

网络图的两大元素是节点和箭线，这两个元素的组合反映出该计划的 3 个重要内容，分别是工序、事项、线路。

一、识读工序

本计划有 15 个工序。分别为：合同谈判签约生效，初步设计，详细设计，土建 1，安装 1，安装 2，试车投产，订货 1，交货 1，详细设计 2，订货 2，交货 2，国外设备交货 1，交货 2，生产准备。

各工序在箭线下部注明该项工序的持续时间，箭线的长短应按工序所需时间的比例绘制。在一般情况下的网络图均不带时间坐标，这时箭线的长短可以随意绘制。在该工程项目建设总网络图中，初步设计是作为一个工序出现的。此外，在网络图中，还有两个虚工序，在两个节点之间以虚箭线表示。这种工序不占用人力、物力和时间，是一种只反映两个工序之间前后联系关系的一种虚拟工序。

二、识读事项

由图 1—1—4 可看出，该网络图共计 12 个节点即 12 个事项。需要指出的是每一个事项并不仅仅连接一个工序结束和一个工序开始，从图中看出这 12 个事项共连接了 15 个工序。

三、识读线路

如图 1—1—4 所示这样的简单网络也有按顺序①②③④⑤⑥⑦⑧，①②⑦⑧，①②③⑨④⑤⑥⑦⑧等 6 条线路，将 6 条线路中每个工序所需的时间相加，其中所需时间最长的为第一条线路，共需 36 个月，其他线路均小于 36 个月，因此该线路称为整个网络图的关键线路，有时为醒目起见，可将该线路以双线或粗线标出。凡在关键线路上的工序均称为关键工序，其上各事项称为关键事项。

四、识读单代号网络图

如将图 1—1—4 中的合同谈判签约生效、初步设计、详细设计 1、土建 1……分别以 A，B，C，D，…直到生产准备以 O 表示，按单代号的规定绘制的网络图，如图 1—1—5 所示。

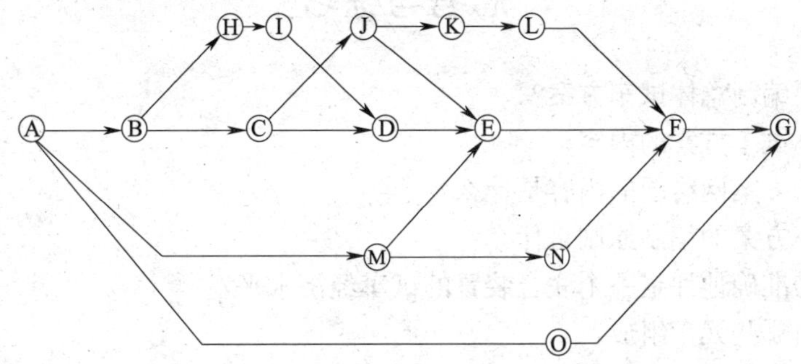

图 1—1—5　按单代号绘制的图 1—1—4 网络

如图 1—1—5 与图 1—1—4 相比，节点多 3 个，箭线多 3 个。在比较大型的网络图中，其数量相差在 50% 以上。在使用计算机处理输入数据时，双代号网络图只要输入工序编号就能表示出各工序之间的关系，工序数实际上就是箭线数。而单代号网络图除了输入全部工序数（即节点数）外，还需输入紧后工序数，才能表示出各工序之间的关系，实际上为节点数加上箭线数，其结果是输入计算机的数据要比双代号网络图多一倍以上。

【知识链接】

总体试车方案的编制原则

编制总体试车方案主要有两个原则，一是要有可靠的技术根据，二是要技术经济合理。关于第二点，主要有以下两种方法：

一、定额法

费用内容包括试运转所需的原料、燃料、油料和动力的消耗费用，机械使用费用，低值易耗品且其他物品的费用和施工单位参加联动试运转人员的工资等。

试运转收入包括试运转产品销售和其他收入。

由以上规定可以看出，联合试运转费的内容是明确的。但如果完全拿这个规定的费用来衡量一个总体试车方案的技术经济水平，也有许多不确切的因素，主要是由于：

1. 试车期的长短没有统一的规定。

2. 联合试运转费一般没有科学的标准。

3. 财务计算方法也有很大影响。

由于上述原因，为了比较准确地评定一个联合装置的试车经济水平，采用实际支出比较法比较合理。

二、实际支出比较法

这个方法与定额法的区别在于：

1. 不考虑试车收入，仅考核试车支出。

2. 在试车支出中仅考核到第一次生产出合格产品为止。

这样做的好处，一是试车盈亏互不影响，各算各的账；二是计算周期缩短到第一次产出合格产品为止，可以比较清楚地看出整个原始开车过程中的总投入情况，在此条件下和同类型装置的试车费用相比较，可以得出符合实际情况的结果。

思考与练习

1. 为什么要编制总体试车方案？
2. 简述总体试车方案的内容。
3. 总体试车方案网络图的内容是什么？
4. 总体试车方案的编制原则是什么？
5. 如何较为准确地评定一个联合装置的试车经济水平？
6. 网络图由哪些元素组成？
7. 单代号网络图具有哪些特点？

任务2　动设备单体试车

学习目标

了解单体试车的目的、原则，理解并掌握单体试车的条件，熟练掌握机、泵的单体试车步骤。能够进行机、泵的单体试车。

任务引入

化工生产中有很多动设备（泵、机等），开车之前需要逐一地对单个动设备进行试车，即单体试车，本任务即要掌握单体试车的具体操作步骤。

任务分析

此时，单体试车尚处于安装阶段，一般未占用工程建设的关键路线，在这种情况下，要努力实行“单机试车要早”的方针，一旦条件具备，安装和生产人员要密切配合，尽早开始单体试车工作。

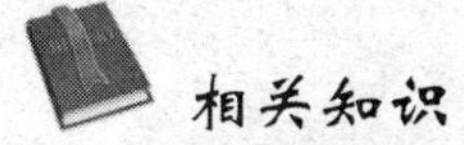

相关知识

一、单体试车的目的

单体试车又名单机试车或单机试运。

单体试车一般是针对运转机械设备而言的，如各种泵、风机、压缩机、搅拌机、干燥机等。

单体试车的目的是对运转机械输入动力（电力、蒸汽等）以使机械启动（由电动机至整个机组），在接近或达到额定转速的情况下初步检验该机械的制造（包括设计）与安装质量，尽早发现其存在的各种缺陷并加以消除，为下一步联动试运和化工投料打好基础。

二、单体试车的条件

多数情况下实际的单机运行是采取分区域、分阶段组织的，在这种情况下进行单机试车至少要具备以下条件。

1. 单机传动设备（包括辅助设备）经过详细检查，润滑、密封油系统已完工，油循环达到合格要求；施工记录等技术资料符合要求，经“三查四定”确认，存在问题已消除（引进装置要经过现场外籍专家确认）。

2. 单体试车有关配管已全部完成。

3. 试车有关的管道吹扫、清洗、试压合格。

4. 试车设备供电条件已具备，电器绝缘试验已完成。

5. 试车设备周围现场达到“工完料净场地清”。

6. 试车方案和有关操作规程已审批和公布。

7. 试车小组已经成立，试车专职技术人员和操作人员已经确定。

8. 试车记录表格已准备齐全。

三、单体试车的原则

1. 公用工程系统要坚持早竣工、早试车、早稳定的试车原则，为主体装置提早单体试车创造条件，为化工投料试车一次成功提供可靠保证。

2. 单体试车要早，达不到标准时必须反复试车和处理。不允许把问题带到全系统联动试车阶段。

（1）单体试车的时间

1）各个行业主管部门可能有不同的规定。在处理一些跨行业单位之间的问题时，应在制定工程合同时注明应执行的规范标准。对于特殊设备或制造厂家有专门技术文件要求的设备，应按专门文件执行。

2）大型离心泵在无负荷试运时，由于出口阀门关闭，可能造成较大的温升和振动，为了避免造成不必要的损失，开泵后可以尽早转入有负荷试运或少量打开出口阀门试运，不必坚持规定的时间。

（2）单体试车的介质

最常用的液体介质是水，气体介质为空气和氮气。氮气比空气要困难些。但氮气安全性能好，对于很多要求较高的大型机组来说是一种比较合适的选择。而且在试车过程中氮气消耗很少，常常可以和系统氮气气密试验结合起来进行。

（3）单体试车应达到的设备质量标准（以下所列为通用标准）

1）轴承的温度。除去专门规定外，滑动轴承的温升应不超过35℃，其最高温度应不超过65℃；滚动轴承的温升应不超过40℃，最高温度应不超过75℃。往复压缩机金属填料函在压盖处测量的温度应不超过60℃。

2）泵的填料密封泄漏量。对一般液体的软填料型密封，允许有5～20滴/min的均匀成滴泄漏。对于机械密封，应按其专门规定。对于输送有毒、易燃等物料的泵，更要严格控制其泄漏量不超过设计允许值。

3）计量泵应进行流量测定，至少分别在其额定流量的1/4、1/2、3/4和全流量下测定其实际流量，应符合设计值。

（4）在单体试车的原始记录单中应做好各项原始记录。

任务实施

实施本任务前，让学生观察实训设备，增加对离心式压缩机的感观认识。

实施本任务时，应结合实训装置分组实训，通过设置故障，引导学生思考并完成离心式压缩机的单体试车，按要求做好数据记录（详见表1—2—1、表1—2—2和表1—2—3）。

表1—2—1　　单机试运转记录表

工程名称		车间名称	
设备名称		设备位号	
设备规格		类型	
能力		转数	

驱动机规格

种类		型号		类别	
转速		电（汽）压		额定电流	

运转前的检查

1. 电动机（或汽轮机）的检查

2. 机器本体拆洗情况

3. 冷却系统检查情况

4. 系统油洗或油压试验情况

5. 所注循环或润滑油

部位	油标号	合格证书	注油数量	日期

施工班组		技术负责人	
检查员		建设单位代表	

表 1—2—2　　　　　　　　　　　　**试运转记录**

试运转类别		日期	
启动时间		连续运转时间	
启动电流		环境温度	
介质			

运行时间	负荷情况	压力（MPa）			温度						电压	电流	振幅		噪声	其他
		油压	介质压力		轴承		电动机	油温	汽温	介质温度			前	后		
			进	出	前	后										

结论

施工班组		技术负责人	
检查员		建设单位代表	

表 1—2—3　　　　　　　　　　　　**试运转后的检查**

1. 轴瓦情况

2. 轴颈情况

3.

4.

5.

6.

检查结果及缺陷处理情况

质量评定

施工班组		技术负责人	
检查员		建设单位代表	

离心式压缩机单体试车实施过程如下：

一、空负荷试车步骤

在压缩机无负荷试车前、后，将进气管路上的蝶阀（节流门）开启15°～20°，将排气管路上的闸阀关闭，将放空管路上的手动放空闸阀打开，使试车时空气不受压缩直接排入大气。此外，应先开动电动油泵供油，打开冷却系统阀门。

试车分以下4个阶段进行：

1. 首先开动10～15 s，检查各部分声音是否正常，有无振动，检查推力轴承的窜动情况。

2. 运行5 min，检查运转有无噪声，检查轴承温度应不超过65℃，油温为35～45℃。

3. 运转30 min，检查压缩机振幅，不能大于0.02 mm，运转声音正常，油温、油压和轴承温度应正常。

4. 连续运转8 h，全面进行检查。

二、负荷试车步骤

在负荷试车前，进、排气管路上各阀门的开闭情况与无负荷试车时相同，供油、供水情况也一样。试车分为以下两个阶段：

1. 第一次开动1 min，检查各部分有无异常声音及振动，有无碰击现象。

2. 第二次开动达到正常转速后，首先无负荷运转1 h，检查无问题后，可按规定加负荷，在满负荷及设计压力下连续运转24 h。

加负荷步骤：慢慢开大进气管路上的蝶阀，使空气吸入量增加，同时逐渐关闭手动放空闸阀，使压力逐渐上升，在10～15 min内将负荷加满。加负荷时，要根据厂商所给的曲线进行，防止脉动和超负荷。加压时，要时刻注意压力表，不允许压力超过设计值。在整个试车期间，用阀门调节出口压力，使压力波动不超过0.01 MPa。

三、试车操作要点

1. 所有操作阀门应指定专人进行操作，无关人员不准乱动。

2. 压缩机运转中严禁进行任何修理工作。

3. 冬季试车应采取防冻措施。

4. 在升压过程中应注意观察压缩机各部件运转情况，升压告一阶段，稳定20 min之后，再进行全面检查。

5. 在压缩机空负荷试车前、后，将进气管路上的蝶阀（节流阀）开启15°～20°，将排气管路上的闸阀关闭，将放空管路上的手动放空闸阀打开，使试车时空气不受压缩直接排入大气。

6. 在压缩机空负荷试车前，应先开动电动油泵供油，打开冷却系统阀门。

7. 负荷试车开始，应每隔30 min做一次试车记录。

8. 当压缩机负荷试车检查无问题时，还要进行再负荷试车。

9. 在试车过程中要时刻观察压缩机的运行情况，及时发现问题。

10. 加负荷过程要缓慢、有序进行。

思考与练习

1. 什么是单体试车？单体试车的方法有哪些？

2. 单体试车的原则是什么?

3. 单体试车的介质有哪些?

4. 离心式压缩机的结构特点是什么?

5. 离心式压缩机单体试车前需注意哪些事项?

任务3　系统吹扫和清洗

学习目标

了解系统吹扫和清洗的目的、条件、原则，理解并掌握系统吹扫和清洗的方法以及注意事项。能够完成系统吹扫和清洗操作并及时发现、处理系统吹扫和清洗操作中存在的问题。

任务引入

施工安装、设备运输等过程中都会产生一些泥沙杂物以及焊渣等，在正式开工过程中，这些物质容易使管道堵塞，损坏设备、阀门、仪表，因此，在开工之前需要对全部的工艺管道、设备进行吹扫和清洗。

任务分析

化工装置管道和设备多种多样，工艺条件和材料、结构等状况也各不相同，因此，吹扫和清洗的方法也各有区别。

相关知识

一、吹扫和清洗的目的

吹扫和清洗的目的是通过使用空气、蒸汽、水及有关化学溶液等流体介质的吹扫、清洗、物理和化学反应等手段，清除施工安装过程中残留的各种杂质，防止开工试车时引起各种事故，是保证装置顺利试车和长周期安全生产的一项重要程序。

二、吹扫的原则和条件

吹扫的介质一般是空气或者水蒸气。

1. 空气吹扫

(1) 空气吹扫的原则与要求

1) 选用空气吹扫工艺气体介质管道，应保证有足够的气量，使吹扫气体流动速度大于正常操作的流速，或最小不低于20 m/s。

2) 进行工艺管道空气吹扫时，气源压力一般要求为0.6～0.8 MPa，对吹扫质量要求高的可适当提高压力，但不要高于其管道操作压力。低压管道和真空管道可视情况采用

0.15～0.20 MPa 的气源压力吹扫。

3）进行管道及系统吹扫，应预先制定吹扫方案。通常包括编制依据、吹扫范围、吹扫气源、吹扫应具备的条件、临时配管、吹扫的方法和要求、操作程序、吹扫的检查验收标准和吹扫中的安全注意事项及吹扫工具和靶板等物资准备等。

4）应将吹扫管道上安装的所有仪表测量元器件（如流量计、孔板等）拆除，防止吹扫时流动的脏杂物将仪表元器件损坏。同时，还应对调节阀采取适当的保护措施。

5）吹扫前，必须在换热器、塔器等设备入口侧前加盲板，只有待上游吹扫合格后方可进入设备，一般情况下，换热器本体不参加空气吹扫。

6）吹扫时，原则上不得使用系统中的调节阀作为吹扫的控制阀。如需要控制系统吹扫风量时，应选用临时吹扫阀门。

7）吹扫时，应将安全阀与管道连接处断开，并加盲板或挡板，以免脏杂物吹扫到阀底，使安全阀底部密封面磨损。

8）系统吹扫时，所有仪表引压管线均应打开进行吹扫，并应在系统综合气密试验中再次吹扫。

9）所有放空火柜管线和导淋管线应在与其连接的主管后进行吹扫，设备壳体的导淋及液位计、流量计引出管和阀门等都必须吹扫。

10）在吹扫过程中，只有在上游系统合格后，吹扫空气才能通过正常流程进入下游系统。

11）对于管道直径大于 500 mm 和有人孔的设备，吹扫前要先人工清扫，并拆除其有碍吹扫的内部元件。

12）所有罐、塔、反应器等容器，应在系统吹扫合格后进行人工清扫，并复位相应内部元件，封闭时要进行封闭处理。

（2）空气吹扫应具备的条件

1）工艺系统管道设备安装竣工，强度试压合格。

2）吹扫管道中的孔板、转子流量计等已抽出内部元件后安装复位，各种阀门根部阀处于关闭状态。

3）禁吹的设备、管道、机泵、阀门等已装好盲板。

4）供吹扫用的临时配管、阀门等施工安装已完成。

5）需吹扫的工艺管道一般暂不保温。

6）提供吹扫空气气源的压缩机已投气运转，公用工程满足压缩机连续供气的条件。

7）吹扫操作人员及安装维修人员已做好安排，并熟悉吹扫方案。

8）绘制好吹扫的示意流程图，图上应标示出吹扫程序、流向、排气口、临时管线、临时阀门等和事先要处理的内容。

9）准备好由用户、施工单位（工程）、试车执行部门三方代表签署的吹扫记录表。

2. 蒸汽吹扫

化工装置的蒸汽系统通常有多个压力等级参数，以适应不同设备和工艺条件的需要。蒸汽吹扫通常按管道使用参数范围分为高、中压和低压两个级别（也有的分为高压、中压、低压三个级别）的吹扫方法进行，它们对吹扫的要求也各不相同。

（1）吹扫蒸汽来源及流速

为提高吹扫效率和减少吹扫费用，蒸汽系统吹扫通常采用降压吹扫的方式进行，但蒸汽消耗量仍很大，一般需要管道额定负荷下管内蒸汽流量的50%～70%。参数高（中压、高温），时间长。因此，蒸汽管网的吹扫多数都是与其供汽锅炉的启动同步进行的。在化工装置中，如乙烯和合成氨等装置的高温工艺气的蒸汽发生器（废热锅炉）的输汽管道，为缩短开工周期，在装置化工投料前一般使用外供蒸汽或用其装置自建的开工锅炉提供汽源。

通常蒸汽吹扫时管内蒸汽流量使用额定值的50%～70%，因此，可根据吹扫蒸汽参数参考的计算方法，结合吹扫管段结构的水力特性，计算出吹扫时的汽源压力和蒸汽过热温度。一般使吹扫蒸汽在各不同压力等级管道下的流速达到：

高压蒸汽管道（4～12 MPa）≥60 m/s

中压蒸汽管道（1～4 MPa）≥40 m/s

低压蒸汽管道（1 MPa 以下）≥30 m/s

即可满足吹扫要求。

（2）蒸汽吹扫前的准备

1）吹扫前应根据蒸汽管网的实际情况，制定完备的吹扫方案，包括吹扫范围，蒸汽管网级别划分，吹扫蒸汽流量的确定和各级吹扫蒸汽参数（压力、过热温度值）的计算和确定，吹扫方法、吹扫顺序、排放口位置、吹扫用临时配管、阀门和支架、吹扫质量鉴定方法和标准、吹扫的人员组织及吹扫中的安全措施与注重事项等。

2）对蒸汽管道、管件、管支架、管托，弹簧支吊架等做具体检查，确认牢固可靠。除去弹簧的固定装置后，确认弹簧伸缩灵活。

3）检查并确认蒸汽导向管无滑动障碍，滑动面上无残留焊点和焊疤。

4）所有蒸汽管道保温已完成。

5）高、中压蒸汽管道已完成酸洗、钝化。

6）按吹扫方案要求，所有吹扫用临时配管、阀门、放空管、靶板支架等均已安装并符合强度要求。

7）已将被吹扫管道上安装的所有仪表元器件（如流量计、孔板、文丘里管）等拆除，管道上的调节阀已拆除或已采取措施加以保护。

8）每台蒸汽透平入口已接好临时蒸汽引出管，以防吹扫时蒸汽进入汽轮机主汽阀及汽轮机叶片，损坏主汽阀及汽轮机叶片。

三、清洗的原则和条件

1. 水冲洗的原则

（1）水冲洗应以管内可能达到的最大流量或不小于1.5 m/s 的流速进行，冲洗流向应尽量由高处往低处冲水。

（2）水冲洗的水质应符合冲洗管道和设备材质要求。

（3）冲洗需按顺序采用分段连续冲洗的方式进行，其排放口的截面积不应小于被冲洗管截面积的60%，并要保证排放管道的畅通和安全，只有上游冲洗口冲洗合格，才能复位进行后续系统的冲洗。

（4）只有当泵的入口管线冲洗合格之后，才能按规程启动泵出口冲洗管线。

（5）管道与塔器相连的，冲洗时，必须在塔器入口侧加盲板，只有待管线冲洗合格后，方可连接。

（6）水冲洗气体管线时，要确保管架、吊架等能承受盛满水时的载荷安全。

（7）管道上凡是遇有孔板、流量仪表、阀门、疏水器、过滤器等装置，必须拆下或加装临时短路设施，只有待前一段管线冲净后再将它们装上，然后方可进行下一段管线的冲洗工作。

（8）直径 600 mm 以上的大口径管道和有人孔的容器等要先人工清扫干净。

（9）工艺管线冲洗完毕后，应将水尽可能从系统中排除干净，排水时应有一个较大的顶部通气口，以避免在容器中液位降低时设备内形成真空，损坏设备。

（10）冬季冲洗时要注意防冻工作，冲洗后应将水排尽，必要时可用压缩空气吹干。

（11）不得将水引入衬有耐火材料等的憎水设备和管道容器中。

2．水冲洗应具备的条件

（1）冲洗系统管道设备前，必须编写好冲洗方案。

（2）设备、管道安装完毕和试压合格，按 PID 图检查无误。

（3）按冲洗程序要求的临时冲洗配管安装结束。

（4）本系统所有仪表调试合格，电气设备正常投运。

（5）各泵电动机单体试车合格并连接。

（6）冲洗水已送至装置区。

（7）冲洗工作人员及安装维修人员已做好安排，冲洗人员必须熟悉冲洗方案。

任务实施

教师引导学生思考清洗、吹扫的介质种类有哪些，通过实际操作，总结水清洗、空气吹扫和蒸汽吹扫的方法。学生分组讨论每一种方法的验收标准。

吹扫和清洗的实施步骤如下：

一、水清洗的实施过程

1．水清洗按照方案中的清洗程序采用分段清洗的方法进行，每个清洗口合格后，再复位，进行后续系统的清洗。

2．各泵的入口管线清洗合格之后，按规程启动泵清洗出口管线，合格后，再送塔器等清洗。

3．清洗时，必须在换热器、塔器入口侧加盲板，只有待上游段清洗合格后，才可进入设备。

4．各塔器设备清洗结束后，要入塔检查并清扫出机械杂质。

5．在清洗过程中，各管线、阀门等设备一般需间断清洗 3 次，以保证清洗效果。

6．在水清洗期间，所有的备用泵均需切换开停 1 次。

7．水清洗合格后，应填写管段和设备清洗记录。

验收标准：以出口的水色和透明度与入口处目测一致为合格。

二、空气吹扫的实施过程

1．按照吹扫流程图中的顺序对各系统进行逐一吹扫。先吹主干管，再吹各支管，以防止有死角。

2. 吹扫采用在各排放口连续排放的方式进行，并以木槌连续敲击管道，特别是对焊缝和死角等部位重点敲打，但不得损伤管道，直至吹扫合格为止。

3. 吹扫合格时，需要缓慢向管道送气，当检查排出口有空气排出时，方可逐渐加大气量至要求量进行吹扫，以防因阀门、盲板等造成系统超压或者空气压缩机故障。

4. 使用大流量压缩机进行吹扫时，应该同时进行多系统吹扫，以缩短吹扫周期。但要特别注意防止发生喘振事故。

5. 用彩色笔分别标明吹扫前准备完成工作情况，吹扫已完成情况和进行的日期。

6. 在系统吹扫过程中，应该按流程图要求进行临时复位。吹扫结束确认合格时，应该进行全系统的复位。

验收标准：每段管线或者系统吹扫是否合格，应当由生产人员和安装人员共同检查，当目视排气清净和无杂色杂物时，在排气口用白布或涂有白铅油的靶板检查，如 5 min 内检查其上无铁锈、尘土、水分及其他脏物和麻点，即为吹扫合格。

三、蒸汽吹扫实施过程

1. 蒸汽吹扫通常按管网配置顺序进行，一般先吹扫高压蒸汽管道，然后吹扫中压管道，最后吹扫低压蒸汽管道。对每级管道来说，应先吹扫主干管，在管段末端排放，然后吹扫支管，先近后远。吹扫前，主干管、支管阀门最好暂时拆除临时封闭，当阀前管段吹扫合格后，再装上阀门，继续吹洗后面的管段。对于高压管道上的焊接阀门，可将阀芯拆除后密封吹扫。各管段疏水器应在管道吹洗完毕后再装上。

2. 蒸汽管线的吹扫方法用暖管—吹扫—降温—暖管—吹扫—降温的方式重复进行。直至吹扫合格，周而复始地进行，管线必然冷热变形，使管内壁的铁锈等附着物易于脱落，故能达到好的吹扫效果。

3. 蒸汽吹扫必须先充分暖管，并注重疏水，防止发生水击（水锤）现象。在吹扫的第一周期引蒸汽暖管时，应注重检查管线的热膨胀，管道的滑动，弹簧支吊架等的变形情况是否正常。暖管应缓慢进行，即先向管道内缓慢地送入少量蒸汽，对管道进行预热，当吹扫管段首端和末端温度相近时，方可逐渐增大蒸汽流量至需要值进行吹扫。

4. 引高、中压蒸汽暖管时，其第一次暖管时间要适当长一些，需要 4 ~ 5 h，即大约每小时升温 100℃。第二轮以后的暖管时间可短一些，1 ~ 4 h 即可。每次的吹扫时间为 20 ~ 30 min，因为降温是自然冷却，故降温时间决定于气温，一般使管线冷至 100℃以下即可。吹扫反复的次数，对于第一次主干管的吹扫来说，因其管线长，反复次数也要多一些，当排汽口排出的蒸汽流目视清洁时方可暂停吹扫，进行吹扫质量检查。通常主干管的吹扫次数为 20 ~ 30 次，各支管的吹扫次数可少一些。经过酸洗钝化处理的管道，其吹扫次数可有明显的下降。

验收标准：需用靶板检查其吹扫质量。其靶板可以是抛光的纯铜片，厚度为 2 ~ 3 mm，宽度为排汽管内径的 5% ~ 8%，长度等于管子内径。也可用抛光的铝板作为靶板，厚度为 8 ~ 10 mm。连续两次更换靶板检查，吹扫时间为 1 ~ 3 min，如在靶板上肉眼看不出任何因吹扫而造成的痕迹，吹扫即告合格（如设计单位另有要求应按要求办）。低压蒸汽管道可用抛光木板置于排汽口检查，若木板上无锈迹和脏物，蒸汽冷凝液清亮、透明，即为合格。

【知识链接】

吹扫前的准备工作

一、设备

设备已进行单体试车。

二、流量计

1. 标明流量计的位号、管径尺寸、长度。

2. 原则上是拆除流量计，安装临时短接。

3. 拆除时，注意将拆下的仪表电缆放置在人员不宜碰到的地方。拆下的流量计元件，要放置到规定位置，法兰面用软质布料或厚塑料进行包裹保护。对于薄弱部位要做好相应的保护处理，拆下的螺钉、垫片应集中处理，妥善保管，对于螺钉需要做防腐处理的，做好防腐处理后归置保管。

4. 对流量计进行整体遮盖，防水、防灰尘。

5. 相适用的短接已安装到位。

6. 拆卸时注意轻拿轻放。

7. 作为排气口的，要做好挡板防护处理。

三、调节阀

1. 标明调节阀的位号、管径尺寸、长度。

2. 包含自调阀，自调阀的引压线按导淋处理。

3. 原则上是拆除调节阀，安装临时短接。

4. 拆除时，注意仪表电缆、仪表风线的拆除方法，保证安全无损伤，拆除后对电缆接头、仪表风接头做好保护措施，如对接口做胶布封口等。

5. 拆除的调节阀法兰面用软质布料或厚塑料进行包裹保护，对薄弱部位也要做好保护处理，归置至指定位置。拆下的螺钉、垫片要集中处理，妥善保管。对于螺钉需要做防腐处理的，做好防腐处理后归置保管。

6. 对调节阀进行整体遮盖，防水、防灰尘。

7. 相适用的短接已安装到位。

8. 拆卸时注意轻拿轻放。

9. 作为排气口的，要做好挡板防护处理，不可直接冲击法兰面。

四、限流孔板

1. 标明位号、尺寸。

2. 拆除限流孔板，安装一个尺寸合适的金属缠绕垫片，并连接正常。

3. 拆下的限流孔板归置于指定位置，一般用铁丝捆绑于就地位置。

4. 作为排气口的，要做好挡板防护处理，不可直接冲击法兰面。

五、盲板/挡板

1. 所需要的盲板要统计出尺寸大小、数量。

2. 需要安装或调换盲板的部位必须正确安装。

3. 挡板多种多样，一般采用白铁皮制作。

4. 需要安装挡板的部位必须正确安装牢固。

六、盲头

1. 作为排气口的，拆除盲法兰，保留一个螺栓挂在法兰上。

2. 排气不符合要求的，安装相应的变向接头或安装固定的变向挡板。

3. 不作为排放口的，必须保证安装密封良好。

七、导淋

1. 保证导淋手阀安装正确，手阀完好，开关自如。

2. 手阀关闭。

3. 堵头安装正确。

八、单向阀

1. 安装正确，注意其类型。

2. 拆除阀芯后复位。

3. 阀芯有滚珠、挡板两种，拆除时必须妥善保管拆下的附件，以免遗失。

4. 复位时，注意法兰预紧力的控制，可以稍松，以免损坏内置垫片，注意垫片和接合面的干净程度，以保证正确接合。

九、过滤器

1. 安装正确，注意其类型。

2. 拆除滤芯后复位。

3. 妥善保管拆下的部件，以免丢失。

4. 复位时，注意法兰预紧力的控制，可以稍松，以免损坏内置垫片，注意垫片和接合面的干净程度，以保证正确接合。

十、仪表接口

1. 包括温度计、压力计、液位计、报警开关等。

2. 确认安装合格。

3. 靠近管道的第一道手阀必须关闭，有另外手阀的也必须关闭。

4. 确认温度计的形式，容易受到冲击造成损坏的或套管过长容易阻碍杂物的，必须拆除。

5. 妥善保管拆卸下的部件。

十一、短接

1. 根据数据准备合适的短接，保证临时短接的顺利进行。

2. 保证短接数量和质量。

十二、手阀

1. 确认安装合格，开关自如。

2. 根据需要确定开关状态，一般为关闭状态。

3. 开启后必须全开，防止阀芯受到冲刷。

4. 较大的阀门开启时，加力杆不宜过长，开启力度要掌握好，防止损坏螺杆螺纹。

5. 闸阀、截止阀的阀杆润滑脂已添加。

6. 特殊的针形阀等必须拆除阀芯，妥善保管拆下的元件。

十三、其他

如疏水器等，需拆除阀芯，妥善保管拆下的元件。

思考与练习

1. 吹扫和清洗的目的是什么？
2. 空气吹扫的原则和注意事项是什么？
3. 水冲洗的原则和注意事项是什么？
4. 在吹扫的过程中，不同压力下蒸汽的吹扫速度是多少？
5. 空气吹扫的验收标准是什么？蒸汽吹扫的验收标准是什么？

任务4　设备和管道酸洗与钝化

学习目标

了解并掌握酸洗与钝化的目的、应用和原理。熟悉并掌握酸洗和钝化的操作方法，能够确定装置酸洗与钝化的方法，进行正确的酸洗与钝化操作。

任务引入

不锈钢设备在焊接完成后，如果表面钝化膜不完整或有缺陷，不锈钢仍会被腐蚀。不锈钢的耐腐蚀主要依靠表面钝化膜，工程上通常进行酸洗钝化处理，使不锈钢的耐蚀潜力发挥得更大。

任务分析

不锈钢设备与部件在成形、组装、焊接、焊缝检查（如探伤、耐压试验）及施工标记等过程中会导致表面油污、铁锈、非金属脏物、低熔点金属污染物、油漆、焊渣与飞溅物等，这些物质会影响不锈钢设备与部件表面质量，破坏其表面的氧化膜，降低钢的抗全面腐蚀性能和抗局部腐蚀性能（包括点蚀、缝隙腐蚀），甚至会导致应力腐蚀破裂。

相关知识

酸洗钝化就是用弱酸液对要求清洁度比较高的管线设备进行清洗，使管线内表面形成致密的氧化膜，以防止腐蚀。

一、酸洗与钝化的目的和应用

酸洗、钝化也称化学清洗，是化学清洗技术中的一个重要分支。它是采用以酸为主剂组成的酸洗剂对覆盖于金属材料、设备、管道等表面的氧化皮（也称轧制鳞皮）、铁锈、焊渣、表面防护涂层等，通过化学和电化学的反应，使其溶解、剥离，并随即进行表面钝化，使金属基体表面形成一层良好的防腐保护剂的表面处理技术。

二、酸洗与钝化的原理

1. 酸洗的原理

酸洗液是以酸为主剂和缓蚀剂等组成的。酸洗用酸分为有机酸和无机酸两大类。有机酸和无机酸的酸洗对比见表1—4—1。

表1—4—1　有机酸和无机酸的酸洗对比

种类	优点	缺点	适用范围
有机酸	过程缓和，高温时易分解，残酸无后患，易控制pH值，不易重新生锈	价格高	用于高压蒸汽锅炉和蒸汽管网及有特别要求的化工设备和管道的清洗
无机酸	作用强，除锈快，价格低	余酸不易处理	化工、冶金、机械等部门都广泛应用

下面以盐酸为例，介绍酸洗的机理。

盐酸加缓蚀剂等添加剂组成一定浓度的酸洗液，其除锈机理可以简述为以下三个方面：

（1）溶解

铁的氧化物与盐酸反应，生成氯化亚铁和三氯化铁：

$$Fe_2O_3 + 6HCl \longrightarrow 2FeCl_3 + 3H_2O$$
$$Fe_3O_4 + 8HCl \longrightarrow 2FeCl_3 + FeCl_2 + 4H_2O$$
$$FeO + 2HCl \longrightarrow FeCl_2 + H_2O$$

生成的氯化亚铁和三氯化铁能溶于酸洗液中，与此同时，酸洗液还会与钢铁基体发生化学反应：

$$Fe + 2HCl \longrightarrow FeCl_2 + 2〔H〕$$
$$2〔H〕\longrightarrow H_2\uparrow$$

生成的氢气对难溶的r－Fe起着机械剥离作用，有利于除锈。但原子氢渗入金属基体，将造成金属氢脆。同时酸洗过程生成的Fe^{3+}、溶解氧都会对金属基体产生腐蚀作用，因此，酸洗液必须加入缓蚀剂等多种添加剂。

（2）电化学还原性溶解

在钢铁表面上锈层不连续处产生的局部电池阴极反应如下：

阴极反应　　Fe_2O_3（锈层）$+6H^+ + 2e \longrightarrow 2Fe^{2+} + 3H_2O$

阳极反应　　Fe（基体）$-2e \longrightarrow Fe^{2+}$

从这里也可以看出，铁的氧化粉末和被剥离下来的金属锈层在酸中的溶解速度，为什么会比附在金属基体上的锈层溶解速度慢的原因。

（3）机械剥离

由于酸洗液渗入铁锈最内层，与最内层的金属氧化物及金属基体表面发生化学和电化学反应，生成溶解于酸洗液中的亚铁盐、三价铁盐及放出氢气，从而使尚未发生反应的大量铁氧化物脱离金属表面进入溶液，这就是机械剥离。

2. 钝化的原理

金属经氧化性介质处理后，其腐蚀速度比处理前有显著下降的现象称为金属的钝化。

其钝化机理主要可用薄膜理论来解释，即认为钝化是由于金属与氧化性介质作用，作用时在金属表面生成一种非常薄的、致密的、覆盖性能良好的、能坚固地附在金属表面上的钝化膜。这层膜呈独立相存在，通常是氧和金属的化合物。它起着把金属与腐蚀介质完全隔开的作用，防止金属与腐蚀介质直接接触，从而使金属基本停止溶解。

为确保钝化处理的效果，在钝化前先对被钝化表面进行酸洗处理。整个处理过程就称为酸洗钝化处理，简称酸洗钝化。

三、酸洗与钝化的配方选择原则

酸洗、钝化作业的药剂和配方选择是酸洗钝化中最为关键的问题。酸洗、钝化药剂通常是由清洗主剂、缓蚀剂、添加剂、钝化剂等组成。其选择原则如下：

1. 清洗主剂必须与被清洗的锈垢等附着物易于进行化学反应，并且要求有足够的反应速度。反应生成物必须易溶于水。

2. 清洗主剂与金属材料接触时，不得引起金属材料性能的变化。

3. 缓蚀剂必须与清洗主剂之间有很好的协调作用，以保证在清洗的过程中金属腐蚀率在规定范围以内，金属腐蚀率指标要求小于 1 mg/（cm^2 · h）。

4. 清洗液中的其他添加剂不能与缓蚀剂发生副作用。

5. 清洗剂应尽量无毒。

6. 清洗剂使用简单，药品来源广泛。

7. 药剂应力求经济，以利降低清洗费用。

四、各种酸洗钝化方法的特点

不锈钢设备与零部件酸洗钝化处理根据操作不同有多种方法，其适用范围优点与缺点见表 1—4—2。

表 1—4—2　　各种酸洗钝化方法的特点

方法	适用范围	优点	缺点
浸渍法	适用于不锈钢管线、弯头、小件的处理	酸洗液可较长时间使用，生产效率较高、成本低，适合连续批量作业	不适合大容量设备及形状过长过宽的管线；长期不用会因溶液挥发等原因而效果下降，需要专用场地、酸池及加热设备
涂刷法	适用于大型设备内表面及局部的处理		物工操作、劳动条件差、酸液无法回收
膏剂法	用于安装或检修现场，尤其用于焊接部位的处理	现场操作灵活，独立性强；钝化膏保质期长，不易过腐蚀，不受后续冲洗时间限制，焊缝等薄弱环节还可以加强钝化	工人操作环境差，劳动强度高，成本较高，对不锈钢管线内壁处理效果稍差
喷淋法	用于安装现场、大型容器内壁	连续操作速度快，操作方式简单，对人体影响小，溶液利用率较高	限制条件比较多，如： 1. 容器内不得有残渣、杂质等 2. 易引起不锈钢的过腐蚀，须连续作业，随时准备大量清洗用水，如遇停电、停水、停工等会引起严重后果 3. 废酸、废水排放须由较大的容器盛放 4. 须随时检测溶液浓度并及时补充新液

续表

方法	适用范围	优点	缺点
循环法	用于大型设备，如换热器、管壳的处理	施工方便，酸液可回收利用	需配管与泵连接循环系统
电化学法	既可用于零部件，又可用电刷法对现场设备表面进行处理		技术较复杂，需直流电源或恒电位仪

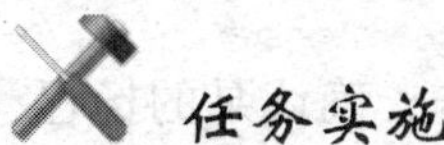

任务实施

学生通过查找资料，列举常见的酸洗剂和钝化剂，通过对不同配方的试验结果进行对比，找出多种酸洗液的特点。

酸洗与钝化的一般实施过程如下：化工装置的酸洗钝化操作一般在装置的设计文件或操作手册中均应给出详细说明，操作者应按其规定严格执行。本任务实施过程按照一般通用做法进行。整个酸洗钝化通常包括以下内容：酸洗前的准备、酸洗除锈垢的操作和过程监测、废液处理、工程验收四个部分，废液处理、工程验收非本课程的重点，因此本任务只对前两个部分进行介绍。

一、酸洗前的准备

1. 酸洗钝化方案的制定

一般在进行酸洗之前，需根据被清洗设备、管道、阀门等的材质、结构和锈垢的类型、被清洗空间容量等制定正确的清洗方案。

2. 循环清洗系统的典型流程和主要设备

循环清洗系统的典型流程和主要设备如图 1—4—1 所示。

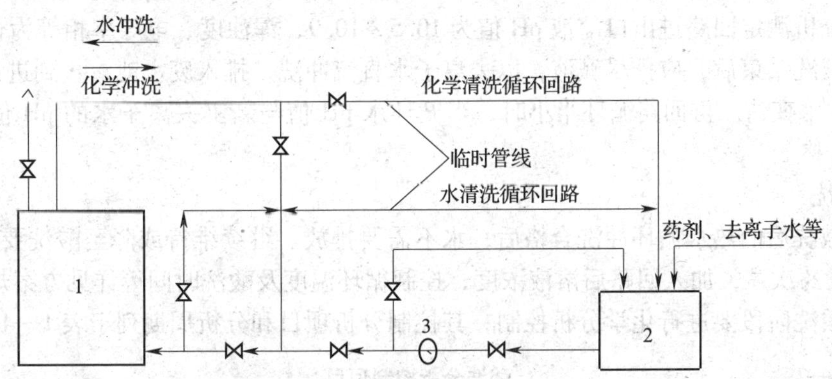

图 1—4—1　循环清洗系统的典型流程和主要设备

1—被清洗系统　2—清洗液循环槽　3—循环清洗泵

（1）主要设备及要求

1）清洗液循环槽。清洗液循环槽应有足够的容积和高度，并配有蒸汽加热盘管和安装液位计、温度计，槽底应设有排污底阀，以便顺利地排出沉渣。

2）循环清洗泵。泵应耐腐蚀，泵的扬程应高于被清洗系统的最高处，还要加上系统运行时的管路压降。泵的流量应使清洗液在被清洗的管道中流速约在 0.5 m/s。当缓蚀剂缓蚀率高、清洗液配制操作正确时，清洗泵也可用普通离心泵替代。

3）临时配管。临时配管应有足够的截面积，以保证清洗液在被清洗系统中的流速和流量。阀门应灵活、严密、耐腐蚀。临时配管安装试压合格后，应进行临时保温敷设。

4）滤网。清洗泵入口处应装过滤网，滤网孔径应小于 5 mm，且应有足够的流通面积，以保证清洗泵的正常运转。

（2）循环清洗系统的试运转

当循环清洗用临时泵站、配管与被清洗系统连接安装完毕后，应进行清水负荷试车。

1）全系统试压至 1.0 MPa 合格（循环槽除外）。

2）启动循环泵，先进行小循环回路操作，之后进行大循环回路操作，确认泵的扬程、流量能满足清洗要求。

二、酸洗钝化的操作和过程监测

1. 水冲洗

（1）直流水冲洗

打开系统各正常排放阀和废水池排放总阀，由系统顶端送入去离子水冲洗系统设备和管道，至出水清澈或质量分数小于 10×10^{-5} 为止。

（2）热水循环冲洗

使系统回路充满去离子水，通过在循环槽直接或间接蒸汽加热，使全系统在 75～85℃下循环冲洗 2～4 h，然后排放。

2. 碱洗

（1）向回路加入去离子水，加热至 80℃左右，保持温度恒定，注入化学药品，各循环回路碱洗时所需要化学药品数量，投药次序，加入回路后溶液各组分浓度、控制清洗温度及循环时间等详见方案规定。

（2）加药时需缓慢进行，以免造成回路中溶液浓度不均匀。

（3）分析测定回路进出口溶液 pH 值为 10.5～10.9，浑浊度、电导率相等为合格。

（4）碱洗结束后，应排尽碱液，以去离子水直流冲洗，排入废水池，直到进出口 pH 值相等，冲洗水变清。再回路循环半小时，当循环水 pH 值与新鲜去离子水的 pH 值之差不大于 0.2 为合格。

3. 酸洗

（1）碱洗后的热水循环冲洗合格后，水不需要排放。继续维持或降至酸洗要求的温度、投药。其投药次序，加入回路后溶液浓度，控制循环温度及酸洗时间等详见方案规定。

（2）酸洗阶段要进行化学分析控制，其控制分析项目和分析周期列于表 1—4—2。

表 1—4—2　　酸洗分析控制项目

序号	项目	指标	分析周期	备注
1	阻蚀剂试验	腐蚀率	每小时一次	15 h 内应保持这一数值
2	铁的浓度		半小时一次	
3	pH 值		半小时一次	
4	氟化物试验		半小时一次	
5	酸分析		半小时一次	

（3）由于酸洗溶液具有强的腐蚀性，故酸洗温度应控制在指标的下限操作。

（4）酸洗后溶液中的铁离子浓度一般为 8 g/L 左右，当分析测定溶液中的酸含量在至少 3 h 内稳定，且酸溶液尚有足够溶解更多的铁的能力时，酸洗可告结束。

酸洗结束，应排尽酸液，以去离子水冲洗（与碱洗第 4 点相同）。

（5）在酸洗前应了解酸洗液的缓蚀效率，然后再进行实地酸洗，以免设备和管道在清洗时受到腐蚀（一般情况下，要求加入缓蚀剂后能使酸液的腐蚀率降至 1 mm/年以下；特定场合要求 1 ~ 2 mm/年）。酸洗液缓蚀效率的测定方法有许多种，但最方便、最可靠的是失重法。腐蚀试片尺寸（长 × 宽 × 厚）为 50 mm × 25 mm × 2 mm，挂孔直径为 4 mm，试片总面积为 0.002 8 m^2，如图 1—4—2 所示。其材料应包括所有进行化学清洗范围内使用的材料。

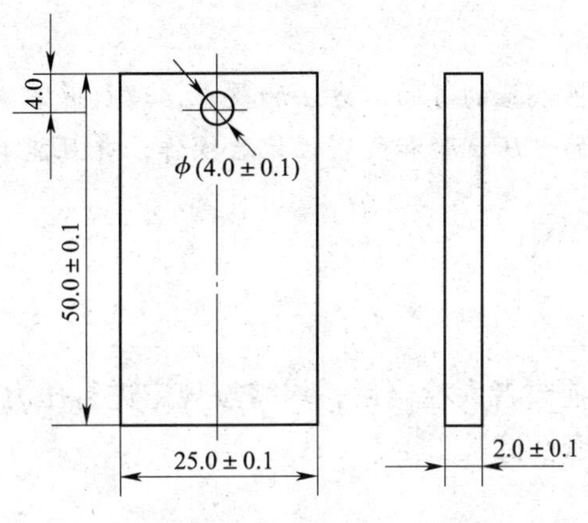

图 1—4—2　腐蚀试片尺寸

4. 漂洗与钝化（以 $NaNO_2$ 为钝化剂）

（1）在为提高 pH 值而在回路注入氨之前，取溶液样品慢慢注入氨，使 pH 值上升到 9.5。加入 3 g/L 亚硝酸钠，经过反应，样品颜色变为绿色或褐色，但清澈度不应改变。

（2）酸洗后的热水循环冲洗结束后，冲洗水部分排放，并同时补充冷却离子水，使回路温度降至 35 ~ 40℃，投药、钝化时各回路的投药数量，投药次序，加入回路后溶液浓度、控制循环温度、时间等要求详见方案规定。

（3）钝化阶段要进行化学分析控制，其分析控制项目和分析周期列于表 1—4—3。

（4）排出钝化液，系统干燥后充氮保护。

表 1—4—3　　钝化分析控制项目

序号	项目	指标	分析周期	备注
1	pH 值	9.0 ~ 9.5	每半小时一次	
2	Fe		每半小时一次	
3	氢氧化铁沉淀试验			

思考与练习

1. 什么是酸洗？酸洗的原理是什么？

2. 什么是钝化？钝化的原理是什么？

3. 有机酸和无机酸酸洗的特点是什么？

4. 酸洗钝化的方法有哪些？

5. 酸洗与钝化的配方选择原则是什么？

任务5　系统水压试验和气密性试验

学习目标

了解水压试验及气密性试验的目的、方法和要求，理解并掌握水压试验及气密性试验的操作要点。能够完成系统的水压试验和气密性试验操作，并且能够判断漏点位置，做出简单处理。

任务引入

化工装置建成后投产前或者大检修后，均需按规定进行压力试验，就是通常所称的试压，它包括强度试验和严密性试验。

任务分析

压力试验是对压力容器和管道系统的一项综合性考核，压力试验能检验容器和管道是否具有安全地承受设计压力的能力，严密性、接口或者接头的质量、焊接质量和密封结构的紧密程度是否达到使用要求。此外，可观测受压后容器和管道的母材焊缝的残余变形量，还可以及时发现材料和制造过程中存在的问题。

气密性试验用来检查容器和管道系统各连接部位的密封性能，保证容器和管道系统在使用压力下严密不漏。

相关知识

一、水压试验的目的和标准

液压强度试验的加压介质通常采用洁净水，故液压强度试验常被称为水压试验。水压试验压力应以能考核承压部件的强度，暴露其缺陷，但又不损害承压部件为佳。如果不用水而改用其他液体时，所用的液体必须要流动性好、无毒、沸点和闪点高于耐压强度试验温度且不可能导致其他危险。

水压试验的合格标准是：

1. 进行压力容器水压试验后，无渗漏、无可见的异常变形，试验过程中无异常的响声，则认为水压试验合格。

2. 进行锅炉水压试验时，在受压元件金属壁和焊缝上没有水珠和水雾；在胀口处，在降到工作压力后不滴水珠；水压试验后，没有发生残余变形。符合上述情况的，则认为水压试验合格。

二、气密性试验的目的和条件

气密性试验又称致密性试验。常用的试验介质有空气、氨、卤素、氦以及煤油（少用，因灵敏度低）。

其目的是检查容器是否存在不允许的泄漏，检查的重点是可拆的连接部位以及焊接接头部位。有以下条件的要求做气密性试验。

1. 容器内的介质毒性程度为极度危害或高度危害的，一旦发生泄漏，将严重危及人的生命安全，造成环境污染。

2. 因生产工艺条件或介质昂贵等原因，设计要求不允许有微量泄漏的容器。

任务实施

学生分组讨论总结水压试验及气密性试验的操作要点。通过装置实训，引导学生总结如何找到系统漏点，并学会处理漏点。

水压试验及气密性试验的操作实施过程如下：

一、水压试验的操作实施过程

进行水压试验时，应将水缓慢充满容器和管道系统。打开容器和管道系统最高处阀门，将滞留在容器和管道内的气体排净。容器和管道外表面应保持干燥，待壁温与水温接近时方能缓慢升压至设计压力，确认无泄漏后继续升压到现定的试验压力，根据容积大小保压 10 ~ 30 min，然后降压至设计压力，保压进行检查，保压时间不少于 30 min，检查期间压力应保持不变。

检查重点是各焊缝及连接处有无泄漏、有无局部或整体塑性变形，大容积的容器还要检测基础下沉情况。

检查时可用小锤沿焊缝平行于焊缝 15 ~ 20 mm 处轻轻敲打。如发现泄漏，不得带压紧固和修理，以免发生危险。缺陷排除后，应重新做水压试验。

水压试验结束后，打开容器和管道的最低处阀门降压放水。排水时，不得将水排至基础附近。大型设备排水时，应考虑反冲力作用及其他安全注意事项。另外，排水时容器顶部的放空阀门一定要打开，以防薄壁容器抽瘪。水放净后，采用压缩空气或惰性气体将其内表面吹干，严防容器内和管道内存水。

试验用压力表不得少于两个并经校验合格，其精度不低于 1.5 级，表面刻度值为最大被测压力值的 1.5 ~ 2 倍。压力表应分别安装在最高处和最低处，试验压力应以最高处的压力读数为准。

二、气密性试验的操作实施过程

进行气密性试验时，升压应分段缓慢进行，首先升至气密性试验压力的 10%，保压 5 ~ 10 min，检查焊缝和各连接部位是否正常，如无泄漏可继续升至规定试验压力的 50%，如无异常现象、无泄漏，其后按每级 10% 连级升压，每一级升压 3 min，到达试验压力时，保压进行最终检查，保压时间应不少于 30 min。

检查期间，检查人应在检查部位喷涂肥皂液（铝合金容器、铝管用中性肥皂）或其他检漏液，检查是否有气泡出现，如无泄漏、无可见的异常变形、压力不降或压力降符合设计规定，即为合格。

进行气密性试验时，如发现焊缝或连接部位有泄漏，需泄压后修补，如要补焊，补焊后要重新进行耐压强度试验和气密性试验。如要求做热处理的容器，补焊后还应重做热处理。

【知识链接】

真空度试验和泄漏量试验

一、真空度试验

真空设备和真空管道系统在水压试验和气密性试验合格后，在联动试车运行后，还应以设计压力进行真空度试验。

真空度试验宜在气温变化较小的环境中进行，试验时间为24 h，检查增压率，增压率按下式计算：

$$\triangle P = \frac{P_2 - P_1}{P_1} \times 100\%$$

式中 $\triangle P$——24 h的增压率，%；

P_1——试验初始压力（表压），MPa；

P_2——24 h后的实际压力（表压），MPa。

A级管道增压率应不大于3.5%，B、C级管道增压率应不大于5%。

二、泄漏量试验

对于剧毒介质或甲、乙类火灾危险介质的中、低管道系统应进行泄漏量试验，泄漏量试验应在气密性试验合格后及时进行。泄漏量试验应按设计压力进行，试验时间24 h。全系统的每小时平均泄漏率应符合设计文件规定，如无设计规定时，不得超过下列规定。

1. 室内及地沟A级剧毒管道每小时平均泄漏率为0.10%；
2. 其他A级剧毒管道每小时平均泄漏率为0.15%，B、C级管道每小时平均泄漏率为0.25%；
3. 室外及无围护结构车间的A级管道每小时平均泄漏率为0.3%，B、C级管道每小时平均泄漏率为0.5%。

管道系统的泄漏率也可以由下式计算：

$$A = \frac{1}{t}\left(1 - \frac{P_2 T_1}{P_1 T_2}\right) \times 100\%$$

式中 A——每小时平均泄漏率，%；

P_1——试验开始时的绝对压力，MPa；

P_2——试验结束时的绝对压力，MPa；

T_1——试验开始时气体的绝对温度，K；

T_2——试验结束时气体的绝对温度，K；

t——试验时间，h。

思考与练习

1. 水压试验的目的、方法是什么？

2. 气密性试验的目的、方法是什么？

3. 如何确定漏点位置？如何解决漏点问题？

4. 气密性试验的操作要点是什么？

5. 如何选择水压试验中的压力表？

任务6　装置联动试车

学习目标

了解联动试车的目的和内容，理解并掌握联动试车的条件及操作方法。能够判断装置是否具备联动试车的条件，并且进行联动试车操作。

任务引入

联动试车阶段是工程建设过程中矛盾和困难最为集中的阶段，因此，有序地完成联动试车各项规定内容是防止化工投料时出现阻滞和事故以致造成重大经济损失的重要保证。本任务即要进行系统的联动试车。

任务分析

联动试车的内容随化工装置的工艺过程不同而不同，试车工作一般包括：系统的气密、干燥、置换、“三剂”充填（化学药品、催化剂、干燥剂等）、耐火衬里烘烤、烘炉、惰性气体置换、仪表系统调试、以假物料（通常是空气和水、油等）进行单机或大型机组系统试运及系统水试运、油联运及实物或代用物料进行的“逆式开车”等。

相关知识

一、联动试车的目的和主要内容

联动试车是新建化工装置全系统以水或空气为介质进行的系统模拟试运行，目的是检验装置的设备、管道、阀门、电气、仪表、计算机等的性能和质量是否符合设计与规范的要求。化工装置联动试车的内容和方法很多，其中设备的吹扫和清洗、化学清洗、催化剂、系统的气密性试验等本书其他章节已有专门的叙述，本节就联动试车的氮气置换、水联运、油联运的方法和要点予以介绍。

二、联动试车的条件

1. 工程中间交接完毕。

2. 所需公用工程已能平衡供应。

3. 设备位号、介质名称及流向标志完毕。

4. 机电仪表和分析化验等可以投入使用，通信和调度联系畅通。

5. 消防和气体防护器材、可燃气体报警系统、放射性物质防护设施已经按照设计要求施工完毕，处于完好状态。

6. 岗位尘毒、噪声检测点已确定。

7. 装置技术员、操作班长、岗位操作人员已经确定。

8. 岗位责任制已制定完善。

9. 试车方案和操作规程、操作方法已印发到生产试车人员，主要工艺指标、仪表连锁、报警整定值已经批准并公布。

10. 生产操作人员已经培训并考核合格，持有上岗合格证。

11. 用于联动试车的化工原料、润滑油（脂）准备齐全。

12. 生产记录等辅助用品齐全。

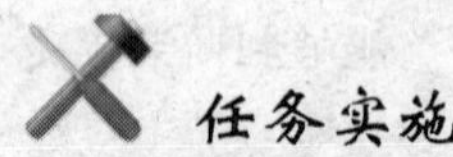

任务实施

学生思考进行联动试车前需要做的准备工作。教师指导学生分组讨论编制系统的氮气置换、水联运、油联运方案。

联动试车的实施过程如下：

一、系统的氮气置换

多数化工装置特别是石油化工装置，其原料、燃料和生产过程中的半成品、成品等多数具有易燃易爆性质，因此，在这类易燃易爆物质引入系统前，都必须将系统内的空气用氮气置换，并使其含氧量降至0.5%（体积分数）以下，以避免物料与空气混合生成爆炸性混合物。在一些场合中，氮气置换也是防止系统内设备表面被潮湿空气氧化产生腐蚀的一项重要措施。

1. 氮气置换应具备的条件和置换前的准备工作

（1）系统已经气密性试验合格，其中需要干燥的系统已干燥合格。

（2）置换用氮气，要求含氧量小于0.1%（体积分数），压力通常应为0.6～0.7 MPa，低温系统用氮气露点应为－60～－70℃。

（3）公用工程相关系统已经运行正常。

（4）系统氮气置换流程的制定和准备，它包括氮气的引入，流向，排放口和分析取样点等的确定和物资配备。

（5）所有仪表、调节系统、安全装置（包括连锁）调试合格，处于良好备用状态。

（6）氮气属于窒息性气体，安全工作十分重要，现场须有良好的通风条件和必要的防窒息等安全装备。

2. 置换方法

氮气置换方法一般采用间歇方式，即先将系统充氮气至0.5 MPa，关充氮阀，开氮气排放口，使系统卸压至约0.01 MPa，然后关排放阀充氮，反复数次，直到取样点分析气体中含氧量小于0.5%（体积分数）时，则系统置换合格。但低温系统置换还必须对各取样点系统露点进行测定。

二、水联运

水联运又称水联动试车，它是以水、水与空气或惰性气体为介质，对化工装置以液体或液体与气体运行的系统进行模拟运行，它的目的是检验其装置或系统除受真正化工投料中介质影响以外的全部性能和安全质量，特别是仪表联动控制的效果。在水联运试车中，对操作人员进行全面训练并熟悉操作，对公用工程的水、电、汽、风（仪表空气、惰性气体）供应情况进行考核，消除试运行过程中发现的缺陷，同时通过速度较大的液体循环，带出经吹扫后仍可能残存于系统中的少量锈斑及细小的焊渣杂物等。水联运试车是为装置或系统引入物料、化工投料试车前的一项重要工作。

1. 水联运试车应具备的条件

（1）装置或系统设备、管道等经吹扫冲洗气密试验合格；真空系统抽真空试验合格。

（2）全部仪表及控制系统已经合格待用。

（3）传动设备单体试车合格并交付使用，运转设备已有足够的备件。

（4）各设备和管道按设计保温完毕，各安全阀按设计整定压力检验合格。

（5）安全和消防设施齐备、工具及记录报表齐全，现场清理完毕，道路畅通，调度与通信畅通。

（6）公用工程系统已稳定运行。

（7）试车方案和操作规程已编制并公布（包括水联运水循环图）。

（8）各项工艺指标已经生产部门批准公布，操作人员人手一册。

（9）已建立岗位责任制，专职技术人员和操作人员已确定，并经考试合格和持证上岗。

（10）试车前应加的临时管线及有关措施已完成。

2. 水联运试车步骤和操作要点

（1）准备工作

1）检查各设备管道阀门仪表和安全阀均处于完好备用状态。

2）按水联运要求，检查系统需拆装的盲板及临时管线是否就位。

3）检查各应开和应关的阀门是否处于正确状态。

4）将公用工程水、电、汽、风及脱盐水引至界区内。

（2）试车步骤

1）在化工装置中，许多物质的流动是靠压差来实现的，所以在建立水联运之前，要对系统用空气冲压，其充压压力一般宜近于系统操作压力。

2）按水循环系统要求，由临时接管或泵向系统各塔槽送入脱盐水，建立各自的正常液位，开泵建立循环并调节至相应流量。

3）引相关的公用工程，如冷却水蒸气等至系统使用设备，并逐渐调节至水循环要求的指标。真空系统采用系统走水抽真空。检查全系统各测控点指标，所用自控装置视情况尽量投入自控，以检查自控仪表的自调性能。

4）通常水循环稳定运行 48 h 为合格。

三、油联运

油联运也称油试运，它是以与运行接近的油品为介质，对油系统的设备管线进行的一次全循环试运。如乙烯装置的油试运，它通常是以原料轻柴油的重馏分对原料轻柴油系统、调质油系统、急冷油系统、重质燃料油系统、轻质燃料油系统进行试运。油联运过程中启用自控仪表，一方面有利于油联运的操作，同时对自控系统也是一次检查。油联运也达到了进一步清洗设备管线脏物的目的，因此，油联运是保证装置开工正式投油后良好运行的必要步骤。

1. 油联运应具备的条件

（1）系统设备管线等经吹扫清洗试漏和气密试验合格。

（2）传动设备单体试车合格。

（3）全部仪表及控制系统调试合格待用。

（4）设备和管线按设计保温要求做好，配有伴热管线的已可投入使用。

（5）安全和灭火消防等设施齐备，现场清理完毕，道路与指挥通信联络畅通。

（6）按油联运要求的临时措施（如临时配管阀门盲板等的装拆）已完成。

（7）公用工程系统已稳定运行，消防水、系统保护性用氮气等均引入界区。

2. 油联运操作及要点

（1）油联运按联运方案采用单个系统小循环之后通过临时配管串接形成大循环，不留死角。

（2）使用轻柴油等含轻组分的油为循环油时，应保持系统中的储罐、塔器等设备的氮封或充氮压力，防止低挥发组分与空气形成爆炸性混合物。

（3）操作中要使油的循环量接近正常值，并注意保持塔和储槽液面，防止发生满罐满塔及抽空事故。

（4）在循环工程中，应根据油的凝固点保持一定油温，以防止出现死角，出现堵塞。

（5）油联运中，须定期切换油泵，清理泵前入口过滤器。

（6）除各小循环应进行 72 h 以上正常运转外，各油泵入口过滤器几乎不再有什么杂质堵塞时，则认为油联运合格。

（7）油试运结束倒空时，应注意各设备、管线的低点和死角，须用移动泵等手段将残留的不清洁油抽出送往燃料油储罐待用。

（8）当循环油从系统全部倒空后，应用氮气进行吹扫。吹扫结束后卸压、拆除盲板、临时管线等进行复位。复位后仍通氮气，使油系统处于氮封或充压（约 0.04 MPa）状态保护。

（9）油联运结束后，应填写油试运报告。

【知识链接】

置换后及水联运中的注意事项

一、置换后的注意事项

1. 置换完毕，应在流程图上注明已完成置换的系统，并记录充压和卸压的压力及次数，分析结果和合格的时间。

2. 置换合格后，关闭所有排放阀和取样阀，系统再次充氮至 0.5 MPa 做气密性试验。合格后，将系统表压降至约 0.05 MPa 保压待用。

二、水联运中的注意事项

1. 水联运按水循环进行，应防止水蹿入其他不参加水联运的系统。

2. 水经换热器和控制阀时，若有副线，应先走副线，待干净后再走换热器和控制阀。

3. 水联运中发现过滤网堵塞或管线堵塞，应及时拆下过滤网进行清扫，或找出堵塞部位加以清理。

4．水联运中，必须控制泵出口流量不要过大，以防电动机过电流（以电动机额定电流为限）。

5．联运中备用泵应切换使用。

6．塔容器换热器等设备充水完毕，在开始水联运之前，必须在各低点排污。

7．循环水脏后，可视情况部分排放，补充新鲜水或全部排放，重新建立循环。

8．水循环结束后，要及时进行全系统排空处理，此时应注意各容器相通大气，防止排水时容器内形成真空，损坏设备。

9．水联运结束后，应填写水联运模拟试车报告。

10．在冬季进行水联运时，必须要充分考虑防冻措施。

思考与练习

1．单体试车与联动试车的不一样之处是什么?
2．联动试车的方法和准备条件是什么?
3．联动试车的条件是什么?
4．水联运和油联运的注意事项是什么?
5．水联运试车应具备的条件是什么?

模块二　化工装置原始开车

化工装置在完成开车前准备工作后，即可转入原始开车阶段。化工装置的原始开车一般包括系统干燥操作、烘炉操作、催化剂升温和还原操作、公用工程启动、投料试生产这5个方面。本模块主要从以上5个方面对化工装置原始开车的理论、操作进行全面的解读，使学生掌握原始开车工作的理论知识和操作技能。

任务1　系统干燥操作

学习目标

了解系统内水分的来源，了解干燥操作的目的和要求，掌握干燥操作的基本方法和操作要点。能够判定干燥操作的启动条件并选择适宜的干燥介质进行干燥操作。

任务引入

化工系统管路及设备在施工安装、试压、吹扫过程中可能会造成水分的残留，而在低温操作时，水分可能会冻结，堵塞设备和管道，危及试车和生产的安全，因此，必须对其进行干燥操作。

任务分析

能够通过对工艺过程的分析和系统对干燥程度的要求，认识化工系统干燥的意义，掌握化工系统干燥的不同方法，选择合适的干燥介质，在正确判断系统是否满足干燥的前期准备条件下，进行系统干燥操作。

相关知识

一、干燥操作的目的和要求

化工装置开工前需要干燥的系统主要有以下3种类型：

1. 化工低温系统的干燥除水

它的目的是防止低温操作时，残留在设备、管道、阀门间的水分冻结和开工投料后的某些烃类等工艺介质生成烃水化合物结晶，如 $C_2H_6 \cdot 7H_2O$、$C_3H_8 \cdot 17H_2O$ 等，堵塞设备和管道，危及试车和生产的安全。化工装置的低温系统干燥除水程度要求高，如合成氨装置的低温甲醇洗、低温液氮洗，空分装置的分馏塔及冷箱系统等，它们均要求在化工试车前进行深度干燥除水，一般都要达到 -50 ~ -60℃露点的含湿量要求。

2. 有耐火衬里和热壁式反应器的系统或设备干燥除水

对有耐火衬里和热壁式反应器的系统或设备的干燥除水，需要干燥除去其耐火材料砌筑时所含的自然水和结晶水，烘结耐火衬里，增加耐火材料强度和使用寿命。需要干燥除去热壁式反应器等系统设备施工安装、试压、吹扫过程中的残留水分，避免催化剂装填时影响其强度和活性，如以石脑油为原料的连续重整装置的热壁式反应器系统，在催化剂装填前采用热氮循环干燥等。

3. 残留水分与工艺介质作用，腐蚀设备、管道、阀门或影响产品质量和收率

某些工艺介质进入系统后，能与残留水分作用，对设备、管道、阀门产生严重腐蚀或影响产品的质量和收率，因此要对系统进行干燥除水。

二、干燥操作的方法和介质选择

对于含有一定量水汽的空气，在气压不变的情况下降低温度，使饱和水汽压降至与当时实际的水汽压相等时的温度，称为露点。形象地说，就是空气中的水蒸气变为露珠时候的温度，叫露点。通常可以用露点数值大小来表示空气中水蒸气含量的多少，露点越低，空气中水蒸气含量越小，空气越干燥。空气的露点与含水量的关系如图 2—1—1 所示。

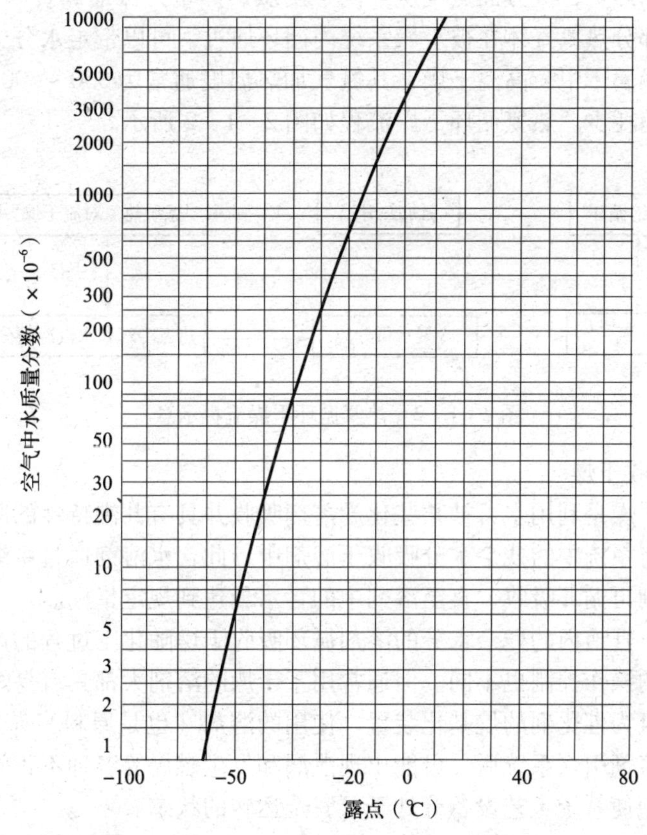

图 2—1—1　空气的露点与含水量的关系

化工系统设备、管道内表面常用的干燥方法主要有常温低露点空气（或氮气）干燥、热氮循环干燥、溶剂循环吸收干燥这三种方法。

1．常温低露点空气（或氮气）干燥

常温低露点空气（或氮气）干燥是化工低温系统设备干燥除水的一种常用方法，当系统设备、管道经吹扫、清洗和综合气密性试验合格后，使用经分子筛吸附脱水、露点降至－60～－70℃的低露点空气（或氮气）对被干燥系统的设备、管道内表面的残余水分进行对流干燥，由于进入系统的是低露点空气（或氮气），其水分含量少，水蒸气分压低，因此设备内表面残余水分即不断汽化，当排气口空气（或氮气）已稳定达到系统对水分含量、露点的要求时，则系统干燥作业完成。

常温空气（或氮气）干燥过程需要消耗大量低露点空气（或氮气），因此，除装置中已有大、中型空分装置可提供大量分馏氮气供系统直接使用外，一般是先不使用分馏氮气进行干燥，而是待空气干燥作业完成后，以分馏氮气进行系统置换、系统保压和防腐使用。

2．热氮循环干燥

在化工装置中，热氮循环干燥法主要用于有耐火衬里或热壁式反应器系统等设备、管道的干燥除水。它是以氮气作为干燥过程的载热体和载湿体，在一个封闭循环系统中，通过氮循环压缩机将氮气顺序通过加热炉升温（通常与加热炉烘炉干燥步骤同步进行），系统由热氮对流干燥、热氮冷却和水汽冷凝分离、冷氮再压缩循环加热除水等过程完成。

氮气循环通过加热炉，一方面氮气从炉内带出烘炉热量，保证炉管不超温而保护炉管；另一方面，借助这部分热氮气体在被干燥系统内循环通过，可以带走水分，达到系统干燥的目的。热氮循环干燥属于中、高温干燥，其氮气加热温度通常为350～500℃，因而载湿大，效率高，同时氮气消耗少。热氮循环干燥流程如图2—1—2所示。

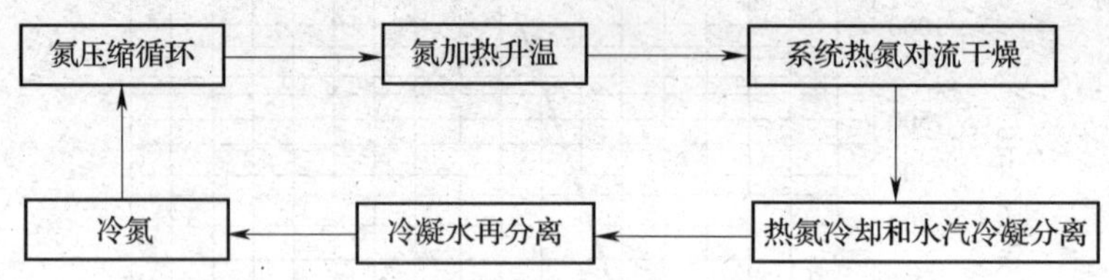

图2—1—2　热氮循环干燥流程示意

3．溶剂循环吸收干燥

溶剂循环吸收干燥是利用水可被某些化学溶剂吸收并具有共沸特性的原理，通过溶剂在系统内循环吸收，将系统中的残余水分吸收于溶剂中，此含水溶剂通过系统内的蒸馏工序将水由系统排出，溶剂再循环吸收，直至溶剂中的含水量达到规定指标。

化工系统设备、管道内的残余水分的溶剂循环吸收干燥随化工过程的产出物的不同，其使用的溶剂和相应的操作控制也不同。但通常用于干燥的溶剂大都具有易燃易爆和有毒有害的特性，如以氟化氢为催化剂的烷基化装置，使用的溶剂（也是原料）苯就具有这种特性。因此，为防止这类溶剂引入系统后，可能出现泄漏和发生燃爆等各种不正常现象，在系统进行干燥作业前，必须使系统工艺设备等处于可安全运转的状态。

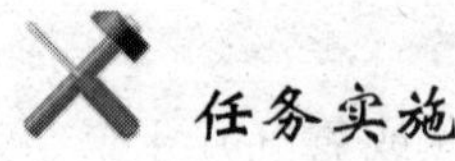

任务实施

空气干燥的实施过程如下：

一、干燥前的准备工作

1. 制定系统的空气干燥方案，包括干燥范围，露点要求，气源的选定或配置，干燥方法，干燥操作流程，临时管道、阀门、盲板等的配置，干燥前的准备和干燥过程中的注意事项等。

2. 根据被干燥系统对干燥露点的要求，结合装置和设备现状，选定供系统干燥作业的低露点空气的连续气源，是完成系统干燥操作的首要条件。如乙烯装置的低温系统干燥使用装置中的裂解气压缩机及其后的裂解气干燥系统进行空气运转，就可提供 -60 ~ -70℃的低露点空气干燥气源。有空分系统的装置，则可直接使用由空分系统提供的净化空气或分馏空气进行干燥作业，因为它们的露点均在 -50℃以下，可满足低温系统干燥的要求。

3. 被干燥系统的全部设备、工艺管道安装完毕，系统经吹扫、冲洗，积水排尽，综合气密性等均已合格，系统仪表、电器联校完成，可以投入使用。

4. 用于空气干燥的临时管道、阀门、盲板等设施已配置或准备完好待用。

5. 用于空气干燥后露点分析的仪器及取样接头等已准备就绪。

二、系统干燥操作的方法

干燥操作采用系统冲压、排放的方法进行，充压压力一般为 0.2 ~ 0.5 MPa，但注意要严格控制不能超过操作压力。按系统干燥操作流程安排的程序，分别关闭所有的控制阀和旁路阀，打开它们的前后阀，关闭有关管线上的阀门，装设规定盲板，使被干燥系统圈定在一个密闭空间里。缓慢地将空气引入系统，待冲压至规定要求后，关闭气源进口阀，打开系统排放阀，进行干燥。如此反复至各规定取样点分析露点合格后，干燥作业即顺利完成。

三、系统干燥的操作要点

1. 干燥作业期间，要绝对防止干燥系统排放空气与燃料气或其他易燃气体接触。

2. 系统所有仪表引出管线均应同时进行干燥。

3. 干燥作业完成后，应使系统表压保持在 0.05 ~ 0.10 MPa，以防止潮湿空气进入已干燥系统。同时应在工艺仪表流程图及记录表上记录干燥结果。

4. 法兰、过滤网、盲板等的拆装工作，一律应详细进行登记，并在现场设置明显的标志，以防止发生意外事故。

5. 进行干燥作业时，要注意保持气源压力稳定，特别要注意保持供气系统的压缩机出口压力平稳，防止压缩机出口流量锐减，造成压缩机喘振，损坏压缩机部件。同时也应注意防止超过气源干燥用分子筛层的压差极限。

6. 使用氮气干燥时，要防止发生氮气窒息事故。

思考与练习

1. 在哪些情况下需要进行系统干燥，这样处理的目的和意义是什么？

2. 干燥介质的露点大小与其含水量多少有什么关系？

3. 系统干燥一般选用何种介质作为干燥介质？对于要求干燥程度不同的系统，应如何选择？

4. 在系统干燥操作过程中，应特别注意哪些问题？

任务2　烘 炉 操 作

学习目标

了解耐火材料的种类及性能，了解烘炉操作的目的，掌握烘炉操作的要点和注意事项。能够进行烘炉前的准备工作，能够按照烘炉升温曲线烘烤炉衬砌体。

任务引入

新建炉子在炉墙砌筑完毕后，其水分含量很高，如果不经烘烤直接投入使用，由于炉膛温度很高，湿炉墙温度上升过快，炉墙中的水分迅速蒸发成气体，容易使炉墙产生裂缝，造成炉墙密封性能降低。所以，新炉在开工前必须进行烘炉操作，以免炉墙产生裂缝和变形。

任务分析

了解耐火材料的种类和性能，在对炉子应用场合及工艺过程进行分析的基础上，进行烘炉前的准备工作，通过学习烘炉要求和操作规程，能按照烘炉升温曲线烘烤炉衬砌体。

相关知识

一、炉体结构

工业用炉有气化炉、焦化炉、管式加热炉、冶金炉、热处理炉、窑炉、焚烧炉和蒸汽锅炉等，一般都具有用耐火材料包围的炉膛，利用热介质或燃料燃烧产生的热量将物质（固体或流体）加热，使炉膛内物质发生物理或化学变化。本任务所指“炉子”，是指用耐火材料作为炉体内衬的各种炉子的统称。

下面以德士古水煤浆气化炉为例，了解炉体炉衬的基本结构。

德士古水煤浆气化炉耐火材料整体可分为三部分：锥底、拱顶和筒体，如图2—2—1所示。耐火材料从里到外分为若干层，以筒体为例分别是：向火面耐火砖、绝热层耐火砖和保温层耐火砖。三层炉砖之间预留约3 mm膨胀间隙，以便径向膨胀不受约束，膨胀缝内材料选择3 mm厚可烧蚀材料。耐火砖砌筑时采用与其化学成分近似的泥浆，接缝宽为1.0～2.2 mm，使砌筑好的耐火砖每层环向和纵向都具有较为牢靠的结合，以增加炉砖层自身的整体性，防止耐火砖间的高温气体乱窜，以保证承压壳

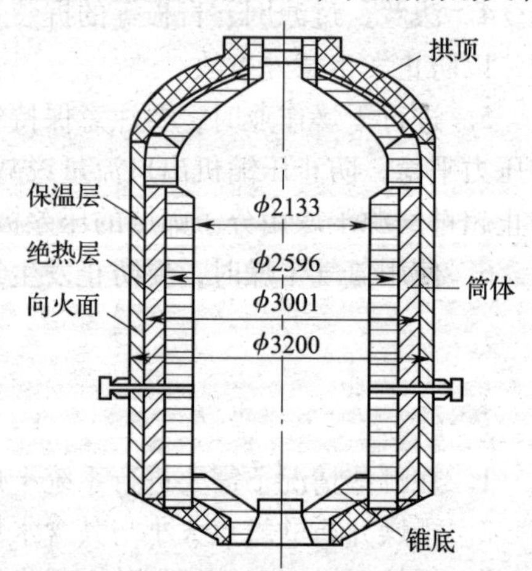

图2—2—1　德士古水煤浆气化炉耐火材料结构示意

体的安全。其中拱顶和锥底耐火砖下面浇灌了厚厚一层的耐火泥。

二、耐火材料

耐火材料广泛用于冶金、化工、石油、机械制造、硅酸盐、动力等工业领域，在冶金工业中用量最大，占总产量的50% ~60%。凡是耐火度不低于1 580℃，有较好的抗热冲击和化学侵蚀的能力、导热系数低和膨胀系数低的非金属材料都可称为耐火材料。耐火度是指耐火材料锥形体试样在没有荷重的情况下，抵抗高温作用而不软化熔倒的摄氏温度。

耐火材料通常按耐火度、形状尺寸、烧制方法、耐火材料基体的化学矿物质组成等进行分类。

1. 按耐火度分类有普通耐火材料，耐火度为1 580 ~1 750℃；高级耐火材料，耐火度为1 750 ~2 000℃；特级耐火材料，耐火度为2 000 ~3 000℃。

2. 按质量、形状和尺寸分类可分为标准型、普通型、异型和特异型。

3. 按制造工艺方法可以分为天然岩石锯泥浆浇筑、可塑成形、半干压成形、热压成形、捣打成形、熔铸成形等制品。

4. 按烧制方法可以分为不烧砖、烧制砖和熔铸砖等。

5. 按耐火材料基体的化学矿物质组成分类

（1）硅酸铝制品，包括黏土质耐火砖，SiO_2含量小于65%，Al_2O_3含量28% ~42%；高铝砖，Al_2O_3含量大于或等于48%，按Al_2O_3含量高铝砖可分为48%、55%、65%、75%和80%五级，此外还有刚玉砖等；半硅质砖，SiO_2含量大于65%，Al_2O_3小于30%。

（2）硅质制品，包括硅砖，SiO_2含量不小于93%；熔融石英，SiO_2含量在99.5%以上。

（3）镁质制品有镁砖，MgO含量在87%以上；镁铝砖，以镁铝尖晶体结合的镁砖，MgO含量不小于80%；镁铬砖，MgO含量55% ~60%；白云石砖，CaO含量在40%以上，MgO含量在30%以上。

（4）碳质制品有炭块，以焦炭或无烟煤作为原料，加焦油、沥青等结合剂，在强还原气氛中烧成；碳毡，含碳量86% ~90%；碳绳，含碳量≥86%；石墨块，含碳量>99%；碳化硅砖，有再结晶和无机物结合的两种。

（5）特殊高纯氧化物耐火制品包括陶瓷砖，有纯氧化物制品，如Al_2O_3、MgO、ZrO_2、BeO、ThO_2等；也有碳化物、氮化物、硼化物等制品；金属陶瓷制品，是由金属相和陶瓷相构成的耐火材料。

6. 按外观形态分为定形、不定形耐火材料和耐火纤维制品。不定形耐火材料也称散状耐火材料，是由合理级配的耐火骨料和粉料、结合剂或另掺外加剂等，以一定比例组成的混合物，可直接使用或加适当的液体混合后使用。不定形耐火材料与烧成耐火材料相比，它具有工艺简单、节约能源、整体性好，可灵活调节组成，生产效率高，施工方便等优点。耐火纤维材料是一种既能耐高温又隔热的纤维状耐火材料，这种材料导热系数低，体积密度小，富有弹性，抗机械振动性能好。

三、烘炉操作的目的和要求

1. 烘炉操作的目的

炉衬一般由耐火层和隔热（保温）层组成，分别用耐火材料（普通耐火砖、轻质耐火砖、耐热混凝土和硅酸铝耐火纤维制品）和隔热（保温）材料砌筑而成。施工时炉衬材料含有水分，通过烘炉操作可以缓慢地排除衬体中的游离水、化学结合水并使耐火材料得到充分的烧结，获得高温使用性能。如果这些水分不去掉，由于在开工时炉温上升很快，这些水分将急剧汽化膨胀，造成炉体胀裂、鼓泡或变形，甚至炉墙倒塌，从而影响设备使用安全及使用寿命。因此，凡是新建的炉子，而且炉墙采用的材料是耐火砖或者是耐热混凝土衬里（或称注料），均要进行烘炉。烘炉若点火时未按温控曲线进行，可能会引起热爆裂，如图2—2—2所示。

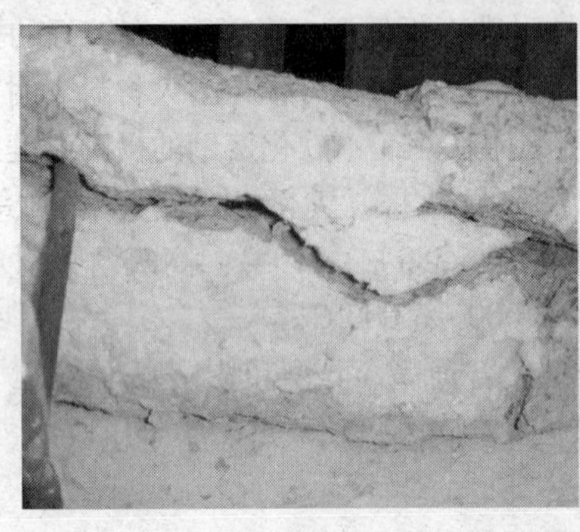

图2—2—2 烘炉后破裂的浇注料

如果旧炉子的炉墙进行了大面积的修补，修补所用的材料仍是耐火砖或是耐热混凝土衬里的，也要进行烘炉。新建炉子的炉墙或旧炉子炉墙的修补所用材料为硅酸铝耐火纤维制品的可以不烘炉。但考虑到新建炉子的对流室和烟道内部是用耐热混凝土浇筑，可根据实际情况决定是否烘炉。

炉子投用前，必须进行烘炉。按制定的烘炉曲线缓慢加热各部分砌筑衬里，使其所含水分逐渐析出。烘炉的目的就是缓慢地除去炉墙在砌筑过程中所积存的水分，并使砖与砖之间的耐火泥得到充分的烧结。如果这些水分不事先除掉，由于在开工时炉温急剧上升，这些水分将急剧蒸发，造成砖缝膨胀，产生裂缝；严重时会使炉墙倒塌。烘炉的作用主要是排除衬里中的游离水、化学结合水和获得较高的使用性能。

为了保护炉体和延长炉子的使用寿命，对于新建炉子在投用之前或检修后开工时，也必须按规定的烘炉曲线进行烘炉。烘炉得当，可提高炉子的使用寿命。

要将炉墙烘烤干燥，必须得有热源。作为烘炉用的热源主要有燃料油、燃料气、热风、蒸汽4种，具体采用哪一种热源，应视现场的条件而定，如果有气体燃料，用气体燃料烘炉最为方便。

2. 烘炉前应具备的条件

（1）炉体砌筑完成，机械竣工验收合格，炉内无杂物。

（2）烘炉时所用的设备、管道已进行过机械清理、吹扫和水冲洗，确认设备、管道内清洁干净。

（3）有关烘炉升温时所使用的连锁、调节阀已调校好，准确好用（主要包括火焰监测器、柴油流量连锁，液化气流量连锁等）。

（4）烘炉所有公用工程物料（包括电、柴油、液化石油气、生产用水、工厂空气、仪表空气）已送至界区，并能正常使用；预热烧嘴已安装到位并能达到升温条件。

（5）确认炉子表面温度计、烘炉热电偶经调校合格，误差不大于10℃，并能投入使用。

（6）炉口闷炉盖已制好（密封性能好，安装方便）。

（7）操作人员经培训、考试合格，且已取得上岗证，具备独立操作能力。

（8）所有多余预留孔都应加设盲板，并由岗位技术员、工艺员组织检查一次。

（9）排水管线畅通，并能达到控制升温时所要求的正常液位。

（10）做激冷环水分布试验，得出最小流量值，使激冷水分布水膜均匀流畅。

（11）进入分布式控制系统（DCS）的仪表已调试合格。

3. 烘炉前的准备工作

（1）清除操作区域内所有建筑垃圾和无用的脚手架，以保证通道畅通。

（2）用于烘炉的临时记录表、曲线图（由耐火砖厂家提供）已制备好。

（3）现场配备好消防器材，以及必需的急救用品、防护用品。

（4）确认现场所有手动阀、调节阀处于待启状态。

4. 注意事项

（1）严格按照耐火砖材料制造商提供的升降温曲线进行烘炉、冷却，按要求控制升降温速率，严禁升降温速率过快。

（2）在烘炉时，按温度点，在坐标轴上作出实际升温曲线，随时调整与厂家提供的烘炉曲线偏差，每半个小时做一次记录。

（3）炉温达一定温度时，用红外测温仪检查炉壁温度是否均匀，若差异较大，应作为特护区域增加监测的频次。

（4）如遇大雨，炉壁可能淋雨后，炉壁表面热电偶会出现部分区域异常，应及时联系仪表调校处理。

（5）升温到后期，要密切注意炉子表面温度，不能超过指定温度，若温度过高，应立即向车间领导汇报。

（6）发现灭火后应立即关闭柴油流量调节阀及各手动截止阀，吊出烧嘴离开炉口，开大吸引，抽负压，再重新点火，按升温速率升到熄火前温度，再继续升温。

任务实施

将学生按岗位进行分工，并准备好工器具和劳动保护用品，做好开车前的准备工作，人员配备和工器具、劳动保护用品具体见表2—2—1和表2—2—2。

表2—2—1　　人员配备

人员	人数	人员	人数
工艺主任		调度员	
工艺技术员		中控操作工	
现场操作工		仪表人员	
电气人员		设备人员	

表2—2—2　　工器具、劳动保护用品

工器具名称	数量	工器具名称	数量
“F”扳手		手钳	
螺钉旋具		炉头盖板	
防护面罩		防护手套	
防噪耳塞		对讲机	
红外测温仪		应急灯	
外伤、烧烫伤急救药品			

根据某用高铝砖砌筑的加热炉的烘炉时间及升温曲线，如图 2—2—3 所示，填写烘炉时间进度表 2—2—3。

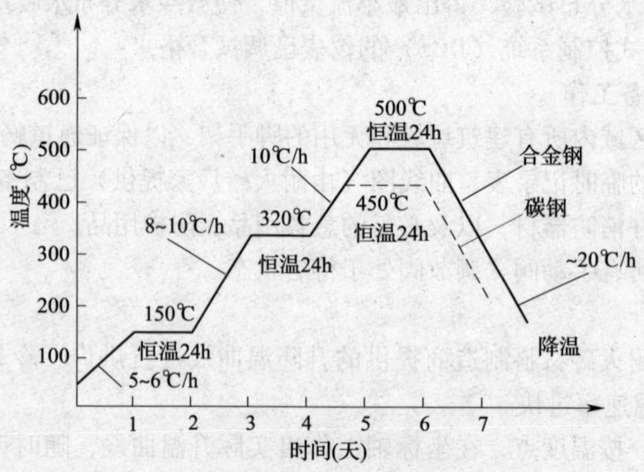

图 2—2—3　典型的烘炉曲线

表 2—2—3　　高铝砖耐火浇注料加热炉烘炉时间进度

温度（℃）区间	升温速度（℃/h）	升温用时（h）	恒温时间（h）

烘炉操作的实施过程如下：

化工装置用炉种类繁多，各装置对炉子都有不同的要求，作用不同的炉子有各自的烘炉操作规程，都是根据本装置的特点而制定的。新安装的炉子在设计技术文件中均应有详细的烘炉说明。用途不同、加热介质不同、操作工艺条件不同的炉子，烘炉的操作要求是不完全相同的。烘炉前需按阀门确认表、盲板确认表、盲板尺寸、烘炉流程图及烘炉隔离点仔细确认阀门、盲板状态。

一、烘炉操作

1．建立水循环。

2．建立气化炉真空度。

3．点火升温。

（1）架设升温预热烧嘴。

（2）确认柴油及液化石油气（来自管网）管线置换合格，且已送至界区阀前，两管线盲板均为导通。

（3）将柴油主管线、管路及液化石油气管线分别用软管与预热烧嘴连接好，且无泄漏。

（4）通知生产调度，做好液化石油气、柴油的输送及提压。

（5）打开液化石油气管线总阀。

(6) 在 DCS 画面查看柴油及液化石油气压力，确认压力在正常范围（0.3 ~ 0.4 MPa）内。

(7) 调节风门开度及炉内负压，严格按耐火砖厂家提供的升温曲线升温。

(8) 进行柴油烧嘴的更换及柴油升温。

(9) 中控应适时地调整柴油的加注量，及时通知现场人员对柴油和雾化蒸汽及负压真空度进行调整。

(10) 严格按照耐火砖厂商及车间提供的升温曲线匀速控制升温速率并记录。

4. 冷却、降温。

二、烘炉操作要点

1. 烘炉时间

烘炉时间主要根据炉衬砌体的种类、性质、厚度、砌筑方法和施工时所处季节而定。耐火浇注料所需烘烤时间要比耐火砖砌体长；硅砖砌体所需时间要比黏土质耐火砖砌体长；湿法砌筑的砌体所需时间要比干法砌筑的砌体长；热稳定性差的耐火砌体所需时间要比热稳定性好的耐火砌体长；厚度大的砌体所需时间要比厚度小的砌体长。

2. 烘炉升温速度

烘炉升温速度主要取决于炉衬砌体热膨胀所产生的应力大小。一般黏土砖、高铝砖砌筑的砌体可按 30 ~ 50℃/h 的速度升温；用耐火浇注料砌筑的砌体可按 10 ~ 20℃/h 的速度升温。

3. 恒温温度及恒温时间

烘炉恒温温度和恒温时间取决于砌体内水分（游离水和结合水）的排出和二氧化硅转变时引起体积膨胀的临界点，这些温度点是 150℃、320℃、450℃、500℃。根据水分含量的多少，这些温度点应恒温 24 h 以上。

【知识链接】

耐火材料的性能参数

一、气孔率

耐火制品中有许多大小不一、形状各异的气孔，气孔率即气孔的总体积占耐火制品总体积的百分比，它表示耐火材料的致密程度。

二、体积密度和真比重

体积密度是指包括全部气孔在内的每立方米砖的质量。真比重是指不包括气孔在内的单位体积耐火材料质量与水的比值。

三、热膨胀性

耐火制品受热后，一般都会膨胀，材料的这种性质称为热膨胀性，它可用线膨胀系数或体积膨胀百分率来表示。

四、导热性

耐火制品的导热性取决于其相组成及组织结构（指气孔率的大小、分布情况及晶相和玻璃液相的分布）。用导热系数“λ”来表示，其法定单位为：W/（m·K)。多数耐火制品的导热系数随温度升高而增大（如硅砖、黏土砖等），也有些制品则相反（如镁砖和碳化硅砖）。

五、耐火度

耐火度是衡量耐火制品在高温下抵抗熔化的能力。用规定尺寸的角锥形试样与一些标准试样放在一起，以一定的速度加热升温，这些标准试样是以高岭土、氧化铝及石英按不同比例配制而成，各有已知的耐火度。当升温至待测试样与某标准锥试样同时软化弯倒，即角锥的顶点弯倒和底盘接触时，则待测试样的耐火度等于该标准锥的耐火度。故耐火度是试样制品软化弯倒的温度。

六、高温荷重软化开始温度（荷重软化点）

高温荷重软化开始温度用来表示耐火材料在高温和荷重同时作用下的抵抗能力，是用一定尺寸的圆柱形试样在一定的压力下（19.6×10^4Pa），以一定的升温速度加热，使试样引起一定数量的变形温度来表示的。由于焦炉砌体中耐火材料自重很大，再加上机械设备的负荷，故耐火材料的高温荷重软化开始温度对炉体使用寿命非常重要，其中对生产有意义的主要是开始变形温度，即荷重软化点。

七、高温体积稳定性

耐火材料在高温下长期使用时，相成分会继续变化，产生再结晶和进一步烧结现象，因此耐火制品体积会有变化。由于各种制品的化学成分不同，有的收缩，有的膨胀，且这种变化是不可逆的，称为残余收缩和残余膨胀，其数值用制品加热到 1 200 ~ 1 500℃（因耐火制品种类不同而异），保温 2 h，冷却到常温的体积变化百分数（%）来表示。

八、温度激变抵抗性

温度激变抵抗性是耐火制品抵抗温度激变而不损坏的性能，是将试样加热到（850 ± 10)℃后，放在流动的冷水中冷却，并反复进行，直到试样损坏，脱落部分的质量占原试样质量的 20% 时为止，此时其经受的急冷急热次数，就作为该制品耐急冷急热性能的指标。

制品的热稳定性与制品的热膨胀性有很大的关系，若制品的线膨胀系数大，则由于制品内部温度分布不均匀而引起不同程度的膨胀，从而产生较大的压力，降低了制品的热稳定性。此外，制品的形状越复杂，尺寸越大，其热稳定性也越差。经上述测定，不同的耐火制品抵抗性差别很大，如硅砖抵抗性最差，仅 1 ~ 2 次，普通黏土砖 10 ~ 20 次，而粗粒黏土砖为 25 ~ 100 次。一些耐火制品的基础特性见表 2—2—4。

表 2—2—4　　耐火制品的基础特性

性能 制品	耐火度（℃）	高温荷重软化开始温度（℃）	常温耐压强度（10^2Pa）	显气孔率（%）	体积密度（g/cm^3）	高温体积稳定性		导热系数［W/（m·K）］
						温度（℃）	残存膨胀和残存收缩的允许值（%）	
硅砖	1 610 ~ 1 710	1 620 ~ 1 650	1 716 ~ 4 903	16 ~ 25	1.9	1450	+0.8	$\left(0.9+0.8\times\frac{t}{1\,000}\right)\times4.187$
半硅砖	1 670	1 250 ~ 1 320	1 471 ~ 1 961	20 ~ 25	2.0	1400	−0.5	$\left(0.6+0.55\times\frac{t}{1\,000}\right)\times4.187$
黏土砖	1 610 ~ 1 730	1 250 ~ 1 400	1 226 ~ 5 394	18 ~ 28	2.1 ~ 2.2	1 350	−0.5	$\left(0.6+0.55\times\frac{t}{1\,000}\right)\times4.187$
高铝砖	1 750 ~ 1 790	1 400 ~ 1 530	2 452 ~ 5 884	18 ~ 23	2.3 ~ 2.75	1 550	−0.5	$\left(1.8+1.6\times\frac{t}{1\,000}\right)\times4.187$
镁砖	2 000	1 420 ~ 1 520	3 923	20	2.6			$\left(3.7-0.41\times\frac{t}{1\,000}\right)\times4.187$

思考与练习

1. 炉体耐火材料所含的水分主要来源于哪里？烘炉操作的目的是什么？
2. 以德士古水煤浆气化炉为例，说一下其筒体耐火材料的结构。
3. 耐火材料按耐火度可分为几类？按化学矿物质分类主要有哪几种？
4. 衡量炉墙耐火材料基体耐火强度大小的指标有哪些？
5. 烘炉操作过程中用到哪些工器具和劳动保护用品？你认识并会使用吗？
6. 通过对图2—2—3的理解，讨论如何把握烘炉过程中的升温速度、恒温温度及时间。

任务3　催化剂升温和还原操作

学习目标

掌握催化剂的活化原理，能够按照操作规程中的升温还原进度表完成催化剂的升温还原操作。

任务引入

合成氨生产过程中的氨合成催化剂是由熔融的铁氧化物制成的，它含有钾、钙和铝的氧化物，作为稳定剂和促进剂，催化剂中氧化态Fe元素只有被还原成α－Fe后才具有催化活性。因此，在进行生产以前，催化剂必须进行还原。

任务分析

催化剂只有活化后才具有催化作用，催化剂升温还原过程即催化剂的活化过程。因此，只有掌握催化剂的活化理论，才能够按照操作规程中的升温还原进度表完成催化剂的升温还原操作。

相关知识

各种方法制得的催化剂，虽经成形（也有的是原粉）干燥，但通常还只是以活性组分的母体或前身物的形式存在，一般来说，它们还不具备对反应起催化作用所需要的物理结构和化学状态，可以称为催化剂的钝态，只有将它们进行焙烧或再进一步还原、氧化、硫化、羟基化等处理，使之具有一定性质和数量的活性中心后，才能转变为催化剂的活性态。这种把钝态催化剂经过一定方法处理而变为活性态催化剂的过程，叫做催化剂的活化（不包括再生）。

一、焙烧活化

催化剂以不低于其使用温度在空气或惰性气气流下进行热处理，称为焙烧。焙烧一般有中温（低于600℃）焙烧和高温（高于600℃）焙烧的区分。催化剂在焙烧过程中既有物理变化，也有化学变化，是催化剂活化的重要步骤，所以常把焙烧与活化联系在一起。

在焙烧过程中，催化剂可能发生如下的物理和化学变化。

1. 通过热分解反应，除去化学结合水及CO_2、NO_2、NH_3等挥发性杂质，转化成有催化活性的化合物，在较高温度下，氧化物还可能发生固相反应，形成具有活性的化合状态。

2. 通过分解产物的再结晶，形成一定的晶型、晶粒大小、孔结构和比表面。通过高温下离子的热移动可能形成晶格缺陷，或因外来离子的嵌入，使组分的化学价态发生变化而改变催化剂活性。

3. 使微晶适当烧结，提高催化剂的机械强度。

可见，焙烧过程包含着热分解、再结晶、固相反应、烧结等过程。

二、还原活化

还原活化是制备加氢、脱氢催化剂的最后步骤。还原步骤的反应物就是这类催化剂制备中最后一步得到的产物，相当多数是高价金属的氧化物，也有一些金属盐，如贵金属氯化物等。用还原性气体将这些前身物转化为活性金属或低价氧化物的过程，叫做还原活化。它们已经还原后，不应再暴露于空气中，以免剧烈氧化引起燃烧或失活，所以还原通常在装入反应器后使用前进行。

还原操作正确与否，对催化剂性能有很大影响。因此，催化剂制造厂应向用户提供详细的还原操作步骤和条件。催化剂的制备和活化是一个完整、相互影响、相互制约的过程。催化剂在还原阶段的工况与其前身物的状态是密切相关的，所以掌握还原对象的性状资料，对于设计还原程序也是很重要的。

负载金属氧化物和贵金属氯化物在300～400℃下还原，可以变为负载金属催化剂。

固体催化剂的还原是气—固多相反应，其过程包括扩散、界面反应等步骤，其中最慢的步骤称为还原反应的控制步骤。

影响负载金属氧化物或金属盐还原过程的因素很多，如还原反应的程度和产物的分散度等，这些衡量还原质量的指标都与还原条件密切相关。还原条件大致包括还原温度、时间、还原气成分和空间速度以及催化剂颗粒粗细等。

三、氨合成所用催化剂的升温与还原

1. 氨合成催化剂的技术规格

目前，氨合成催化剂多采用铁系催化剂，其主要物化性能见表2—3—1。

表2—3—1　　　**A110－1型、A110－1－H型催化剂物化性能**

名称	主要技术规格	
	项目	质量指标
A110－1型、A110－1－H型催化剂	颜色及形状	黑色或银灰色有金属光泽的固体，外形为无定形的颗粒
	颗粒度	1.5～3.0 mm/8.0～12.0 mm（当量直径）
	堆密度	A110－1　2.9～3.1 t/m^3 A110－1－H　2.2～2.4 t/m^3
	孔隙率	～46%
	比表面	～13 m^2/g

2. 氨合成催化剂的升温与还原工艺条件

氨合成催化剂是由熔融的铁氧化物制成的，它含有钾、钙和铝的氧化物作为稳定剂和促进剂，而且经氧化态或预还原态装入合成塔内，氧化态催化剂还原成 $\alpha-Fe$ 后才具有催化剂活性。因此，在进行生产以前，催化剂必须进行还原，还原过程是在合成塔内进行的。在还原过程中，促进剂氧化物是不被还原的，它们仍以氧化态存在。氧化铁的还原反应基本上是按下式进行的：

$$Fe_3O_4 + 4H_2 \xlongequal{} 3Fe + 4H_2O - Q$$

同时引起的歧化反应是：

$$4FeO \xlongequal{} Fe + Fe_3O_4$$

催化剂的还原反应过程是十分复杂的，随着水和氨的生成，催化剂发生一系列的宏观结构变化和晶体化学变化。在不同还原条件下所得到的活性铁催化剂，其活性会有很大的差异，因此需要对还原操作有足够的重视。

Fe_3O_4还原是一个吸热可逆的反应，提高还原温度能加快还原反应的速度，缩短还原时间。但是温度过高也会导致 Fe 微晶的长大，从而减小催化剂表面积，使催化剂活性降低。还原温度对孔隙容积和表面积的影响见表 2—3—2。

表 2—3—2　　还原温度对孔隙容积和表面积的影响

还原温度（℃）	450	500	600	700
孔隙容积（mL/g）	0.103 3	0.104 1	0.125 5	0.132 7
比表面积（m^2/g）	11.5	12.4	4.1	2.0

因此，最高还原温度一般应低于正常操作温度，同时气体中少量的水汽又可把 $\alpha-Fe$ 重新氧化成 Fe_3O_4，如果有大量的水汽与已还原的催化剂接触，则其结构将发生变化而中毒。为此要严格控制还原气中的水汽体积分数，一般应不大于 3×10^{-3}。

Fe_3O_4还原反应前后气相分子数不变，压力对反应平衡无影响。提高压力也提高了气相中氢气的分压，可以加快反应速度，但是气相中水汽分压同时上升，且不利于催化剂孔中水汽向气相扩散。所以还原压力要根据空速、温度、气相、水汽浓度和还原阶段等条件来综合考虑。

催化剂还原是从颗粒表面向内扩散的过程，提高空间速度可降低气相中的水汽分压，催化剂孔内的水汽易于向外扩散逸出，对反应平衡和反应速度均有利。因此，气流线速度也会增大，使催化剂床层温度分布均匀。因此，催化剂还原时应尽可能在大的空间速度下进行。

催化剂还原可使用纯氢气或氢氮混合气，但以使用氢氮混合气为宜，而且提高还原气中氮气的分压，可使催化剂活化形成的结构表面特别有利于氮的吸附，催化剂活性好，同时还可以提前产氨，利用氨合成反应热可增加空间速度，气相中水汽和氨又可同时冷凝，冷冻系统可提前投运，缩短整个还原时间。

综上所述，还原后的催化剂要获得高活性，还原操作应在尽可能大的空间速度和尽可能低的温度下进行，并争取尽早出氨，投用冷冻系统，降低循环气中的水汽浓度，但要防止冻结。

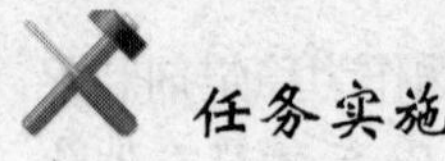

任务实施

一、氨合成催化剂的升温还原方案

氨合成催化剂的升温还原操作应按照升温与还原的理论和预先制定的升温还原进度表以及进度分配计划表，然后按照升温还原进度表（见表2—3—3）以及进度分配计划表（见表2—3—4）进行催化剂的升温与还原操作。

表2—3—3　　氨合成催化剂升温还原进度

阶段		1	2	3	4
床层最高温度（℃）	一层	20～200	200～400	400～460	460～510
	二层	20～200	200～440	440～480	480～510
	三层	20～200	200～440	440～480	480～510
升温速率（℃/h）	一层	30～40	10～15	5～10	～10
	二层	30～40	15～20	1～5	5～10
	三层	30～40	15～20	1～5	5～10
入塔压力（MPa）		≤8	≤8	8～9	9～10
出塔水汽体积分数			$\leqslant 1.5\times10^{-3}$	$\leqslant 3\times10^{-3}$	$\leqslant 3\times10^{-3}$
空间速度（h^{-1}）		≥1 500	≥2 500	≥5 000	≥6 000
入塔 H_2（%）		75～80	75～80	75～80	75～80

表2—3—4　　各层时间进度分配计划

	时间进度（h）									
	1～10	11～20	21～30	31～40	41～50	51～60	61～70	71～80	81～90	91～100
一层										
20～200	——6									
200～400		——18								
400～460			——28							
460～510				——38						
二层										
20～400			——22							
400～440				——32						
440～480						——53				
480～510							——64			
三层										
20～400					——43					
400～440						——58				
440～480									——88	
480～510										——98

本次装填了预还原的 A110－1－H 型氨合成催化剂与氧化态的 A110－1 型氨合成催化剂，两种催化剂的还原温度不一致。拟采用分段还原的方法，首先还原第一床层催化剂，再依次还原第二、第三床层催化剂，即在第一床层催化剂进行还原时，控制第二床层的温度在催化剂还原主期温度之下，使第二床层催化剂未进入还原主期，待第一床层催化剂还原基本结束（还原末期）后，方提温使第二床层催化剂进行还原主期，第三床层催化剂也依次类推，采用同样的方法进行。

两种不同形态的催化剂还原温度范围见表 2—3—5。

表 2—3—5　　两种不同形态的催化剂还原温度范围

型号	还原温度范围（℃）			
	初期	主期	末期	最高还原温度
A110－1－H	200～400	400～460	460～500	≤520
A110－1	360～440	440～480	480～510	≤520

催化剂的还原质量关系到催化剂的性能能否正常发挥，因此，事先应制定好升温还原方案。

二、氨合成催化剂升温还原前的准备工作

1. 合成控制系统（包括合成压缩机、氨压缩机）准备就绪。

2. 合成气压缩机和氨气压缩机、合成单元的气密性试验工作已结束。

3. 各调节阀、仪表元件均处于良好状态。

4. 合成回路进行氮气置换合格，合成塔吹灰后，压缩机采用氮气进行系统循环，并清除过滤器中的催化剂灰。

5. 排氨水的临时管道配置结束，稀氨水接收装置具备接收氨水的条件。

6. 化验室具备分析还原水汽浓度的条件。

7. 开工加热炉具备投入运行的条件。

8. 合成回路进行循环，开工加热炉点火，对合成塔进行暖塔，使温度逐渐升至 100℃左右。

9. 对所有连接处进行检查，确认无泄漏。

三、氨合成催化剂的升温还原

整炉催化剂的升温还原进度安排可参考表 2—3—4、表 2—3—5。

1. 利用净化的精制气作为升温还原的气源，给合成压缩机供气；氢回收与合成 I 联系增加氢回收气量，调整氢气出口压力作为补充气源。

2. 合成气压缩机按照操作步骤正常开车；氨压缩机按照操作步骤正常开车，以备投用氨冷器。

3. 第一床层催化剂的升温还原（第二、第三床层的升温还原方案略）

（1）把第一床层的温度逐渐升至 200℃，升温速率为 30～40℃/h，合成回路操作压力逐渐提到 8 MPa 左右。

（2）在满足升温速率的前提下，尽量加大空间速度，以缩小床层的温差。

（3）当第一床层催化剂升至180℃时，应开始分析出口气体的水汽浓度，建议每小时进行一次，确保合成塔出口气体中水汽体积分数小于1×10^{-3}。

（4）以10～15℃/h的升温速率继续升温，逐渐把温度升至400℃，压力维持不变。

（5）当床层温度达300℃后，催化剂出水已相当明显，此时应加大水汽浓度的分析频率，建议改为每半小时一次，控制水汽体积分数$\leqslant1.5\times10^{-3}$；同时每2 h进行一次入口气体中的水汽浓度分析，控制入塔气体水汽体积分数$\leqslant2\times10^{-4}$，而且越小越好。

（6）当床层温度达350℃后，上部已还原的催化剂将会发生氨合成反应，产生反应热，此时应注意床层的温度，防止温升过快。可能的话，可加大循环量。

（7）当第一床层催化剂发生合成反应时，应加强监测第一床层出口的温度。当出口温度接近430℃，应调节一、二层间冷激气用量，确保第二床层入口温度≤430℃，使第二床层催化剂未能进入主还原期。

（8）氨水质量分数为25%～30%时，应投入氨冷凝器。注意排放分离器中的水（稀氨水）。

（9）一床催化剂从400℃升至460℃，催化剂进入还原主期，催化剂将大量出水，因此应放慢升温速度，一般此时升温速度以5～10℃/h为宜，主要应视合成塔出口气体的水汽浓度而定，必要时可恒温操作一段时间。在这一温区内，应加大气量并稍微提高压力，但压力最好不超过9 MPa。

（10）催化剂温度升至460℃以后，进入还原末期，这时催化剂出水量逐渐减小，水汽浓度逐渐下降，可视水汽浓度调节升温速率，一般可控制在5～15℃/h把催化剂床层升至500℃，然后进行恒温。

四、氨合成催化剂升温还原中的注意事项

1．在还原过程中，应适当提高氢气含量，要求循环气中氢气体积分数为78%～80%。

2．当上层催化剂合成氨反应较强、放出热量多时，应及时调节循环气量及适当调节开工加热炉的负荷，当合成反应热已足够维持系统平衡的热量时，可以维持小火直至关闭开工加热炉。

3．为了保证下层催化剂能够达到彻底还原，下层出口温度必须升至500～510℃，这时上层温度将会较高一些（在500℃以上），因此可采用低压、大空间速度、高氢的条件进行作业，一方面制止上层的合成反应，减少反应热；另一方面使有更多的氢来促进下层的还原。

4．在下层催化剂进入还原主期后，为了提高空间速度，可以适当提高压力，但要求不超过10 MPa。

5．当氨质量分数在95%以上时，可根据本厂情况，把氨送入氨储罐。

6．升温还原时应严格遵守以下原则：提温不提压，或提压不提温，不可同时提温又提压。每次提温或提压时，应维持一段时间，观察温升情况和出口水汽浓度，当确定温升正常或水汽浓度未发生变化时，方可进入下一轮提温或提压的操作。

7．所有分析数据应及时报到合成塔操作岗位，并认真做好记录。

8．统一指挥，专人负责，一切服从统一指挥的决定。还原中遇到的问题应及时反映，组织讨论，由统一指挥下达更改措施。

9．还原过程中如需进行升降压，其速度不得太快，特别是降压时应小于0.2 MPa/min。

【知识链接】

氨合成催化剂装填

催化剂装填是一项比较艰苦而细致的工作，其装填的好坏，对今后的生产有着极其重要的影响，装填的密度高能得到较高的产率，减小催化剂收缩，延长催化剂使用寿命。均匀的催化剂分布，能在整个床层高度上达到最佳操作特性所需要的操作温度。因此，这项工作必须认真组织，严格遵守装填程序，尽最大努力做到装填密度高，分布均匀。

一、装填前的准备工作

1. 全面检查塔内，应清洁、干燥、无损伤、无油、无杂物、无铁锈。

2. 催化剂筐安放正确，内件干燥、干净，全面检查金属丝网完好无损。

3. 塔内外盖板拆除，抽出一、二层催化剂筐，安装第三床层热电偶并能进行测温指示。

4. 将壳体与催化剂筐之间、催化剂筐内层与外层之间的环隙、冷激管、热电偶的开口等用干净、干燥的密封布袋或白布塞好，以防止催化剂及其他杂物落入。

5. 合成塔顶部气体入口处应盖好。

6. 塔顶安装好漏斗及支架，漏斗接好透明软胶管至三层底部0.5 m处。

7. 放下软梯，接好安全灯。

8. 安装好振动筛，将催化剂运至现场。现场搭好帐篷、防雨设施，备好吊桶、手提铁桶、1 000 kg的磅秤、吊车振动模板等。

9. 组织好人员，由专人负责称重和记录。

10. 计算出每装入250 mm高度所需的催化剂量，并在塔壁上事先标出每次预定装填的高度。

二、催化剂的装填

1. 把催化剂运到现场，打开催化剂桶，能装多少就运多少，避免将催化剂长期放置在现场。

2. 将催化剂倒在振动筛上，筛去催化剂粉尘，应控制筛网上的催化剂层不能太厚。一般应小于10 mm，筛网采用1.0 mm×1.0 mm。

3. 将筛好的催化剂装入小桶，过秤记录重量后，再装入吊桶，当吊桶装到预定的重量以后，把吊桶吊到塔顶，放入塔顶下料斗中，将漏斗下边的塑料软管口下至塔底催化剂表面层约0.5 m处，松开料口让催化剂撒入催化剂筐，操作人员不断移动塑料软管，以保证催化剂分布均匀。

4. 装入一漏斗后，操作人员用木耙将催化剂表面耙平，测量装填高度，并做好记录。

5. 当装填到预定高度后，停止加入催化剂，耙平、测量并记录高度及催化剂加入量。

6. 做好记录，计算出催化剂装填密度。开始装填下一漏斗催化剂，并重复进行以上工作。

7. 第三层催化剂按要求装满后，将表面杂物清理干净。

8. 将催化剂保护网支撑环及热电偶上开孔的保护棉或胶带纸去掉。

9. 去掉进管密封的保护、擦净表面，安装催化剂保护丝网。

10. 第二层催化剂筐复位后，安装热电偶套管，用同样的方法装填第二层催化剂。

11. 第一层催化剂筐复位后，安装热电偶套管，用临时温度计监测催化剂温度，用同样的方法装填第一层催化剂，若发现温度有变化，及时打开合成塔入口管线上的氮气进口阀，充氮保护。

12. 当所有装填的催化剂填满封头后，停止装填，安装催化剂保护网。

13. 取出外壳和催化剂筐之间、催化剂筐内外层之间、间隙和激冷管、热电偶套管上的密封布袋或白布。

14. 安装内筒顶盖。

15. 盖好合成塔大盖，装好热电偶。

16. 清理现场。

思考与练习

1. 催化剂在使用前为什么必须要进行活化？可以采取哪些活化方法？
2. 焙烧活化时基体物转变的一般过程是怎样的？
3. 催化剂焙烧和还原活化时操作温度过高对催化剂有何影响？
4. 催化剂在进行装填和卸出操作时需要特别注意什么？

任务4　公用工程启动

学习目标

了解用电负荷分级、不间断电源和备用电源，了解水源分类、水的用途以及原水、软化水和除盐水的处理方法，了解蒸汽压力分级、用途以及锅炉给水水质要求，了解空气压缩机结构、仪表空气质量指标，了解废水处理方法、石化工业废水特点。能够进行供水、供汽、供风和废水处理系统的启动。

任务引入

某大型化工厂工程中间交接已经完成，即将进行投料试生产，而任何化工装置的试车和正常生产运行，都需要有公用工程的几个或多个系统的参与，它通常包括供电、供水、供汽、供风（仪表空气、压缩空气）和污水处理以及原料储运、燃料供应等多个方面。它们是化工装置试车和正常生产的必要条件。本任务要求进行供电、供水、供汽、供风和废水处理系统等公用工程的启动。

任务分析

公用工程系统的启动和运行必先于化工主装置，只有公用工程系统已平稳运行，并能满足化工装置的需要，化工装置的试车和正常生产才能进行。因此，只有掌握了公用工程系统的启动次序和启动方法，才能安全平稳地进行公用工程系统的启动。

相关知识

一、供电系统

大部分的化工厂由外界的区域电网或自备电厂供电。根据化工厂的规模不同，化工厂的供电系统也会有多种结构。大型化工厂通常采用高压供电。根据工厂的规模，高压电供应电压可能是35 000 V、110 000 V、220 000 V或更高，工厂由自己的变电所把电压降下，供生产使用。通常化工厂用电电压分为2～4个电压等级。对大功率电动机的供电为6 000 V，如大型的压缩机或大型泵的驱动电动机。对小型电动机和照明一般用途的供电为380 V/220 V。有的化工厂还有一中间的电压等级供中等功率的设备，电压为3 000 V，如泵的驱动电动机等。对大型化工厂，还有35 000 V供驱动特大功率电动机用。

如图2—4—1所示，在变电所把电压降下后，用电缆把电送到配电室（见图2—4—2），然后送到工厂内的各个用电设备。主要的用电设备包括驱动用电动机、电加热器、电伴热、照明和计算机。通常把电动机控制中心也放在配电室。电动机控制中心是一排立式的柜子，每个柜子由若干个抽屉组成，每个抽屉是一个电动机的启动柜，包括电缆进线、启动器、保护设施、检测仪表和接往现场电动机的输出电缆。

图2—4—1　变电所

图2—4—2　配电室

对中小型化工厂，则由城市供电系统供电，有两个电压等级，6 000 V和380 V/220 V。

有些化工厂要求电源非常可靠，不允许有停电现象发生，此时需要设置多电源供电，以增加供电的可靠性。对某个用户设置多个电源供电，会增加工程投资。多电源指的是从不同的供电系统供电，如区域电网为一电源，自备电厂为另一电源；或者采用事故发电机组为备用电源。

1. 化工厂用电负荷分级

化工厂用电负荷分为两级：一级工厂用电负荷是指工厂重要的或主要的生产装置及确保其正常操作的公用设施的用电负荷；二级工厂用电负荷是指工厂主要的生产装置及相应的公用设施的用电负荷。

（1）一级工厂用电负荷应由两个独立电源供电。为避免某一电源线路的故障导致停电范围的扩大，并创造电动机再启动条件，化工厂的电气运行绝大多数采用双电源回路—双变压器—母线分段运行方式。一般说来，联合型化工厂用电量为100～200 MW，应以自备电站（供热兼发电）供电为主。

（2）二级电厂用电负荷应由两个电源供电。

2. 生产装置用电负荷分级

根据生产装置在生产过程中的重要性及其对供电可靠性、连续性的要求，划分为0级负荷（保安负荷）、1级负荷（重要连续生产负荷）、2级负荷（一般连续生产负荷）及3级负荷（一般负荷）。

（1）0级负荷

1）当供电中断时，为确保安全停车的自动程序控制装置及其执行机构和配套装置动作，如生产装置的DCS、仪表、继电保护装置、关键性物料进出及排放阀称为0级负荷。

2）当生产装置供电中断时，为确保迅速终止设备的化学反应，而设备内的反应物料又不能或不宜立即排放时，需迅速加入阻止其化学反应所需助剂的自动投料和设备搅拌以及化纤生产中的喷丝机头电加热器等称为0级负荷。

3）大型关键机组在运行或停电后的惰性过程中，保证不使设备发生损坏的保安措施，如润滑油泵等称为0级负荷。

4）为确保安全生产、事故处理、抢救撤离人员，生产装置所必须设置的应急照明、通信、工业电视、火灾报警等系统称为0级负荷。

（2）1级负荷

当生产装置工作电源突然中断时，将打乱关键性的连续生产工艺过程，造成重大经济损失。例如，使产品及原材料大量报废缺损；催化剂结焦、中毒；物料管线或设备堵塞，供电恢复后需很长时间才能恢复生产的大、中型生产装置及为其服务的公用工程的用电负荷称为1级负荷。

（3）2级负荷

当生产装置工作电源突然中断时，将造成较大经济损失。例如，电源中断将导致减产或停车，恢复供电后，能较快恢复正常生产的生产装置及为其服务的公用工程的用电负荷称为2级负荷。

（4）3级负荷

3级负荷是指不属于0级、1级、2级的其他用电负荷。

3. 不间断电源和备用电源

尽管供电部门会尽最大努力来保证供电的可靠性，但有时供电故障还是可能发生，因为有些原因超出供电部门的能力范围，如气候恶劣、地震、雷电等。一旦发生停电故障，化工厂免不了要紧急停车。为了保证化工厂的安全生产，在事故发生时能安全有序地停车，需要一个事故电源。通常有两种事故电源，一种是不间断电源，另一种是备用电源。

（1）不间断电源（UPS）

这个系统包括电池组、整流/充电机组、逆变器和开关转换器。不间断电源主要供应那些在停电时，出于安全的考虑，需保持继续供电的设备，如计算机、控制设备、安全设施、事故照明和通信用电源等。工艺设备由于其耗电量较大，一般不与不间断电源相连接。不间断电源使用的蓄电池功率有限，它不可能进行长时间大功率供电。不间断电源主要用于填补电源故障发生和备用电源开始供电间的间隙时间供电。

（2）备用供电系统

备用供电系统包括事故发电机组和开关配电系统，有些情况可把独立的另一电源作为备用电源，如工厂自备电厂。根据功率的大小、工厂的地点和当地燃料的供应情况，事故备用发电机组的驱动机可能是可燃气体发动机、汽油机或柴油机驱动。化工厂中最常见的事故备用发电机组是柴油机驱动发电机组。备用发电机组的功率可以只有几千瓦到几十千瓦。从启动事故备用发电机组到事故备用发电机组投入运行快的可以小于 10 s，但有的需要 30 min，甚至更长时间。

备用电源需要经常维护，但其又不能增加工厂的产值。为了降低基建投资和将来运行的费用，需要认真仔细地研究哪些设备需要连接到备用电源系统。有时对某些设备采用柴油机或蒸汽透平驱动作为后备比较经济。

二、供水系统

水源是供水系统的重要组成部分，水源的安全可靠直接关系到化工厂的生产与发展。水的用途不同，对水质的要求也不同。即使是同类的用途，在不同企业、不同工艺中对水质的要求差别也很大。供水系统就是对原水进行加工处理，为生产提供各种合格、足量用水的公用工程系统。

1. 供水水源

化学工业取水水源主要有两大类，即地下水和地表水。

（1）地下水

地下水是埋藏在地表下岩层、沙层或土壤中的水。由于地下土层的过滤、吸附和微生物的净化作用，水质清澈、无色、无味、温度低，与地表水相比，有较多的优越性。用地下水作为水源时，必须经过水文地质勘察，进行地下水资源评价，要防止过量开采造成沉积层压密，地下水储存空间减小，引起地面沉降和水质恶化。同时，应对地下水水质进行调查，根据地质情况，针对可能存在的有害物质进行检验，做出初步判断，确定其开采价值。

（2）地表水

地表水的水量充沛，分布较广，可在江、河、湖、海及水库取水作为水源，选择地表水作为化工厂的水源时，应考虑水质、水量、卫生防护及城市规划等方面的因素。选择水源时，应考虑到水的综合利用，尤其在缺水地区，提倡综合利用，一水多用，重复利用。

2. 化工用水分类

在化工企业中，水的用途很广，主要有以下几个方面：

（1）间接冷却用水

在工业生产过程中，为保证生产设备能在正常温度下工作，用来吸收或转移生产设备的多余热量，所使用的冷却水（此冷却用水与被冷却介质之间由热交换器壁与设备隔开），称为间接冷却水。

（2）直接冷却水

在生产过程中，为满足工艺过程的需要，使产品或半成品冷却所用与之直接接触的冷却水（包括调温、调湿使用的直流喷雾水），称为直接冷却水。

（3）工艺用水

在工业生产中，用来制造、加工产品以及与制造、加工工艺过程有关的这部分用水，称为工艺用水。

（4）锅炉用水

直接用于产生工业蒸汽进入锅炉的水称为锅炉给水。锅炉给水由两部分水组成：一部分是回收由蒸汽冷却得到的冷凝水，另一部分是补充的软化水。

（5）消防用水

消防水可由给水管网、天然水源或消防水池供给，用以扑灭化工厂区内适宜用水扑灭的各类火灾。

（6）洗涤用水

在生产过程中，对原材料、物料、半成品进行洗涤处理的水称为洗涤用水。

（7）生活用水

厂区和车间内职工生活用水及其他用途的杂用水统称为生活用水。

（8）施工及其他用水

主要包括工厂基础设施施工等用水，对水质无严格要求。

3. 原水及预处理

供水系统由水的输送和水的处理两方面组成。水的输送包括原水到水处理装置及水处理装置向各用户的输送，需有水泵、输水管线、储水设施及相应的回水系统。水的处理内容很多，根据原水及用水水质不同有许多工艺方法，主要用来除去水中的杂质及对水质进行调整。

天然水总是含有大量杂质，不能直接使用。这些杂质有悬浮性固体和溶解性固体两大类。除去悬浮性固体采用混凝、沉淀、过滤等方法，以降低水的浊度为主要目标。降低浊度等水的处理通常是为水的进一步深度处理做准备，故又称为预处理。以地下水或浊度很低的地表水为水源的系统可省去降浊度的预处理。经过预处理的水可作为补充循环冷却水、消防水、某些工艺用水及对水质要求不高的其他用水。

（1）混凝处理

使水产生浊度的物质主要是水中的胶体颗粒等悬浮性杂质。胶体的粒径很小，同类胶体都带有同种表面电荷。因此，在静力斥力和布朗运动的影响下，胶体具有相当的稳定性，不易自行沉降。为了使胶体物质与水分离，向水中加入一定的化学药剂，破坏其稳定性，使微小颗粒凝聚、絮凝成较大颗粒（俗称矾花）的过程就是絮凝处理，所加入的化学药剂叫做絮凝剂。最常用的絮凝剂是铝盐和铁盐，也有一些高分子的物质如聚丙烯酰胺等。混凝作用的机理比较复杂，通常认为混凝剂溶解和水解以后，通过电中和、双电层压缩、吸附架桥、网捕沉降等作用，使微小的胶体颗粒沉降为易于沉淀的矾花，以达到从水中分离杂质的目的。

（2）沉淀处理

水中的固体颗粒依靠重力的作用从水中分离出来的过程叫做沉淀，水的沉淀处理有自然沉淀、化学沉淀、混凝沉淀三种类型。在一般的预处理系统中，混凝和沉淀两个过程在工艺上是密不可分的，在设备上也是紧密相连的。用于沉淀处理的设备是沉淀池，有平流式、辐射式、斜管式、斜板式等。沉淀池都有排泥设施，如水力排泥的穿孔管、排泥阀、机械排泥的吸泥机、刮泥机等。

（3）澄清处理

利用加入混凝剂的原水与先前形成的活性泥渣相互碰撞、接触、吸附、黏聚，将固体颗粒从水中分离出来使原水得到净化的过程称为澄清。澄清处理的关键是活性泥渣的应用。根据活性泥渣的作用状态，澄清池有泥渣悬浮型和泥渣循环型两种类型。澄清池有占地面积小、单位容积出水能力高、净水效果好的特点，在化工企业的水处理中使用较多。

(4) 过滤处理

经过混凝沉淀处理，原水的浊度可以降到 20 度以下，已经能够满足一般用水的要求。为了进一步降低浊度，就需要进行过滤处理，过滤处理以后水的浊度可在 1 度以下。过滤就是将含有一定浊度的原水通过滤料层，使水中杂质颗粒在滤料层中截留下来的过程。杂质在滤层表面被截留称为表面过滤或滤膜过滤，杂质在滤层内部被机械阻留称为渗透过滤，杂质颗粒在滤层内部曲曲弯弯的管道中因碰撞接触而被吸附聚集称为接触混凝。这几种作用的共同结果是使水的浊度大幅度降低。

4. 水的软化及除盐

如果只是除去水中的硬度离子而不需要除去其他离子叫做水的软化，软化后的水可用于低压锅炉、某些工艺用水及补充循环冷却水等。高、中压锅炉及某些特殊的工艺要求使用高纯度的水，也就是除盐水。除盐处理是供水系统中最深层次的处理。

对水质进行调整处理是随着工业技术现代化和大型化而发展起来的，在现代企业中已是必不可少的设施。这主要是指循环冷却水和锅炉用水的处理，通过一定的化学药剂的投入，以减少水的腐蚀性和结垢性。

软化水的硬度是引起结垢的根源，硬度较高的水往往不能直接用于生产中。为了降低或除去水中的硬度，就要进行软化处理。软化处理的方法有石灰沉淀软化、热力软化、离子交换软化等，其中离子交换软化的应用最为普遍。

离子交换软化水处理是利用阳离子交换树脂中可交换的阳离子，把水中的 Ca^{2+}，Mg^{2+} 等交换下来的过程。在软化处理中最常用的是钠型和氢氧强酸型阳离子交换树脂。原水经过钠型树脂处理后硬度大大降低，碱度基本不变，含盐量稍有增加。而经过氢氧型树脂处理后硬度、碱度、含盐量都会大大降低，但水质呈酸性，因此，氢氧型树脂在软化系统中很少单独使用。对于高硬度、高碱度的水质，通常采用氢－钠树脂联合处理的方法，这样可以达到既降低硬度又降低碱度的目的。

三、供汽系统

化工装置供汽系统是由蒸汽发生部分（汽源）和蒸汽输送管网两大部分组成的。其蒸汽发生部分随装置的工艺过程对蒸汽热力参数（温度、压力）的需要、用汽量和工艺过程中热能回收产汽等条件不同而有多种配置，但通常为锅炉产汽或外供蒸汽与装置余热回收产汽（废热锅炉）等几种不同形式的组合。为满足化工装置对多个等级蒸汽参数的需要及提高蒸汽的热工效率，锅炉（包括废热锅炉）产出的蒸汽多是以高温、高压参数输出的，而蒸汽管网的任务则是将这种高温、高压的蒸汽安全和有效地提供给装置内经过优化的各等级蒸汽用户，保证各等级蒸汽管网温度、压力稳定。

1. 蒸汽分配系统

蒸汽在化工厂和炼油厂中被广泛地用于汽提、燃料油雾化、加热、伴热、驱动设备和吹扫等。由于化工厂的规模和产品的不同，再加上建厂地区的气候和电力供应的情况不同，各厂的蒸汽消耗量和蒸汽压力是不同的。

化工厂和炼油厂的蒸汽系统的供气压力一般都低于 6 MPa，供气压力分为高、中、低三个等级。高压蒸汽供气系统的压力常为 6 MPa 或 4.5 MPa，中压蒸汽供气系统的压力常为 2 MPa、1 MPa 或 600 kPa，低压蒸汽供气系统的供气压力常为 350 kPa 或 170 kPa。一般由锅炉、废热锅炉提供高压蒸汽，供汽轮机发电或驱动蒸汽透平压缩机；由汽轮机提供的蒸汽稍有过热，全部送入中压系统，供工艺加热、公用工程软管站、吹扫、伴热和小型动力机械（如汽动泵）使用；中压系统排出的低压蒸汽，用于低温加热、采暖。中、低压蒸汽系统气量不够时，可用高一级的蒸汽减压后补入，以维持压力稳定。各级蒸汽系统均需设置安全阀，以保证系统压力不超过系统设计压力。表2—4—1为一中型化工厂的典型供气系统的压力等级。

表2—4—1　　典型供气系统的压力等级

系统	供气压力	排气压力	用途
高压	4 MPa，370℃	1 MPa	透平发电机、透平压缩机
中压	1MPa	300 kPa	动力、工艺加热及杂用
低压	300 kPa	冷凝水	低温加热及暖气用
冷凝水	30～70 kPa		回锅炉房，作为生产用水或排入下水道

在计划蒸汽系统的容量时，首先要列出一个比较确切的不同压力蒸汽消耗表，并且根据以下不同情况编制：夏季最大、夏季正常、冬季最大、冬季正常、夏季电力故障时、冬季电力故障时、工艺装置开车及停车时。

蒸汽系统的汽源必须满足工厂在正常和事故状态时供汽的可靠性和连续性。除了工艺原因外，动力系统的运行也会影响事故状态时的供汽需求，包括锅炉计划外维修、工厂供电系统故障、供汽系统的损坏，故蒸汽系统的供汽能力应符合下列要求：

（1）供汽量要大于工厂正常生产中高峰负荷时的需要，此时锅炉的供汽量为工厂正常生产负荷的120%～130%。

（2）在最大的锅炉停止使用时，余下锅炉的供汽能力仍能满足工厂正常生产的需要。

（3）锅炉的安装容量至少等于工厂事故时的最大蒸汽需要量，此时允许锅炉再按10%额定负荷运行2 h。

2. 锅炉给水系统

锅炉给水系统必须保证不间断地供应锅炉或其他蒸汽发生设备水质合乎要求的水量。锅炉给水的水源可以是经过处理的原水、城市供水和蒸汽冷凝水，而蒸汽冷凝水的利用要视干净冷凝水回收的可能性和经济性而定。

锅炉给水水处理系统的选择，应当根据补给水的水质和锅炉给水的水质要求，结合水处理系统的投资和运行费用来考虑。锅炉给水的水质要求与锅炉产生蒸汽的压力有关，如450 kPa以上的蒸汽锅炉用脱盐水系统比较合适。

表2—4—2列出了不同供汽压力锅炉对给水的水质要求。

表2—4—2　　不同供汽压力锅炉对给水的水质要求

杂质 \ 含量 \ 压力	2.1 MPa	4.5 MPa	6.2 MPa	>6.2 MPa
氧气（μL/L）	0.007	0.007	0.007	0
二氧化碳（μL/L）	0	0	0	0
$CaCO_3$（mg/kg）	0.5	0.2	0.1	0
铁（mg/kg）	0.05	0.02	0.02	0.01
铜（mg/kg）	0.03	0.02	0.01	0.005
油（mg/kg）	0.3	0.2	0.1	0

锅炉给水系统除了水处理设备外，尚需包括锅炉补给水源、锅炉给水水箱、除氧器、锅炉给水泵、化学品储存和加药设施及锅炉给水分配系统。锅炉给水系统要有一定的操作弹性，以保证在正常运行和事故状态时系统运行的可靠性。对软水器、过滤器、离子交换器等设备，要保证一台设备在维护、反洗、再生和冲洗时，其他设备仍能满足锅炉给水的要求。

根据锅炉产生蒸汽的压力，锅炉给水的水质会有所不同。蒸汽压力越高，其要求的锅炉水质越纯净。原水经过澄清、过滤等预处理，然后再经软化、除盐处理，除去水中的离子、盐类，如 $CaCO_3$、$CaSO_4$、NaCl 及硅化物等，便可成为锅炉给水。根据原水的水质和锅炉水质的要求，可用下面的离子交换树脂组合来处理：

（1）强酸型阳离子树脂——从水中除去所有的盐。

（2）弱酸型阳离子树脂——更有效地除去重碳酸盐。

（3）强碱型阴离子树脂——除去水中所有的阴离子。

（4）弱碱型阴离子树脂——更有效地除去硫酸盐和氯离子。

3. 水锤现象及防范措施

水锤又称为水击，是由于蒸汽或水等流体在压力管道中，其流速的急剧改变，从而造成瞬时压力显著、反复迅速变化而突然产生的冲击力，使管道发生剧烈的声响和振动的一种现象。例如，在热力管道内，当输出的蒸汽与少量积水相遇时，部分热量被水迅速吸收，使少量蒸汽冷凝成水，体积突然缩小，造成局部真空，因而引起周围介质的高速冲击，发出巨大的声响和振动。发生水锤现象时，管道内压力升高，可能为正常操作压力的好多倍，使管道和管件等设备材料承受很大应力，压力的反复变化，严重时将造成管道、管道附件和设备的损坏。因此，应特别重视防止水锤现象的发生。通常在蒸汽管道内发生水锤现象的原因有：

（1）送汽时没有做到充分暖管和良好疏水。

（2）送汽时主蒸汽阀开启过大或过快。

（3）锅炉负荷增加过快，或发生满水及汽水共腾等事故，使蒸汽带水进入管道。

相应的处理方法有：

（1）检查和开大蒸汽管道上的疏水（导淋）阀，进行疏水。

（2）检查汽包水位，如过高时应适当降低。

（3）注意控制锅炉给水质量，适当加强排污，避免发生汽水共腾。

四、供风系统

化工装置特别是大中型化工装置需要大量的压缩空气，压缩空气是由装置专设的供风系统提供的。其压缩空气一般分为特别净化的压缩空气和非净化压缩空气，前者严格要求空气中的含湿量（露点温度）、含油量和含尘量，此类空气多用于仪表控制系统（又称仪表风）及物料的输送等。后者一般用于装置其他辅助需要，常称为压缩风。为保证供风系统送出的压缩空气质量，化工装置的供风系统通常选用无油润滑的空气压缩机组，按装置需用量连续不断地提供压力约为 0.8 MPa 的压缩空气。

1. 空气压缩机组

空气压缩机是供风系统的核心设备，是提供公用空气的气源。为减少后处理的麻烦，一般中小型供风系统最广泛采用的是二级螺杆式无润滑油压缩机或二级无油润滑式活塞压缩机。在大型供风系统中，则多数采用离心式大风量空气压缩机。或者在开工阶段使用活塞式压缩机，而在正常生产过程中则由大型工艺离心空气压缩机抽出一部分压缩空气使用，为保证供风系统的正常运行，供风系统中的压缩机一般都设有备用压缩机。同时，为了避免因外供电等意外原因中断造成压缩机停车，使化工装置的供风中断，危及整个装置安全生产，供风系统除设有一定容量的空气储罐外，在一些单系列、大型化工装置中使用的以电力驱动的空气压缩机电源供应上，还安装有自启动的柴油事故发电机组，以对这类特需用电设备实施应急保护供电。在有纯净氮气（其露点温度均小于40℃）压力储罐工艺装置上，也可以由该储罐临时提供氮气以代替仪表风。

2. 仪表空气

仪表空气也称仪表风，是化工装置的仪表调节控制系统的工作风源。在化工装置中，仪表空气需连续稳定供应，不能带水和油等杂质，露点温度应小于－40℃。仪表空气带水和杂质，将会造成仪表调节和控制系统失灵。露点温度高，在冬季还会因水分的凝聚和冻结而造成仪表空气管道、控制阀门等管路逐渐变小直至冻结，从而减小或中断仪表空气的供应，这将会造成装置发生事故停车，有时甚至还可能引发装置重大事故，因此，严格控制仪表空气质量指标是十分重要的。

仪表空气质量控制指标一般规定见表2—4—3。

表2—4—3　　仪表空气质量控制指标一般规定

露点温度	尘埃	含油量	压力	温度
≤－40℃	<1μm	<1mg/m³	~0.7MPa	常温

3. 仪表空气干燥装置

为满足仪表空气低露点的要求，仪表空气干燥多采用吸附剂（干燥剂）吸附水分的干燥方法。常用的吸附剂有细孔硅胶、铝胶和分子筛等数种。依据吸附剂不同的再生方法及空气进入吸附剂前是否遇到冷却离子水，仪表空气干燥方法通常分为非加热变压再生吸附型、外鼓风加热换气式再生吸附型、冷冻—吸附组合型等数种。

仪表空气的非加热变压再生吸附装置有两个干燥器，均装有相同数量的小颗粒干燥剂，当一个干燥器在加压（0.65~0.75 MPa）状态下吸附由压缩机送来的空气中水分时，另一个则进行干燥剂的常压解吸再生（也称活化）。装置配置简单，但两个干燥器间吸附和再生交替工作时间短，一般在10 min左右，因而各控制阀门动作频繁，容易发生故障。再生气消耗量也较大，约为已干燥空气总量的16%。

加热再生吸附型干燥装置是在上述非加热变压再生吸附装置的基础上，增设再生换气鼓风机和配套的电加热器，干燥剂的再生是由鼓风机单独送入并经加热的空气进行，干燥器中干燥剂的装填量多，两个干燥器间吸附和再生交替操作切换时间长，通常设计可在6~24 h内选择，且不消耗已干燥空气。冷冻—吸附组合型干燥装置一般是在非加热变压再生吸附装置上游配置一个空气预冷装置，将空气温度降至3~10℃范围，较大幅度降低空气中的含水量，以减少干燥剂再生所消耗的能源，并可延长干燥剂的使用寿命。

五、废水处理系统

废水处理就是运用特定的设施和工艺技术，将水中的有毒有害物质转化或分离为无毒无害或有用的物质，使水质得到净化，并使资源得到充分利用的过程。

废水处理的基本方法有物理法、化学法、物理化学法、生物化学法或它们的组合，见表2—4—4。

表 2—4—4　废水处理方法

方法	名称	原理	设备及参数	处理对象
物理法	沉淀	利用悬浮物密度的不同，将其从污水中分离出来	沉沙池、沉淀池、浮选池等，沉淀时间：沉沙池 2 min；沉淀池、浮选池 1.5～2 h	悬浮物
	过滤	通过各种过滤介质截留悬浮物	格栅、格网、沙子、滤布、压滤机等	污泥及悬浮物
	蒸发结晶	利用物质的沸点、冰点分离出水中盐分	蒸发罐、浸没蒸发器、薄膜蒸发器、结晶器等	放射性废水黑液、电镀废水、含盐废水
	离心分离	利用离心力将密度不同的悬浮物与水分离	离心机、水力旋流器、旋流沉淀池、甩干机等	污泥脱水等固液分离
	浮选	将空气通入废水，使乳化油粒或其他分散杂质黏附在气泡上，形成浮渣而除去	加压溶气浮选池、叶轮浮选池、射流浮选池，停留时间：0.5～1.0 h，可加混凝剂、浮选剂等	油质乳状液、浮选分离物质等
	挥发吹脱	利用某些污染物易挥发的特点，将其由废水中吹出	汽提塔、空气吹脱罐等	脱氧、脱酚、脱氰、脱二氧化碳等
化学法	中和	调节废水 pH 值，达到排放标准	中和池、中和塔、中和滚筒；加酸、加碱、加石灰等	酸性或碱性废水
	化学沉淀	加入化学药剂，使废水中的可溶物变成不溶物，沉淀分离	加石灰可生成重金属的氢氧化物沉淀或钙盐沉淀；加硫化剂可生成重金属硫化物沉淀，设备为反应槽、沉淀槽	含硫酸或含氟废水中和，被 H_2S 沉淀的金属有：Cu、Ag、Hg、Pb、Bi、Cd、As、Au、Pt、Sb、Se、Mo、Zn、Ti、Co、Ni、Fe 等
	氧化	向废水中投入氧化剂或通入氧气，使有害物质被氧化成无害物质，或进行消毒灭菌	臭氧发生器、湿式氧化器、湿式焚烧；加氯或加漂白粉等	焦化废水、有机氰废水等
	还原	加入还原剂，使废水中的有毒物质被还原成无毒或低毒的物质	加入还原剂，如向废水中通入二氧化硫，可使废水中的六价铬还原为无毒的三价铬	重铬酸钠废水等
	电渗析	通过离子膜的选择性渗透，去除废水中的杂质	各种类型的电渗析器（由渗析器、离子交换膜和直流正负电极组成）	电镀废水、放射性废水等，可回收酸、碱及各种物质

续表

方法	名称	原理	设备及参数	处理对象
物理化学法	反渗透	利用半透膜两边的压差，在废水的一边施加超过渗透压的压力时，水分子受压会透过膜进入清水一侧，废水被浓缩，有害物质被分离	渗透膜、高压泵	
	萃取	利用物质在两种互不相溶的溶剂中溶解度的不同，使其从废水中被萃取到另一溶剂中，使废水净化	萃取塔、萃取器、萃取罐及萃取再生器等	一般用于回收有机物
	电解	电解氧化还原作用	电解槽	含氰废水、回收贵金属等
	混凝	加絮凝剂，使废水中的胶状物质絮凝沉淀	混凝剂槽、沉淀槽	含油废水、印染废水等
	离子交换	通过树脂进行离子交换，使废水中的有害物质进入树脂被除掉	离子交换器、离子交换柱及再生装置等	重金属废水、电镀废水等
	吸附	用吸附剂将废水中的有害物质吸附，以除掉水中的有害物质	吸收器，吸附剂：活性炭、硅藻土、沸石等	处理有机废水、含酚废水及废水的深度处理等
生物化学法	好氧处理	在充分供氧条件下，通过好氧微生物的作用，使废水中的有机物分解	活性污泥法、生物转盘法、氧化塘、氧化沟等	焦化、化肥、造纸、印染、石化等废水
	厌氧处理	在缺氧条件下，通过厌氧微生物的作用，使废水中的有机物消耗分解	沼气池	焦化、化肥、造纸、印染、石化等废水
	污罐	通过土壤的物理化学作用，使污染物被吸附、过滤、分解、吸收、降解等	泵站、灌渠等	一般用于生活污水

废水处理技术发展到今天，已经不是单纯、单一的一种处理方法所能奏效的，而往往是多种方法的组合，使每一种方法的长处得到最大限度的发挥，使每一种方法的缺点和不足得到最大限度的遏制。

生物处理技术用于废水处理是目前国内外废水二级处理的核心手段。传统生物处理技术按生物种类划分主要包括好氧处理、厌氧处理和塘沟技术，都是利用不同微生物的生命活动过程，对废水中的污染物进行降解或转化，从而使水体得到净化。目前开发高浓度有机废水处理、生物难降解废液处理、耐冲击高效废水处理、各种生物技术组合工艺等都是现代废水处理技术发展的热门话题。已成功应用的生物废水处理技术包括 AB 法、SBR 法、A/O 法、厌氧处理等。

现代废水处理技术按处理程度通常又分为一级处理、二级处理和三级处理等。

1. 一级处理

一级处理是指将废水中的悬浮物、漂浮物和部分胶体物质分离出来的过程。主要的处理手段有格栅分离、沉沙、气浮等物理化学方法，同时一级处理还承担为二级处理单元调节水质、水量的任务。一级处理对废水中化学需氧量去除一般在 20% ~30%。

2. 二级处理

二级处理是将水体中的溶解态有机污染物或未处理完的部分胶体物质，主要通过各种生物化学技术去除，包括活性污泥法、生物接触氧化法、生物转盘法、厌氧处理及塘沟技术等。该过程对废水中化学需氧量可去除 80% ~90%，一般处理后可达到国家规定的排放标准。

3. 三级处理

三级处理是在二级处理的基础上，应用各种处理技术对水中难降解物质、微量杂质做进一步处理的过程，主要包括混凝沉淀、过滤、臭氧、离子交换、反渗透、电渗析、超滤等。该工艺出水一般可达到回用目的。

工业废水进入地面水域的水质要求，由国家颁布《废水综合排放标准》（GB 8978—1996）所规定，该标准包括标准分级、标准值、排水定额、水的循环利用率、标准实施和取样、监测等，适用于排放废水的一切企事业单位。该标准对污染物性质分为两类：第一类污染物是指在环境或动植物体内蓄积，对人体健康产生不良影响者，不分行业和污水排放方式，也不分受纳水体的功能类别，一律在车间或车间处理设施排放口采样，其最高允许排放浓度必须达到第一类污染物最高允许排放浓度要求；第二类污染物是指其影响小于第一类的污染物质，在排污单位排放口采样，其最高允许排放浓度必须达到第二类污染物最高允许排放浓度要求。部分行业可根据客观情况制定相应的行业排放标准。

任务实施

一、供配电系统的启动

对于化工总控工等非特殊工种岗位人员，配电系统启动作为了解内容。

化工厂总降压站及其配电系统的设备安装工作结束后，应按照 GB 50150—2006《电气装置安装工程　电气设备交接试验标准》进行电气设备及回路的调整试验；同时委托当地供电部门或相应有资格的部门对配电系统进行短路电流计算，提出配电系统的继电保护和自动装置的整定值，根据整定值对继电保护及安全自动装置进行调试。上述工作完成后，可着手进行配电系统的送电工作。

二、供水系统的启动

1. 水的预处理系统的启动

（1）启动前的准备工作

水的预处理系统是化工装置开车过程中最先启动的系统。其启动条件除了由建设转向生产所必须具备的条件如工程结束、验收合格、单机试运正常、管道查漏完好等外，并无其他特殊要求，只要能正常供电即可开始启动。

原水预处理工艺的核心是混凝处理，而混凝处理的关键控制参数是混凝剂的投加量。在预处理系统启动前，确定混凝剂的投加量是工艺技术方面最主要的准备工作。混凝剂的用量通常是由试验和经验来确定的，新系统开车时必须进行试验，试验方法可参考有关的专业文献。

（2）启动的方法和步骤

预处理的过程实质上就是将原水中的悬浮性杂质从水中分离出来的过程。这个过程由水的输送、药剂投加、泥渣排除三个环节组成。水的输送设备是水泵，药剂投加设备有计量泵等，泥渣排除设备有吸泥机、刮泥机、排泥阀等。这些设备都是由电动机驱动的，操作比较简单，预处理系统的启动就是将三个环节的相应设备先后启动并进行协调控制的过程。

首先启动原水泵送水，当原水送达混合装置时开始加药；加药后观察反应池内的矾花情况，并对加药量进行调整；沉淀池水位上升到一定高度后启动排泥设备进行排泥；当沉淀池出水时测量水的浊度，若浊度尚未达标，则需进一步调整加药量，直至水质合格。开始运行时水流量不宜过大，运行稳定后再逐步加大流量。沉淀池运行稳定后即可向过滤池送水。新装填的滤料层含有许多污物，因此，需要进行冲洗。过滤池进水后先冲洗排放，然后再进行反冲洗，这样反复进行多次，直到滤池出水浊度合格为止。过滤池出水合格时，预处理系统的启动即告成功。

2. 软化水及除盐水系统的启动

（1）启动前的准备工作

水的软化和除盐是在预处理的基础上进行的，因此，软化水和除盐水系统启动的首要条件是预处理系统已经正常运行，能够提供合格的原水。在系统内部，仪表和自控程序的调校至关重要。因为水处理系统是低温低压运行的，动设备只有水泵和小型风机，一般情况下工艺和设备的故障率较低，而故障率较高的是仪表部分。所以，在启动前仪表的调校是重点工作，一定要保证各阀门启闭灵活，程序正常运行，自动和手动切换方便。

启动前工艺上要做的工作是离子交换树脂的预处理。离子交换树脂在生产、储存、运输过程中会带进若干杂质，这些杂质对除盐系统而言，会严重影响出水水质，所以，新树脂在正式使用前都要进行预处理，其方法是：

1）用2倍于树脂体积的10%氯化钠溶液浸泡树脂18～24 h，然后排掉氯化钠溶液，再用清水冲洗树脂，直至出水不带黄色为止。

2）用2倍于树脂体积的5%盐酸溶液浸泡树脂2～4 h，放掉酸液后用清水冲洗树脂，直至排出水接近中性为止。

3）用2倍于树脂体积的2%～4%氢氧化钠溶液浸泡树脂2～4 h，放掉碱液后用清水冲洗树脂，直至排出水接近中性为止。

经过上述处理后，阴树脂已经是氢氧型，可直接投用，而阳树脂仍为钠型，应以高于正常再生剂量的酸液对其进行转型处理，使其转变为氢型。

（2）软化水系统的启动

单一的钠离子软化系统工艺简单，只要向交换器送水并根据出水硬度情况调整好进水流速即可。氢—钠离子联合软化系统既要降低水的硬度，又要降低碱度。因此，在向系统送水后，要根据出水的硬度和碱度情况，调整两种交换器的水量分配和进水流速。若水量分配比例恰当，出水水质就可以得到保证。

(3) 除盐水系统的启动

首先向阳床进水，阳床出水进入除碳器时启动风机，当除碳器液位达到一定高度后向阴床送水。开始时阴床的出水一般是不合格的，这时就进入循环过程，即阴床的出水再送到阳床的进口。循环一定时间后阴床出水合格，一级复床除盐的启动即告成功。在多系列的除盐系统中，一个系列启动成功后常用除盐水对其他系列进行冲洗，这样在其他系列启动时可减少循环时间。一级除盐出水合格稳定后，即可向混床送水，对混床树脂进行冲洗，直至出水合格，系统运行稳定，即可投入自动方式运行，同时投用连锁保护装置。

三、供汽系统的启动

1. 启动前的准备工作

(1) 蒸汽管网上的各阀门、管支吊架、仪表、电气及保温等安装结束。

(2) 各级管网已按要求进行压力试验、化学清洗、蒸汽吹扫合格。

(3) 相关的公用工程系统已运行正常。

(4) 所有仪表、调节控制系统、安全装置调试合格，处于备用状态。

(5) 锅炉或外供蒸汽开车正常，各蒸汽用户多数已处于待用状态。

2. 开车步骤

(1) 开管网上各导淋排放阀，关闭蒸汽用户蒸汽入口阀。

(2) 开管网上各减压调节阀前后截止阀，手动缓慢打开减压自调阀，每次开5%。

(3) 手动将各级管网放空，调节阀开至50%。

(4) 通知锅炉岗位调制合适压力、温度，微开锅炉至管网出口阀，对全装置各等级蒸汽管网进行暖管，在暖管时，速度要缓慢，防止水锤现象发生。

(5) 当蒸汽管网各就地排放阀（导淋）排出蒸汽为干汽时，关导淋阀，打开各疏水器前后阀，关闭旁路阀，将蒸汽冷凝液并网。

(6) 建网。

(7) 蒸汽用户的开车。

四、供风系统的启动

用于供风系统的空气压缩机主要有三种类型，其中大型供风系统选用的是离心压缩机，而中、小型供风系统多选用二级螺杆式无油润滑空气压缩机或二级活塞式无油润滑空气压缩机。下面以活塞式空气压缩机为例，实施供风系统的启动过程。

1. 启动前的准备工作

(1) 压缩机及其辅机的设备、仪表和供风管网及空气缓冲罐等均已安装完毕，并经检查验收合格。

(2) 供风系统全部电气系统受电正常。

(3) 循环冷却水系统已启动且运转正常。

(4) 打开冷却水管路的阀门，使冷却水在各应通水管道和气缸冷却夹套、气体冷却器内畅通无阻。

(5) 检查空气管路各阀门的开闭是否灵活，打开放空阀。

(6) 按压缩机技术文件的规定，在机身各相应部位注入油脂。

(7) 所有仪表和电气控制系统均已调校完毕，检查电动机的转向是否符合压缩机的要求。

（8）必要的安全措施已完备。

（9）完成压缩机信号连锁试验。在压缩机无负荷启动前，必须进行信号连锁试验，以确保压缩机的安全运行。在信号连锁试验时，主机不启动，只看连锁信号线路的继电器动作，试验的信号连锁通常有下列几项：低油压报警与停机连锁、冷却水低流量报警与停机连锁、压缩机段间出口温度高报警与停机连锁、主机段信号启动和卸载装置信号动作等。

2. 启动步骤

（1）空负荷运转。

（2）段间管道、设备的吹扫。

（3）单机负荷运转。

（4）空压机负载可互换使用试验。

（5）供风系统管网吹扫。

五、废水处理系统的启动

废水处理系统的启动是一个复杂又极其重要的过程，包括启动前的准备、系统启动和运行管理三个阶段，典型的废水处理流程示意图如图2—4—3所示。

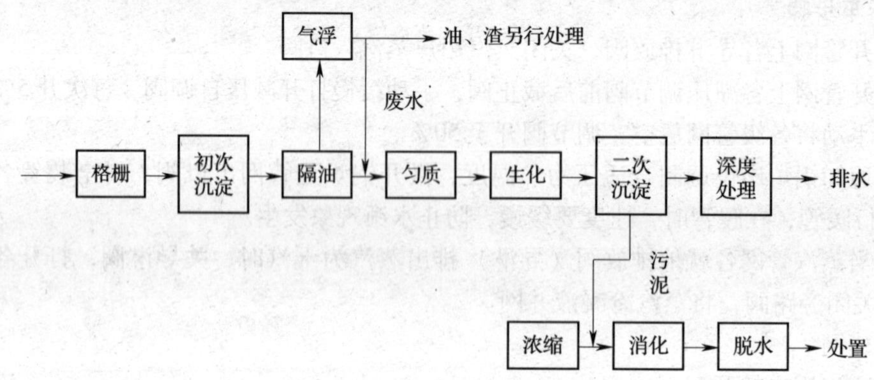

图2—4—3　典型的污水处理流程示意

1. 启动前的准备

废水处理系统的启动是在装置竣工验收后投入生产运行的关键阶段，启动前装置应具备以下条件：

（1）单机试车和清水联试符合启动要求。单机和联试主要设备包括：格栅除污机、降沙设备、刮泥机、表曝机、风机、吸泥机、脱泥机及各类阀门、泵等，所有设备必须经过试运行，达到符合设备说明书所注的各项参数要求，编制设备操作规程、检修规程、建立设备档案。

（2）构筑物符合运行要求，所有构筑物都要进行注水试验，确定无泄漏。

（3）编制详细可行的开车方案。

（4）电气、仪表系统满足稳定运行的要求。

（5）物资准备齐全，包括菌种来源、各类药剂、分析用仪器、试剂及必备的备品备件等。

（6）制定严格的管理制度，如安全生产制、交接班制、巡回检查制等。

（7）人员培训是启动和运行能否成功的关键因素，各部门人员必须通过正规的培训，具备废水处理的基本知识，熟悉系统开车方案、工艺流程及运行参数、设备性能和操作要求。参加装置验收的全过程是启动人员最理想的培训机会。

2. 系统启动

（1）曝气生物滤池的启动与挂膜

先检查颗粒填料生物接触氧化池是否按设计要求铺设，然后检查配水和配气是否符合要求，水路及气路是否畅通，布水及布气是否均匀正常，尤其是气路。检查是否能满足正常运行曝气及反冲的需要，一切合格后再装填好填料，最后进行微生物的挂膜。

（2）澄清池的空池启动操作

1）开澄清池刮泥机轴承润滑水门。

2）启动来水升压泵，向澄清池注水。

3）待澄清池注水至淹没搅拌叶轮后，在就地控制柜上按下刮泥机启动按键，启动刮泥机。

4）当池内水位高于第一反应室溢流堰时，启动搅拌机。

5）澄清池进水 2 h 后，启动聚合铁加药系统，并控制加药量。

6）澄清池进水 2 h 后，启动石灰乳加入系统，向澄清池添加石灰乳，控制 pH 值在 10.5 ~ 11.0 范围内。当水位满池时，pH 值逐步控制在 10.3 ~ 10.5。

7）启动过程中，观察矾花形成情况，调整聚合铁的加入量，确定最佳值，然后投入自动加入系统。

8）当澄清池出水浊度≤15 mg/L、pH 值为 10.3 ~ 10.5 时，投入全部自动加药系统。澄清池处理水量每 2 h 增加 200 t/h，直至 800 t/h。

9）澄清池第一反应室出口处的泥浆浓度控制在 5 min 沉降比为 20% 左右。

（3）石灰系统设备的启动

1）开启石灰乳辅助箱注水阀，向石灰乳搅拌箱注水。

2）待石灰乳搅拌箱液位大于 70% 时，启动石灰乳搅拌器。

3）打开石灰乳搅拌箱出口阀，开启石灰乳泵入口阀，启动石灰乳泵，然后打开石灰乳泵出口阀。

4）按顺序就地启动螺旋输送机、干粉给料机、石灰料斗振动器，石灰加药系统投入运行。

（4）凝聚剂系统设备的启动

1）开硫酸铁储存罐出口阀。

2）开聚合硫酸铁计量泵入口阀，开启聚合硫酸铁计量泵的出口阀，启动聚合硫酸铁计量泵。

3）调节行程到工作值。

（5）硫酸系统的启动

1）开硫酸储存罐出口一次阀和出口二次阀。

2）开硫酸计量泵的入口阀和出口阀，就地启动硫酸计量泵。

3）调节行程到工作值。

（6）脱水剂系统的启动

通过计量泵将脱水剂输送到脱水机前的管道中，加入量根据进泥量进行调节。

（7）变孔隙滤池的启动（手动）

1）关闭排水门，慢慢开启砂滤池的进水门。

2）当水没过滤层到达高液位时，投入出口阀。

（8）离心脱水机启动

1）离心脱水机按照说明书启动，先手动启动空载运行，检查脱水机运行是否正常，振动是否过大以及电动机发热情况。

2）运行正常后，检查脱水机信号反馈和指令是否正常。

3）待手动空载运行正常后，再投入带荷载运行，并检查脱水效果。

思考与练习

1. 化工厂用电负荷分为几级？一级用电和二级用电分别是依据什么划分的？
2. 当化工厂外部电网突然中断供电时，可以采取哪些措施来保证用电安全？
3. 化工生产企业取水水源一般有哪些？哪种水源更适合于作为工业用水水源？
4. 原水处理的方法有哪些？
5. 软化水及除盐水的处理方法分别有哪些？
6. 供汽系统压力是如何划分的？中压蒸汽一般处于多大的压力范围内？
7. 解释水锤现象及其在供汽系统中的危害性。
8. 供风系统所供压缩空气一般作为哪些用途？
9. 污水处理的目的是什么？污水处理的方法有哪些？
10. 污水处理按处理程度分为几级？分别要求达到何种处理程度？

任务5　投料试生产

学习目标

了解投料试生产的条件，掌握投料试生产方案的基本内容、编制方法及注意事项，能够在各职能部门领导配合下完成投料试生产工作。

任务引入

以某天然气为原料的合成氨生产装置已经建成并进行了单机、联动试运，在各项准备工作切实可靠的基础上准备化工投料，只有做到一次开车成功，才能取得了良好的经济效益。本任务即要进行投料试生产工作。

任务分析

能够做到装置一次开车成功，必然是在前期做了大量充分而细致的准备工作，包括按照有关要求仔细逐条检查投料试生产所需具备的条件，多次培训、模拟，组织领导明确，责任分工到位等。

相关知识

投料试生产是指一套化工装置进行了土建安装、单体试运、中间交接、联动试运之后，对工厂的全部生产装置按设计文件规定的介质打通生产流程，进行各装置之间首尾衔接的试运行，以检验其除经济指标外的全部性能，并生产出合格产品。通常将第一次投入原料的日期称为投料日，将第一次产出合格产品的日期称为投产日，自投料日到投产日的过程称为化工投料试生产过程。

这是一套化工装置从设计、安装到投入生产漫长过程中最关键的阶段，也是风险最大的一步。这也是对一套化工装置的工艺技术、设计、设备制造、安装质量、公用工程（含“三废”处理）条件、物资供应和销售水平、人员培训质量、生产管理制度、安全、消防、救护、生活后勤以及财务工作等各方面的综合检验。一旦化工装置投料，物料在装置中将开始发生一系列物理和化学变化，温度、压力、流量、物位等主要参数均将接近或达到设计值，所有设备均将接受实载负荷的考验。而如果出现操作不当或各种外部条件剧烈波动，就可能发生各种事故。再从经济角度来看，化工原料一般占生产成本的60%～80%，投料之后，如不能尽快产出合格产品，或虽然生产了合格产品而下游装置不能及时衔接，必将造成严重的经济损失。因此，在化工投料前，必须严格按照标准检查是否确实具备了投料条件，并根据投料试车方案平稳有序进行，保证化工投料一次成功。

一、装置的投料试生产必须具备的条件

随着我国许多大型石油化工装置建成投产以及国家对基本建设管理办法的改革和完善，原化学工业部颁发了《化学工业大、中型装置试车工作规范（HGJ 231—1991）》（以下简称《规范》），就化工装置由基本建设（或重大技术改造）施工收尾转入原始启动的程序划分和职责转换做了明确的规定。参考此标准及石化股份建（2008）268号文件的要求，在化工投料试车前，应严格检查和确认是否具备以下条件：

1．依法取得试生产方案备案手续

按照《危险化学品建设项目安全许可实施办法》（国家安监总局令第8号）的规定，将试生产（使用）方案报相应的安监部门备案，并取得备案证明文件。

2．单机试车及工程中间交接完成

（1）工程质量初评合格。

（2）“三查四定”的问题整改消除完毕，遗留尾项已处理。

（3）影响投料的设计变更项目已施工完毕。

（4）单机试车合格。

（5）工程已办理中间交接手续。

（6）化工装置区内施工用临时设施已全部拆除；现场无杂物、无障碍。

（7）设备位号和管道介质名称、流向标志齐全。

（8）系统吹扫、清洗完成，气密试验合格。

3．联动试车已完成

（1）干燥、置换、“三剂”装填、计算机仪表联校等已完成并经确认。

（2）设备处于完好备用状态。

(3) 在线分析仪表、仪器经调试具备使用条件、工业空调已投用。

(4) 化工装置的检测、控制、连锁、报警系统调校完毕，防雷防静电设施准确可靠。

(5) 现场消防器材等及工、器具已配齐。

(6) 联动试车暴露出的问题已经整改完毕。

4. 人员培训已完成

(1) 国内外同类装置培训、实习已结束。

(2) 已进行岗位练兵、模拟练兵、防事故练兵、达到“三懂六会”（“三懂”是懂原理、懂结构、懂方案规程，“六会”是会识图、会操作、会维护、会计算、会联系、会排除故障)，提高“六种能力”（思维能力、操作能力、协调组织能力、防事故能力、自我保护救护能力和自我约束能力)。

(3) 各工种人员经考试合格，已取得上岗证。

(4) 已汇编国内外同类装置事故案例，并组织学习。对该装置试车以来的事故和事故苗头本着“四不放过”（事故原因未查清不放过，责任人员未处理不放过，整改措施未落实不放过，有关人员未受到教育不放过）的原则已进行分析总结，汲取教训。

5. 各项生产管理制度已建立和落实

(1) 岗位分工明确，班组生产作业制度已建立。

(2) 各级试车指挥系统已落实，指挥人员已值班上岗，并建立例会制度。

(3) 各级生产调度制度已建立。

(4) 岗位责任、巡回检查、交接班等相关制度已建立。

(5) 已做到各种指令、信息传递文字化，原始记录数据表格化。

6. 经批准的化工投料试车方案已组织有关人员学习

(1) 工艺技术规程、安全技术规程、操作方法等已人手一册，化工投料试车方案主操作以上人员已人手一册。

(2) 每一试车步骤都有书面方案，从指挥到操作人员均已掌握。

(3) 已实行“看板”或“上墙”管理。

(4) 已进行试车方案交底、学习、讨论。

(5) 事故应急预案已经制定并经过演练。

7. 保运工作已落实

(1) 保运的范围、责任已划分。

(2) 保运队伍已组成。

(3) 保运人员已上岗并佩戴标志。

(4) 保运装备、工器具已落实。

(5) 保运值班地点已落实并挂牌，实行 24 h 值班。

(6) 保运后备人员已落实。

(7) 物资供应服务到现场，实行 24 h 值班。

(8) 机、电、仪维修人员已上岗。

(9) 依托社会的机、电、仪维修力量已签订合同。

8. 供排水系统已正常运行

(1) 水网压力、流量、水质符合工艺要求，供水稳定。

（2）循环水系统预膜已合格、运行稳定。

（3）化学水、消防水、冷凝水、排水系统均已投用，运行可靠。

9. 供电系统已平稳运行

（1）工艺要求的双电源、双回路供电已实现。

（2）仪表电源稳定运行。

（3）保安电源已落实，事故发电机处于良好备用状态。

（4）电力调度人员已上岗值班。

（5）供电线路维护已经落实，人员开始倒班巡线。

10. 蒸汽系统已平稳供给

（1）蒸汽系统已按压力等级运行正常，参数稳定。

（2）无跑、冒、滴、漏现象，保温良好。

11. 供氮、供风系统已运行正常

（1）工艺空气、仪表空气、氮气系统运行正常。

（2）压力、流量、露点等参数合格。

12. 化工原材料、润滑油（脂）准备齐全

（1）化工原材料、润滑油（脂）已全部到货并检验合格。

（2）"三剂"装填完毕。

（3）润滑油三级过滤制度已落实，设备润滑点已明确。

13. 备品配件齐全

（1）备品配件可满足试车需要，已上架，账物相符。

（2）库房已建立昼夜值班制度，保管人员熟悉库内物资规格、数量、存入地点，出库满足及时准确的要求。

14. 通信联络系统运行可靠

（1）指挥系统通信畅通。

（2）岗位、直通电话已开通好用。

（3）调度、火警、急救电话可靠好用。

（4）无线电话、报话机呼叫清晰。

15. 物料储存系统已处于良好待用状态

（1）原料、燃料、中间产品、产品储罐均已吹扫、试压、气密、标定、干燥、氮封完毕。

（2）机泵、管线联动试车完成，处于良好待用状态。

（3）储罐防静电、防雷设施完好。

（4）储罐的呼吸阀、安全阀已调试合格。

（5）储罐位号、管线介质名称与流向标志完全，罐区防火有明显标志。

16. 物流运输系统已处于随时备用状态

（1）铁路、公路、码头及管道输送系统已建成投用。

（2）原料、燃料、中间产品、产品交接的质量、数量、方式等制度已落实。

（3）不合格品处理手段已落实。

（4）产品包装设施已用实物料调试，包装材料齐全。

（5）产品销售和运输手段已落实。

（6）产品出厂检验、装车、运输设备及人员已到位。

17. 安全、消防、急救系统已完善

（1）经过风险评估，已制定相应的安全措施和事故预案。

（2）安全生产管理制度、规程、台账齐全，安全管理体系建立，人员经安全教育后取证上岗。

（3）动火制度、禁烟制度、车辆管理制度等安全生产管理制度已建立并公布。

（4）道路通行标志、防辐射标志及其他警示标志齐全。

（5）消防巡检制度、消防车现场管理制度已制定，消防作战方案已落实，消防道路已畅通，并进行过消防演习。

（6）岗位消防器材、护具已备齐，人人会用。

（7）气体防护、救护措施已落实，制定气体防护预案并演习。

（8）现场人员劳动保护用品穿戴符合要求，职工急救常识已经普及。

（9）生产装置、罐区的消防水系统、消防泡沫站、汽幕、水幕、喷淋以及烟火报警器、可燃气体和有毒气体监测器已投用，完好率达到100%。

（10）安全阀试压、调校、定压、铅封完毕。

（11）锅炉、压力容器、压力管道、吊车、电梯等特种设备已经质量技术监督管理部门监督检验、登记并发证。

（12）盲板管理已有专人负责，进行动态管理，设有台账，现场挂牌。

（13）现场急救站已建立，并备有救护车等，实行24 h值班。

（14）其他有关内容要求。

18. 生产调度系统已正常运行

（1）调度体系已建立，各专业调度人员已配齐并经考核上岗。

（2）试车调度工作的正常秩序已形成，调度例会制度已建立。

（3）调度人员已熟悉各种物料输送方案，厂际、装置间互供物料关系明确且管线已开通。

（4）试车期间的原料、燃料、产品、副产品及动力平衡等均已纳入调度系统的正常管理之中。

19. 环保工作达到“三同时”

（1）生产装置“三废”处理设施已建成并投用。

（2）环境监测所需的仪器、化学药品已备齐，分析规程及报表已准备完。

（3）环保管理制度、各装置环保控制指标、采样点及分析频次等经批准公布执行。

20. 化验分析准备工作已就绪

（1）中间化验室、分析室已建立正常分析检验制度。

（2）化验分析项目、频率、方法已确定，仪器调试完毕，试剂已备齐，分析人员已持证上岗。

（3）采样点已确定，采样器具、采样责任已落实。

（4）模拟采样、模拟分析已进行。

21. 现场保卫已落实

（1）现场保卫的组织、人员、交通工具已落实。

（2）入厂制度、控制室等要害部门保卫制度已制定。

（3）与地方联防的措施已落实并发布公告。

22. 生活后勤服务已落实

（1）职工通勤车满足试车倒班和节假日加班需要，安全正点。

（2）食堂实行 24 h 值班，并做到送饭到现场。

（3）倒班宿舍管理已正常化。

（4）清洁卫生责任制已落实。

（5）相关文件、档案、保密管理等行政事务工作到位。

（6）气象信息定期发布，便于各项工作及时应对和调整。

（7）职工防暑降温或防寒防冻的措施落实到位。

23. 开车队伍和专家组人员已到现场

（1）开车队伍和专家组人员已按计划到齐。

（2）开车队伍和专家组人员的办公地点、交通、食宿等已安排就绪。

（3）有外国专家时，现场翻译已配好。

（4）化工投料试车方案已得到专家组的确认，开车队伍人员的建议已充分发表。

二、投料试生产方案的编制

化工装置投料试车流程图如图 2—5—1 所示。

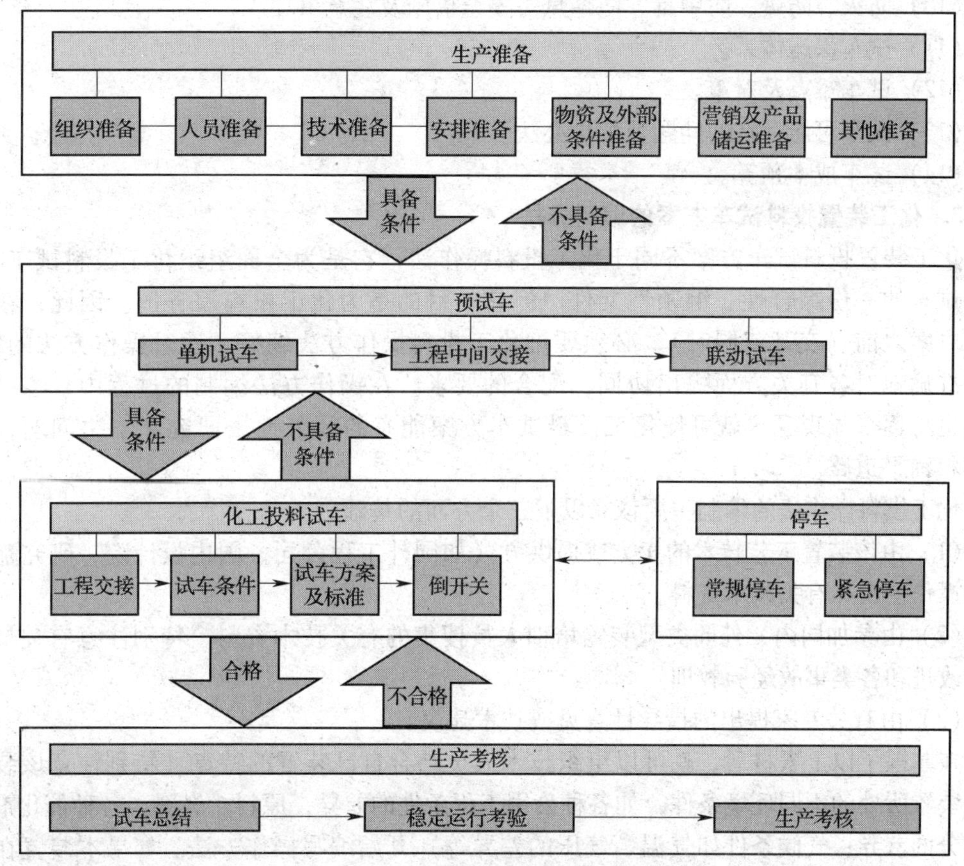

图 2—5—1　化工装置投料试车流程

实践证明，任何超越试车程序或不执行试车“规范”的行为，其结果必将是延误试车时间，事倍功半，得不偿失。大型化工试车程序是整个基本建设的重要组成单位，对实现合理工期和顺利试车，打好初期生产的基础十分重要。只有在化工装置试车过程中严格遵循试车“规范”，从组织准备、人员准备、技术准备、安全准备、物资及外部条件准备、营销及产品储运准备等多个方面做好工作，才能取得大型化工装置试车的成功。

1. 化工装置投料试车方案的基本内容

化工投料试车方案应由建设（生产）单位负责编制并组织实施，设计、施工单位参与，引进装置按合同执行。主要包括下列基本内容：

（1）装置概况及试车目标。

（2）试车组织与指挥系统。

（3）试车应具备的条件。

（4）试车程序、进度及控制点。

（5）试车负荷与原料、燃料平衡。

（6）试车的水、电、汽、气等平衡。

（7）工艺技术指标、连锁值、报警值。

（8）开、停车与正常操作要点及事故应急措施。

（9）环保措施。

（10）防火、防爆、防中毒、防窒息等安全措施及注意事项。

（11）试车保运体系。

（12）试车难点及对策。

（13）试车可能存在的问题及解决办法。

（14）试车成本预算。

2. 化工装置投料试车方案的编制方法

化工装置投料试车方案不同于化工投料操作法，它是为全面组织化工投料试车工作，统领试车的一份综合性、纲领性文件。但它的目的是为化工投料服务的。因此，在编制试车方案之前（交叉或同时），必须要把化工投料操作方法编好。通过操作方法的编制，才能准确地对各有关方面提出协同、配合的要求。在操作方法编制的过程中，各种实际问题也将逐个显现，这就可使化工投料试车方案能有的放矢地去研究和解决问题，为化工投料铺平道路。

化工投料操作法的编制主要依靠以下三个方面的基础：

（1）由该装置工艺技术的卖方或提供方（如国外工程公司、国内设计院、研究院）提供的操作手册和有关技术资料。

（2）由参加国内、外同类型装置培训人员搜集的有关技术资料，特别注意有关最新的操作改进和各类事故经验教训。

（3）由有关专家提出的指导性意见或技术建议。

在掌握了以上素材后，就可以组织技术人员结合自己装置的特点（特别注意该装置与其他装置所处的不同环境条件，如各种公用工程条件的差异，原料、燃料、各种催化剂性质和成分的差异；气候条件如气温、气压的差异等）开始编写操作方法。如果本装置在某个局部环节上采用了新技术、新设备，还应考虑到其第一次工业化可能出现的风险及对策。编写完成之后，经过一定范围的讨论、修改并按管理规定上报获得批准。在此基础上着手编制化工投料试车方案，可以收到事半功倍的效果。

试车方案的编制需要领导人员和更广泛范围的人员参加。诸如试车目标的确定，指挥系统的框架及组成，试车保运体系的组织，试车难点及所采取的必要措施，都要首先听取领导层的意见，有关公用工程、原燃料产品储运、环保、安全、消防、事故处理等各方面的措施要广泛征集有关主管人员的意见。为了搞好工作的衔接，设计、施工单位也应有合适的人员参加方案的编写或讨论。对于试车难点及对策，要组织专题小组通过切实的调查研究后，提出初步意见，以便领导决策后列入试车方案。

化工投料试车方案编制完成后，一般均由建设单位试车主管部门审查批准。对重要化工装置的试车方案，有时还要由上一级试车主管部门组织有关专家和有关部门讨论修订后批复执行。引进装置如有对原操作手册修订的内容，还要征求国外开车专家的意见并取得确认。

三、投料试生产注意事项

1. 化工投料试车的相关规定

（1）试车必须统一指挥，严禁多头领导、越级指挥。

（2）严格控制试车现场人员数量，参加试车人员必须在明显部位佩戴试车证，无证人员不得进入试车区域。

（3）严格按试车方案和操作规程进行，试车期间必须实行监护操作制度。

（4）试车首要目的是安全运行、打通生产流程、生产出合格产品，不强求达到最佳工艺条件和产量。

（5）试车必须循序渐进，上一道工序不稳定或下一道工序不具备条件，不得进行下一道工序的试车。

（6）仪表、电气、机械人员必须和操作人员密切配合，在修理机械、调整仪表、电器时，应事先办理安全作业票（证）。

（7）试车期间，分析工作除按照设计文件和分析规程规定的项目和频次进行外，还应按试车需要及时增加分析项目和频次，并做好记录。

（8）发生事故时，必须按照应急处置的有关规定果断处理。

（9）化工投料试车应尽可能避开严冬季节，否则必须制定冬季试车方案，落实防冻措施。

（10）化工投料试车合格后，应及时消除试车中暴露的缺陷和隐患，逐步达到满负荷试车，为生产考核创造条件。

2. 化工投料试车应达到的标准

（1）试车主要控制点整点到达，连续运行生产出合格产品，即通常称为一次投料试车成功。

（2）不发生重大设备、操作、火灾、爆炸、人身伤害、环保等事故。

（3）安全、环保、消防和职业卫生做到“三同时”，监测指标符合标准。

（4）生产出合格产品后连续运行 72 h 以上。

（5）做好物料平衡，控制好试车成本。

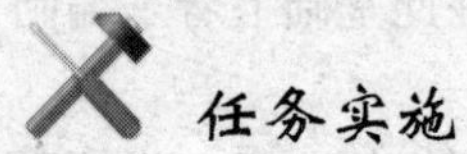

任务实施

某以天然气为原料的年产30万吨合成氨生产装置于2008年4月破土动工，2011年初装置建成并进行了单机、联动试运，在各项准备工作切实可靠的基础上，于2011年5月5日22时19分开始化工投料，6月22日18时生产出合格产品。之后装置一直在高负荷下运行了83天，直到全厂计划检修才随同停工，真正做到了一次开车成功，并取得了良好的经济效益。

表2—5—1为上述合成氨装置化工投料实际进度表，通过分组讨论，分析不同设备和装置投用时间、顺序，不难发现装置投料试生产是一个十分复杂的过程，一定要循序渐进，严格遵守试车方案和操作规程。

表2—5—1　　　　某合成氨装置化工投料实际进度表

内容	起止日期	内容	起止日期
氨裂解化工投料日期	2011年5月5日	开冷冻系统	2011年5月30日
天然气脱硫试车	2011年4月22日—2011年5月5日	氨吸收开车开合成气压缩机	2011年6月3日
一段炉催化剂还原	2011年5月1日点火	出合格液氨	2011年6月22日
二段炉催化剂还原	2011年5月7日	尿素升温纯化投料出尿素	2011年7月2日
高变放硫	2011年5月13日结束	低变升温催化剂还原	2011年6月5日—2011年6月17日
工艺气串入脱碳系统	2011年5月13日	合成塔升温催化剂还原	2011年6月5日—2011年6月22日
甲烷化升温催化剂还原	2011年5月13日—2011年5月16日		

大型化工装置试车涉及组织准备、人员准备、技术准备、安全准备、物资及外部条件准备、营销及产品储备准备等多个方面，是对一套化工装置的工艺技术、设计、设备制造、安装质量、公用工程（含“三废”处理）条件、物资供应和销售水平、人员培训质量、生产管理制度、安全、消防、救护、生活后勤以及财务工作等各方面的综合检验，只有根据投料试车方案平稳有序进行，才能保证化工投料一次成功。

思考与练习

1. 简述化工投料试车在整个化工装置生产中的作用和地位。
2. 化工投料试车应严格检查和确认是否具备哪些条件？
3. 化工装置投料试车方案应如何编制？
4. 在化工装置投料试车过程中，应重点注意哪些突出问题？

模块三　化工装置正常生产工况维持

化工装置转入正常生产之后，主要进行生产工况维持，生产工况维持的好坏大大影响企业的经济效益。本模块从生产过程影响因素分析与工艺条件选择、化工生产工艺条件控制与调节、生产过程常用指标与经济评价这三个方面，对生产工况维持的理论与操作进行全面的解读，使学生掌握化工装置正常生产工况维持的理论知识和操作技能。

任务1　生产过程影响因素分析与工艺条件选择

学习目标

掌握化学反应的热力学和动力学知识，会进行热力学和动力学分析，掌握化工生产过程影响因素分析方法和工艺条件的选择原则。

任务引入

一个完整的化工生产过程，一般在反应前有物料的预处理系统，在反应后有产物的分离提纯过程，在系统中一般有一个以上的化学反应过程。在化学反应过程中，影响生产正常进行的因素（通常称为工艺条件）很多，本任务以氨合成反应为例，分析影响正常生产的因素和它们对生产的具体影响，以及如何选择工艺条件。

任务分析

对工艺条件起决定性作用的是化学热力学和化学动力学的规律和法则。化学热力学讨论化学反应进行的方向以及原料和能量的利用率等问题。化学动力学探讨的是物系的组成与反应时间的关系及其理论基础，即在给定的温度、压强、浓度以及催化剂存在的条件下反应在不同的时间内进行的程度。动力学的研究也指出了增大反应速率可能采用的途径和方法。采用提高生产强度、发挥设备生产能力以及增大反应速率和采用新工艺等措施，对现代化工生产具有重要的意义。对于氨合成反应，应从化学热力学和化学动力学的规律和法则入手，分析影响生产的因素和工艺条件选择。

相关知识

通过化学反应步骤完成由原料到产物的转变，是化工生产过程的核心。反应温度、压力、浓度、催化剂（多数反应需要）或其他物料的性质以及反应设备的技术水平等各种因素对产品的数量和质量有重要影响，是化工生产技术研究的重点内容。同时，化学反应类型繁多，很多化工生产中的化学反应是可逆的，由于反应本身的特性或因原料夹带杂质，许多还是有副产物生成的复合反应。这些反应在应用到工业生产上以前，要详尽地研究反应的平衡，确定反应进行的方向和程度。

一、热力学分析

热力学分析只涉及化学反应过程的始态和终态，不涉及中间过程，不考虑时间和速度，仅说明过程的可能性及其进行的限度，主要为解决生产过程中化学反应过程的以下方面的问题提供理论依据：一是判别化学反应过程能否发生和进行的方向即化学反应可能性分析；二是确定化学反应过程进行的最大限度即化学反应平衡移动分析；三是化学反应过程热效应的计算。

1. 化学反应可能性分析

化工生产过程的核心是化学反应，对制备某化工产品所提出的工艺过程和路线，首先应确定化学反应在热力学上是否合理，即对有无可能性做出判断。借助于热力学可以判断各种反应进行的可能性，比较同一反应系统中同时发生的几个反应的难易程度，进而从热力学的角度寻找有利于主反应进行或尽可能减少副反应发生的工艺条件。

2. 反应系统中反应难易程度分析

进行化工生产时，在生成目的产品主反应进行的同时，总是有若干个副反应同时发生，形成一个化学反应系统。了解其中各种反应竞争的情况，尤其是主反应和不希望发生的副反应进行的难易程度，以及这些反应进行的有利条件和不利条件，才能结合各个反应的热力学和动力学基础，寻找出相对有利于主反应进行而不利于副反应进行的工艺条件，并作为工业生产过程工艺条件控制的目标，从而取得良好的反应效果，得到更多的产品。

3. 化学反应限度分析

任何化学反应几乎都不能进行到底而存在着平衡关系，在化工生产中，人们期望知道在一定条件下某反应进行的限度，即平衡时各物质之间的组成关系。平衡状态的组成说明了反应进行的限度。平衡转化率和平衡产率是反应进行的最大限度，不同之处在于：平衡转化率是从原料参加反应的程度说明反应进行的最大限度，而平衡产率是从产品生成的程度来说明反应进行的最大限度。

4. 化学反应平衡移动分析

化学平衡和一切平衡一样，都只是相对的、暂时的和有条件的。当外界条件如温度、压力、系统组成等发生变化时，旧的平衡被破坏，在新的条件下建立新的平衡，此时称为平衡的移动。平衡移动在工业生产中的实际意义是：可以人为地选择适宜的操作条件，使化学反应尽可能向产物方向移动。

当外界诸条件发生变化时，化学平衡移动情况见表3—1—1。

表3—1—1　　外界条件变化时化学平衡移动情况

条件变化	平衡移动方向	移动原因
温度升高	吸热方向	吸热反应吸收热量，削弱温度升高的影响
温度下降	放热方向	放热反应放出热量，补偿了温度的下降
压力升高	分子数减少（$\Delta n<0$）方向	使总压力下降，削弱了压力升高的影响

续表

条件变化	平衡移动方向	移动原因
压力下降	分子数增加（$\Delta n>0$）方向	使总压力升高，削弱了压力下降的影响
反应物浓度升高	向“右”移动	正反应发生，产物增加而减少反应物浓度
产物浓度升高	向“左”移动	逆反应发生，减少了产物浓度

总之，温度升高有利于吸热反应的进行，温度下降有利于放热反应的进行；压力升高有利于反应向分子数减少的方向进行，压力降低有利于反应向分子数增加的方向进行；提高反应物的浓度有利于反应向生成物的方向进行。

二、动力学分析

化学热力学研究物质变化过程的能量效应，解决反应过程的方向与限度问题，即有关平衡的规律。完成该过程所需要的时间以及实现这一过程的具体步骤、方式及其影响因素等方面的问题，则有赖于化学动力学来解决。化学热力学是解决物质变化过程的可能性，而化学动力学是解决如何把这种可能性变为现实性，使化工产品的工业生产具有现实意义。这是实现化工生产的两个相辅相成的方面。

讨论平衡是谋求以尽量少的消耗获得理论上可能最高的转化率或产率。通过化学动力学对反应速率进行探讨，则可取得较高的生产强度或较高的实得产率，从而在单位时间内以尽可能小的能耗来获得尽可能多的合格产品。

化学动力学主要解决反应过程的如下问题：一是化学反应过程进行的机理；二是确定反应过程的化学反应速率与其影响因素之间的函数关系式。

在研究化学反应过程时，不仅要考虑微观的动力学因素，而且还要同时考虑设备结构、传递过程等宏观动力学因素（包括动量传递、热量传递和质量传递三个部分）。

工艺过程的速度是影响产量的关键，而工艺过程的速度主要取决于化学反应速度。不同的化学反应，反应速度不同，同一反应的速度也会因条件的不同而差异很大。同一套化工生产装置，如果主反应速度加快若干倍，单位时间内的产量就有可能提高若干倍，这对企业的经济效益无疑具有极大的影响。

影响反应速度的因素是复杂的，在生产过程中通过工艺参数的调节可以达到改变化学反应速度的目的，如温度、压力、原料浓度和原料在反应区的停留时间等。此外，对多数反应速度影响最关键的是对所研究的化学反应能起作用的催化剂。一般情况下，温度和催化剂对速度的影响最大。

提高过程反应速率大致可采用以下方法：

1. 增大反应物的浓度或分压。
2. 在反应过程中取走生成物或部分生成物。
3. 在适宜的温度范围内选用较高温度，但不应使副产物生成或生成过多。
4. 对于多相反应，则增大反应物间的接触面。
5. 选用高效催化剂。
6. 选用适宜的反应器形式，改进设备结构，促进反应物间的混合均匀。

三、化工生产过程影响因素分析

1. 化工生产能力影响因素分析

一套装置能否达到最大的生产能力，和很多方面的因素有关，有设备的因素、人为的因素和化学反应进行的状况等。

设备因素主要是关键设备的大小和设备结构是否合理以及设备的套数。每一台设备的生产能力都比较大，能发挥比较好的效果，总的生产能力就能提高。另一个重要的因素是在整个流程中，各个设备的生产能力相互之间是否匹配也很关键，否则关键设备中只要有一个生产能力跟不上（辅助设备也应该能满足生产能力的要求），其他设备的生产能力也将受到限制，而使企业生产能力降低。

人为的因素主要是指生产技术的组织管理水平和操作人员的操作水平。生产管理水平高一些，对生产过程的调配、协调能力就强一些，生产能够持续平稳、正常地进行。在连续生产中，只要因某种事故开、停车一次，不仅物料浪费很大，也浪费了时间，产量必将受到很大的影响，因而只有在不得已的情况下才能做出停车的决定（计划之内的大、小检修属于正常范围）。技术管理搞得好，能够保持在最佳的条件下生产，而且还能不断改进工艺，提高产量。操作人员的操作水平主要体现在能按照管理部门提出的工艺指标进行平稳的操作，以及及时发现生产中出现的事故隐患并通过正确的处理，防止事故的发生。平稳的操作不仅指各种参数控制在适宜范围之内，而且指参数的变化小和缓慢，这样才能保证产品质量稳定，催化剂也才能发挥最好的效果。

化学反应进行的状况，是影响化工生产能力的关键因素，在装置规模确定以后，化工生产能力主要取决于化学反应进行的状况，而化学反应进行的好坏主要受多种因素的影响。

2. 化学反应过程影响因素分析

化工生产过程的中心环节是化学反应过程，只有通过化学反应过程，原料才能变成目的产品。然而对某一个产品生产的化学反应过程而言，往往除了生成目的产物的主反应以外，也还有多种副反应（平行反应和连串反应）。原料几乎不可能全部参加反应，生产上经常将反应物的转化控制在一定的限度之内，再把未转化的反应物分离出来回收利用。若要实现消耗最少的原料而得到更多的目的产品，首先就要了解通过控制哪些基本因素可以保证实现化工产品工业化的最佳效果，明确这些外界条件对化学反应过程的影响规律，从而找出最佳工艺条件范围并实现最佳控制。为了达到上述目的，首先要搞清楚的问题就是化工生产反应过程优化控制的目标是什么。

（1）反应过程工艺条件优化的目标

连串反应是化学工业中最常见也是最重要的复杂反应之一，以此为例来进行分析。连串反应可以用下面的通式表示：

$$A \xrightarrow{k_1} R \xrightarrow{k_2} Y$$

以中间产物 R 为目的产物的生产工艺称为连串反应工艺，Y 是 R 的产物进一步反应生成的副产物。使消耗的原料 A 尽可能多地得到中间产物 R（即目的产物）是连串反应工艺优化的基本目标。

对连串一级反应的动力学方程进行数学处理，可以得到各组分浓度随时间变化的关系，如图 3—1—1 所示。

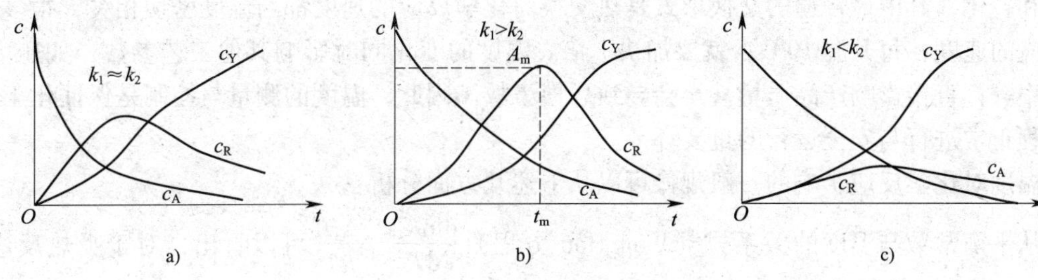

图 3—1—1　连串反应的 c—t 关系图

a）$k_1 \approx k_2$　b）$k_1 > k_2$　c）$k_1 < k_2$

由图 3—1—3b 中的曲线变化可见，中间产物 R 的浓度存在极大值［Rm］，在极大值之前，R 的生成速度大于消失速度，随着反应时间的延长，R 的浓度增大到极大值［Rm］，此后 R 的生成速度小于消失速度，且随反应时间的延长，R 的浓度越来越低，副产物 S 的浓度则越来越大。一般把 R 浓度的极大值［Rm］作为连串反应工艺中的最佳点，对应的时间 t_m 称为最佳反应时间，对应反应物 A 的转化深度 $\left[\frac{[A_0] - [A_m]}{[A_0]} \times 100\%\right]$ 称为最佳转化深度。若将反应过程中因副反应造成的损失称为化学损失，则这种以 R 浓度最大（即化学损失最小）为优化目标的最佳点称为化学上的最佳点。

在工业生产中，为了使原料得到充分利用，反应器之后总有一个配套的分离回收系统，在分离回收过程中未反应的 A 不可能无损失地全部回收，这种分离回收过程中的物料损失称为物理损失。工艺生产中如果原料 A 的转化率过高，则目的产物 R 转化为副产物 S 的量就太大，化学损失会很大；然而如果反应物 A 的转化率太低，在工艺系统中循环的原料 A 就会增大，由分离回收而造成的物理损失也随之增大。在上述两种情况下，R 的收率都不可能很高。所以，必然存在一个 R 总收率最大，即化学损失和物理损失两项的总损失最小的最佳点，这就是工艺上 R 总收率最大的操作点。以目的产物 R 总收率最大为优化目标的最佳点称为工艺上的最佳点。

此外，当未反应的 A 在系统中的循环量增大时，分离设备体积也要增大，设备折旧费和能耗都要相应增加。因此，R 总收率最大的最佳点还不是成本最低的最佳点。以目的产物 R 成本最低为优化目标的最佳点称为设计中的最佳点。

以上三种最佳点分别以目的产物不同的标准为优化的目标，各有其不同的含义。从经济观点来讲，成本最低应是最终目标，而在已有的装置中分析影响反应过程的基本因素时，以目的产物 R 总收率最大为优化目标（即工艺上的最佳点）来寻求反应过程的最佳工艺条件就能符合工艺管理的要求。

影响反应过程能否达到工艺上最佳点的因素很多，如设备的结构、催化剂的性能和用量、反应过程的工艺参数（温度、压力、原料配比、停留时间）以及原料的纯度等。虽然各个化工产品的反应过程各有自己的特点，工艺过程差别很大，但总的说来，每一个工艺因素，不论是温度、压力、原料配比以及停留时间，对化学反应的影响都有一些共同之处。

（2）温度对化学反应过程的影响规律

任何一种化工生产过程都伴随着物质的物理性质和化学性质的改变，同时必然有能量的交换和转化，其中最普遍的交换形式是热交换。化学反应的速度都与温度密切相关，很多化学反应的速度，每升温 10℃，就要加快 1 倍。温度的变化同时影响其他工艺参数，如压力、转化率等，直接影响产品质量甚至会导致恶性事故。因此，温度的测量与控制是保证化工生产过程正常进行与安全运行的重要环节。

温度对化学反应影响的一般规律可以从下述几方面分析：

从平衡常数与温度的关系式（Vant Hoff 方程）$\frac{\mathrm{d}\ln K^\ominus}{\mathrm{d}T}=\frac{\Delta H^\ominus}{RT^2}$可以看出，对于吸热反应，$\Delta H^\ominus>0$，$\frac{\mathrm{d}\ln K^\ominus}{\mathrm{d}T}>0$，则平衡常数 $K^\ominus$随温度的上升而增大；反之，对于放热反应，$\Delta H^\ominus<0$，$\frac{\mathrm{d}\ln K^\ominus}{\mathrm{d}T}<0$，则平衡常数 $K^\ominus$值随温度的上升而减小。所以从化学平衡的角度看，升温有利于提高吸热反应的平衡产率，降温则有利于提高放热反应的平衡产率。其实际意义说明了应该如何改变温度条件去提高反应的限度。

从温度与化学反应速度的关系分析可知，提高温度可以加快化学反应的速度，在同一反应系统中，不论主、副反应皆符合这一规律，但温度的升高相对地更有利于活化能高的反应。由于催化剂的存在，相比之下主反应一定是活化能最低的。因此，温度升得越高，从相对速度来看，越有利于副反应的进行。所以在实际生产上，用升温的方法来提高化学反应的速度应有一定的限度，只能在有限的适宜范围内使用。

另外，从温度变化对催化剂性能和使用的影响来看，对某产品的生产过程，只有在其催化剂能正常发挥活性的起始温度以上使用催化剂才是有效的。因此，适宜的反应温度必须在催化剂活性的起始温度以上。此时，若温度提高，催化剂活性也上升，但催化剂的中毒系数也增大，若温度过高，中毒系数会急剧上升，致使催化剂的生产能力即空时收率急速下降。当温度继续上升，达到催化剂使用的终极温度时，催化剂会完全失去活性，主反应难以进行，反应失去控制，而生产也无法进行，有的反应甚至还出现爆炸等危险。因而操作温度不仅不能超过终极温度，而且应在低于终极温度的安全范围内。

再从温度对反应效果的影响来看，在催化剂适宜的温度范围内，当温度较低时，由于反应速度慢，原料转化率比较低，但选择性比较高；随着温度的升高，反应速度加快，可以提高原料的转化率。然而由于副反应速度也随温度的升高而加快，选择性下降，且温度越高，下降越快，导致单程收率下降。由此来看，升温对提高反应效果有好处，但不宜升得过高，否则反应效果反而变坏，而且选择性的下降还会使原料消耗量增加。

适宜温度范围的选择首先是根据催化剂的使用条件，在其活性起始温度和终极温度之间。结合操作压力、空间速度、原料配比和安全生产的要求以及反应的效果等项，综合选择，并经过试验和生产实际的验证最后确定。

（3）压力对化学反应过程的影响规律

在化工生产中，压力是重要的操作参数之一，而压力不完全是反应动力学所决定的事，还有动力设备、安全等诸多问题影响着反应压力操作参数。由于液体的可压缩性太小，所以一般压力对液相反应的影响不大，液相反应都在常压下进行。对某些气液相反应，为了维持反应在液相中进行，才在与之平衡的气相空间略施加一点有限的压力，也属于常压反应。气体可压缩性很大，因此，压力对气相反应的影响比较大。这里仅讨论压力对气相反应的影响规律。

对理想气体反应

$$bB + dD \rightleftharpoons gG + hH$$

若气体总压力为 p，任一反应组分的分压力 $p_B = y_B p$，则平衡常数 $K^\ominus$ 的表达式为：

$$K^\ominus = \prod\left(\frac{p}{p^\ominus}\right)^{\nu_B} = \left(\frac{p}{p^\ominus}\right)^{\sum_B \nu_B} \prod y_B^{\nu_B} = K_y\left(\frac{p}{p^\ominus}\right)^{\sum_B \nu_B}$$

其中 $Ky = \frac{y_G^g y_H^h}{y_B^b y_D^d}$，从热力学可知，气体反应 $K^\ominus$ 值只与温度有关，与压力无关，当反应温度一定时，$K^\ominus$ 为常数。对 $\sum_B \nu_B > 0$（即体积增大）的反应，当总压力 p 下降时，$\left(\frac{p}{p^\ominus}\right)^{\sum_B \nu_B}$ 也下降。为维持 $K^\ominus$ 不变，Ky 必然要增大，其结果是化学平衡向产物生成的方向移动；对于 $\sum_B \nu_B < 0$（即体积减小）的反应，当总压力 p 下降时，$\left(\frac{p}{p^\ominus}\right)^{\sum_B \nu_B}$ 增大，要使 $K^\ominus$ 不变，则 Ky 一定下降。结果是化学平衡向逆反应即向反应物的方向移动，对于 $\sum_B \nu_B = 0$（体积不变）的反应，因为 $\left(\frac{p}{p^\ominus}\right)^{\sum_B \nu_B} = 1$，所以 $K^\ominus = Ky$，即压力变化对平衡移动无影响。

以上分析说明，从化学平衡的角度来看，增大压力对分子数减少的反应是有利的，而降低压力有利于分子数增加的反应。

压力对反应速度的影响是通过压力改变反应物浓度而形成的，一般情况下，增大反应压力，也就相应地提高了反应物的分压（即浓度增大）。除零级反应外，反应速度均随反应物浓度的增加而加快。所以在一定条件下，增大压力，间接地加快了化学反应速度。

增加压力可以缩小气体混合物的体积。对于一定的原料处理量来说，意味着反应设备和管道的容积都可以缩小；对于确定的生产装置来说，则意味着可以加大处理量，即提高设备的生产能力。这对于强化生产是有利的。

随着反应压力的提高，一是对设备的材质和耐压强度要求也高，设备造价、投资自然要增加；二是对反应气体加压，需要增加压缩机，能量消耗增加很多。此外，压力提高后，对有爆炸危险的原料气体，其爆炸极限范围将会扩大。压力高，生产过程的危险性也会增加，因此，安全条件要求也就更高。

适宜的压力条件应根据该反应使用催化剂的性能要求以及化学平衡和化学反应速度随压力变化的规律来确定。若反应有必要进行加压，多高压力适当，要结合必要条件和加压的利弊作经济效果的比较，还要考虑物料体系有无爆炸危险，最后确认生产是在安全确有保证的条件下进行，即为适宜。

（4）原料配比对化学反应过程的影响规律

在化工生产中，为了有效地进行生产操作和控制，经常需要测量生产过程中各种介质（液体、气体和蒸汽等）的流量。一般所讲的流量大小是指单位时间内流过管道某一截面的流体数量的大小，即瞬时流量。

化学反应有两种以上的原料时，在某一时间、某一条件下，各种原料的瞬时流量的比例，就是原料配比。原料配比一般多用原料物质的量配比表示。原料配比对反应的影响与反应本身的特点有关。如果按化学反应方程式的化学计量关系进行配比，在反应过程中原料的比例基本保持不变，是比较理想的。但根据反应的具体要求，还应结合下述情况分析确定。

从化学平衡的角度来看，在两种以上的原料中，任意提高某一种原料的浓度（比例），均可达到提高另一种原料的转化率的目的。

从反应速度的角度分析，在动力学方程 $\gamma = \kappa c_A^a c_B^b$ 中，若其中一种反应物浓度的指数为 0，则反应速度与该反应物的浓度无关，不必过量配比；若某反应物浓度的指数大于 0，则说明反应速度与该反应物的浓度有正向关系，可以考虑过量操作，以加快反应速度。

在提高某种原料配比时，还应注意到该种原料的转化率一定会下降，况且化学反应是严格按照反应式的化学计量比例关系进行的，因而随反应的进行，该种过量的原料随反应进行程度的加深，过量的倍数越大，那就涉及在分离反应物后，实现该种原料的循环使用，从而提高其总转化率的可行性与经济性问题，过量多少为宜还须经过对比试验，即从反应效果和经济效果综合分析确定。

如两种以上的原料混合物属于爆炸性混合物，则首要考虑的问题是其百分比浓度应在爆炸范围之外，以保证生产的安全进行。同时，还应该有必要的各种安全措施。

适宜的原料配比范围应根据反应物的性能、反应的热力学和动力学特征以及催化剂性能、反应效果、经济核算结果等综合分析后予以确定。

（5）停留时间对化学反应过程的影响规律

停留时间是指原料在反应区或催化剂层的停留时间，也称接触时间。停留时间和空间速度有着密切的关系。空间速度越大，停留时间越短；空间速度越小，停留时间越长，但两者不是简单的倒数关系。

从化学平衡角度来看，接触时间越长（空间速度越小），反应越接近于平衡，单程转化率越高，循环原料量可减少，能量消耗也少一些。但停留时间太长也是不适宜的，一方面，反应时间太长，会有相当一部分与主反应平行进行的和由产物串联进行的副反应发生，尤其是有机物的聚合和分解反应出现的可能性要增加，使催化剂的中毒系数增大，缩短了催化剂的使用寿命，选择性也随之下降。结果使产物的收率反而下降。另一方面，停留时间太长，单位时间内通过的原料气量太少，大大降低了设备的生产能力。但空间速度过大，原料气与催化剂的接触时间太短，原料尚未来得及反应或反应甚少便离开了反应区，从而使原料转化率很低。正确地控制适宜的空间速度，才会得到理想的转化率和满意的产物收率。

对每一个具体的化学反应，适宜的停留时间（或空间速度）应根据反应达到适当高的转化率（选择性等指标也较高）所需的时间以及催化剂的性能来确定。

四、工艺条件的选择

化工生产过程的主要工艺参数包括反应温度、反应压力、反应物进口组成和空间速度。这些参数的确定和优化组合，通常需经过系统的工艺试验探索出来，或利用反应动力学模型进行多种方法计算，再在工艺试验中加以检验。

1. 温度

温度是生产过程中一个十分重要的参数，确定温度时，一般考虑下述因素。

(1) 反应方程和化学平衡

温度对平衡常数的影响可用 Vant Hoff 方程表示：

$$\frac{\mathrm{dln}K^{\ominus}}{\mathrm{d}T}=\frac{\Delta H^{\ominus}}{RT^{2}}$$

式中 $\Delta H^{\ominus}$ 为标准反应热。例如，对于放热反应，可在反应初期离平衡点较远时，采用高温以提高反应速度，到反应中后期接近平衡时，应降低温度以提高平衡转化率。实际上，许多反应进行得很快，对于放热反应来说，反应过程的温度要点是及时移出反应热，以使反应在一个适量的温度范围内进行。相对来说，需要加热的反应好控制一些。

对于吸热反应，温度升高使平衡常数增大，平衡转化率提高，应始终保持高温，但也受到其他因素的制约。

(2) 反应特性

Arrhenius 方程表达了反应速度与温度之间的定量关系：

$$k=k_0\exp\ (-E/RT)$$

由上式可见，温度越高，反应速度越快。但是，工业上经常遇见的反应大多伴有各种平行、串联或平行串联副反应，这时，就不能片面追求高温反应速率大，而要根据主、副反应活化能的相对大小来选择温度。

(3) 温度的限制条件

对于一些反应过程，温度越高越有利，或者温度越低越有利。例如，对主反应是可逆吸热反应，且主反应的活化能高于副反应的活化能的过程，温度越高越有利。相反，若主反应是可逆放热反应，且主反应的活化能低于副反应的活化能的过程，则应尽可能采用低温，这时适宜的温度就处于某种限制条件的边界处。

这些限制条件可能是：催化剂使用温度范围的限制、材质使用温度范围的限制（反应物和产物的分解，或物态变化温度的限制）、反应压力的限制、加热和吸热工艺方法的限制以及设备的条件等。

2. 压力

压力的选择，一般应考虑下述因素：

(1) 反应方程和化学平衡

对于分子数增加的反应，压力增加将使平衡转化率减小；对于分子数减少的反应，压力增加将使平衡转化率增加。

(2) 反应速率

对于气相反应，浓度和压力近似成正比关系，因此压力增高，反应速率加快。对于气液相反应和气液固三相反应，增加压力能增加气相组分在液相中的溶解度，对提高反应速率也是有利的。

(3) 对后续分离系统的要求

例如，当反应设备出口物料进入分离系统后，第一个分离步骤常是将其冷却，产生气液两相后加以分离。若单纯冷却不足，为使其产生气液两相就要考虑加压。有时连续的分离过程有一系列压降，需考虑要克服它，则在出口有一定压力等。

（4）压力的限制因素

主要是设备的费用、运行的可靠性和安全性，还有压力对反应温度的影响、对原料和产物的影响等。有时压力必须在一个有限的范围内实施。

3. 原料配比

对于化学反应 A + B ⟶P，其进料组成 A 和 B 的比例是一个变量。根据化学反应方程式，可知其投料配比的理论值。在下列几种情况下使 A（或 B）过量可能对反应是有利的。

（1）某一反应物要求有很高的转化率，使其他反应物过量可提高反应速度

若反应的动力学方程式为 $-r_A = kx_A x_B$，当反应物组成 $c_A = c_B$时，则 $-r_A = kx_A^2$，若要求 A 的转化率为 99% 时，由于反应末期的反应速度仅为反应初期的万分之一，因此，应使 B 过量，以提高反应末期的反应速度。

（2）反应物和产物分离

若 B 和产品 P 的分离非常困难，而反应是可逆反应或者是 A 的反应基数大于零，这时可采用 A 过量的方法提高 B 的转化率，以利于 B 和产品 P 的分离。

（3）反应的浓度效应

若有平行反应：

$$A + B \xrightarrow{k_1} P$$

$$A + B \xrightarrow{k_2} S$$

两平行反应的速度比：

$$\frac{r_P}{r_S} = \frac{k_1 c_A^{a_1} c_B^{b_1}}{k_2 c_A^{a_2} c_B^{b_2}}$$

或平行串联反应：

$$A + B \xrightarrow{k_1} P$$

$$B + P \xrightarrow{k_2} S$$

平行串联反应的速度比：

$$\frac{r_P}{r_S} = \frac{k_1 c_A^{a_1} c_B^{b_1}}{k_2 c_B^{b_2} c_P^{p_2}}$$

对于平行串联反应和 $a_1 > a_2$，$b_1 < b_2$的平行反应，可以使 A 过量，以提高主反应的选择性。

（4）分离循环费用

若有串联反应 A + B ⟶P ⟶S，A 或 B 过量都能提高 P 的选择性，究竟取 A 过量或 B 过量，视 A 和 B 的反应的级数、价格和产品分离的难易程度以及循环费用而定。

上述任何一种原料过量带来的利益都是以过量原料的分离和循环为代价的，因此，必须权衡得失，进行参数优化的工作后确定。

4. 反应时间和转化率

各化工装置的功能是生产产品，一般希望增加反应停留时间以求有较高的转化率，但转

化率并非越高越好。对于非零级的化学反应，随着转化率的提高，单位产品所需的反应器体积急剧增加。以一级反应为例，若转化率从 90% 提高到 99%，产量提高 9%，但反应器所需体积增加 1 倍；更重要的是对于有串联副反应的反应系统，转化率提高将使选择性下降，因此不应盲目选择过高的转化率。但过低的转化率将增加原料消耗费用，或者增加原料和产品的分离及循环的费用。因此，必须综合考虑以下因素，确定反应的停留时间和经济的转化率。

（1）转化率和所需反应时间的关系。

（2）各种转化率下的产品分布。

（3）计算产品和原料分离回收利用所需的各种物性数据。

（4）各种物料主副产品和公用工程的价格。

（5）反应系统和分离系统的设备价格。

（6）反应时间和化学平衡的关系。

（7）反应时间和反应速度的关系。

（8）回收的物能消耗。

5. 催化剂

催化剂的品种不同可直接影响到选择性、转化率、产率和反应周期等，其投入量与催化剂本身的时空收率（每千克催化剂每小时生产千克产品）有关。催化剂的投入量与放热量、反应温度、反应速度息息相关，因此，常把催化剂也看成一种重要的工艺控制参数。

此外，催化剂的投入量直接影响到固定床和流化床的直径、长径比、容积和操作工艺。催化剂又直接影响到反应温度和原料配比。

任务实施

学生分组讨论，查阅资料完成下述问题：氨合成反应的特点、热效应；氨合成反应的热力学；氨合成反应的动力学；氨合成反应的影响因素及工艺条件选择。

应用年产 30 万 t 合成氨仿真软件进行如下训练：在正常运行状态下，在其他条件不变时，分别改变压力、氢氮比、空塔气速等工艺条件，观察这些工艺条件的变化对温度、收率、反应速度等的影响，并填写表 3—1—2。

表 3—1—2　　反应因素对结果的影响统计表

变化、现象 / 反应因素	温度变化	氨含量	反应速率	结论
增大压力				
减小压力				
增大氢氮比				
减小氢氮比				
增大空塔气速				
减小空塔气速				

氨合成的影响因素及工艺条件选择分析如下：

一、氨合成反应及热效应

1．氨合成反应

氨的合成反应为：

$$\frac{3}{2}H_2+\frac{1}{2}N_2 \rightleftharpoons NH_3 \quad \Delta H^{\circ}_{298}=-46.11\ \mathrm{kJ/mol} \qquad (3—1—1)$$

由方程式可以看出，反应特点为：可逆、放热、体积缩小的反应，且反应需要催化剂才能以较快的速率进行。

2．反应热效应

氨合成反应的热效应不仅取决于温度，而且还与压力、气体组成有关。

在工业生产中，高压下的气体为非理想气体，反应体系为氢气、氮气、氨气及惰性气体的混合物，气体混合时吸热 ΔH_M，所以实际总反应热效应 ΔH_R 应为反应热 ΔH_F 与混合热 ΔH_M 之和，即：$\Delta H_R=\Delta H_F+\Delta H_M$。实际总反应热效应 ΔH_R 比上述计算值小，即：$\Delta H_R<\Delta H_F$。

二、氨合成热力学分析

1．平衡常数

氨的合成反应在一定条件下达到化学平衡，其平衡常数 K_p 可表示为：

$$K_p=\frac{p^*_{NH_3}}{(p^*_{N_2})^{1/2}(p^*_{H_2})^{3/2}}=\frac{1}{p}\times\frac{y^*_{NH_3}}{(y^*_{N_2})^{1/2}(y^*_{H_2})^{3/2}} \qquad (3—1—2)$$

压力较低时，气体混合物可视为理想气体混合物，化学平衡常数 K_p 仅与温度有关，可用下式计算：

$$\lg K_p=\frac{2\,001.6}{T}-2.691\,1\lg T-5.519\,3\times10^{-5}T+1.848\,9\times10^{-7}T^2+3.684 \qquad (3—1—3)$$

压力较高时，气体混合物为非理想气体混合物，化学平衡常数 K_p 不仅与温度有关，而且与压力、气体组成有关。在 1.01～101.3 MPa 下，化学平衡常数 K_p 可用下式近似计算：

$$\lg K_p=\frac{2\,074.8}{T}-2.494\,3T-\beta T+18\,564\times10^{-7}T^2+I \qquad (3—1—4)$$

式中 β——系数；

I——积分系数。

不同压力下的 β、I 值见表 3—1—3。

表 3—1—3 不同压力下的 β、I 值

压力（MPa）	3.04	5.07	10.13	30.40	60.80
$\beta\times10^5$	3.40	12.56	12.56	12.56	108.56
I	3.015 3	3.084 3	3.107 3	3.200 3	4.053 3

由式（3—1—3）、（3—1—4）可以看出：化学平衡常数 K_p 随着温度的降低而增大；也随着压力的增加而增大。

2. 平衡氨含量及影响因素

在一定条件下，氨的合成反应达到化学平衡时，氨在混合气体中的百分含量称为平衡氨含量，也称为氨的平衡产率。它是在给定条件下，混合气体中氨含量所能达到的最大限度。

若已知反应达到化学平衡时，氨气、氢气、氮气及惰性气体（CH_4+Ar）含量分别为 $y^*_{NH_3}$、$y^*_{H_2}$、$y^*_{N_2}$及 y^*_i，氢氮比为 r，总压力为 p，将各组分的平衡分压代入式（3—1—2）得：

$$\frac{y^*_{NH_3}}{(1-y^*_{NH_3}-y^*_i)^2}=K_p p\times\frac{r^{1.5}}{(r+1)^2} \tag{3—1—5}$$

由上式可以看出：平衡氨含量是温度、压力、氢氮比及惰性气体含量的函数，即平衡氨含量与温度、压力、氢氮比及惰性气体含量有关。

（1）温度和压力

在氢氮比 r、惰性气体一定的条件下，提高压力、降低温度，$K_p p$ 的数值增大、$K_p p\times\frac{r^{1.5}}{(r+1)^2}$也增大，故$\frac{y^*_{NH_3}}{(1-y^*_{NH_3}-y^*_i)^2}$增大，$y^*_{NH_3}$也增大。

当 $r=3$、$y^*_i=0$ 时，式（3—1—5）可简化为：$\frac{y^*_{NH_3}}{(1-y^*_{NH_3})^2}=0.325K_p p$

由此式可以求出 $r=3$、$y^*_i=0$ 时，不同温度、压力下的 $y^*_{NH_3}$数值。

当温度降低、压力升高时，平衡氨含量增加，即有利于氨的生成，这与化学平衡移动原理得出的结果是完全一致的。

（2）氢氮比

由式（3—1—5）可知，氢氮比 r 对平衡氨含量有显著的影响，如果不考虑气体组成对化学平衡常数的影响，当 $r=3$ 时，平衡氨含量 $y^*_{NH_3}$具有最大值；若考虑气体组成对平衡常数的影响时，如图 3—1—2 所示，具有最大平衡氨含量的氢氮比略小于 3，其值随压力而异，为 2.68～2.90。

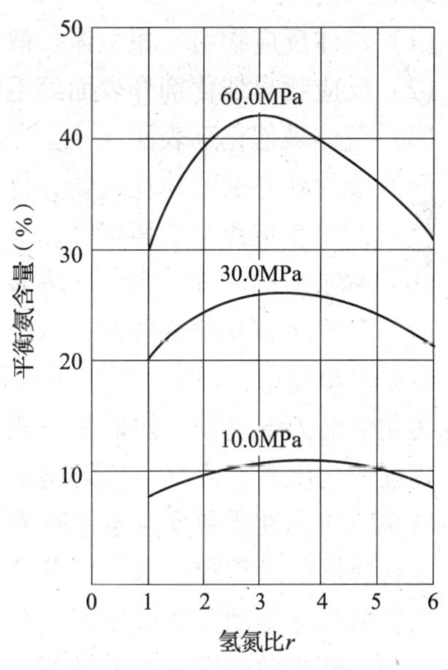

图 3—1—2　500℃时平衡氨含量与氢氮比的关系

（3）惰性气体

惰性气体是指在反应体系中不参加化学反应的气体组分，在氨的合成氢氮混合气中，指的是甲烷和氩气等。在氨的合成总压力不变的条件下，惰性气体的存在，降低了氢氮气的有效分压，即相当于降低了总压力，由压力对化学反应平衡的影响可知，使平衡氨含量下降。如图 3—1—3 所示为压力 30.40 MPa、$r=3$ 时不同温度、惰性气体含量下的平衡氨含量 $y^*_{NH_3}$。

由图可知：平衡氨含量 $y^*_{NH_3}$随惰性气体含量的增加而降低。

综上所述，提高平衡氨含量的措施为提高压力、降低温度和惰性气体含量、保持氢氮比略小于 3。

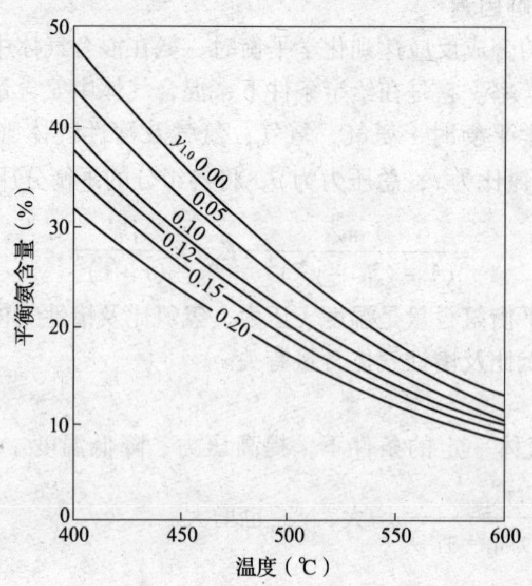

图3—1—3　30.40 MPa、$r=3$ 不同温度、惰性气体含量下的平衡氨含量

三、氨合成动力学分析

1. 氨合成反应机理

氨合成反应过程是典型的气—固相催化反应，气—固相催化反应的机理一般由以下7个步骤组成：

（1）气体反应物由气相主体扩散到催化剂外表面。

（2）反应物自催化剂外表面经毛细孔扩散到催化剂内表面。

（3）气体被催化剂表面（主要是内表面）活性吸附。

（4）吸附状态的气体反应物在催化剂表面上进行化学反应，生成产物。

（5）产物自催化剂表面解吸。

（6）解吸后的产物从催化剂内表面经毛细孔向外表面扩散。

（7）产物由催化剂外表面扩散至气相主体。

在以上步骤中，（1）、（7）为外扩散过程；（2）、（6）为内扩散过程；（3）、（4）、（5）总称为化学动力学过程。如果其中某一步骤进行的速度远慢于其他各步骤，它就决定着整个反应过程的速度。搞清哪一步是速度最慢的控制步骤，对选择生产条件有理论指导意义。这与系统中物质的性质和反应条件有关。

氨合成反应过程和一般气固相催化反应一样，其反应机理与上述步骤相似，是由外扩散、内扩散和化学动力学过程等一系列连续步骤组成。当气流速度相当大、催化剂粒度足够小时，内、外扩散的影响均不显著，此时整个催化反应过程的速率可以认为是纯反应动力学速率，即本征反应动力学速率。

本征反应动力学过程包括吸附、表面化学反应和脱附三个步骤，催化反应的总反应速度为其中最慢的一步所决定。该反应机理认为：氮在催化剂表面上的活性吸附步骤进行得最慢。这就是说氨的合成反应速度是由氮的吸附速率所控制的，是本征反应动力学速率的控制步骤，是决定整个反应速率的关键。

2. 反应速率

影响氨合成反应速率的因素如下：

（1）压力

若氢气、氮气、氨气含量分别为 y_{H_2}、y_{N_2}、y_{NH_3}，总压力为 p，则各气体组分的分压分别为：$p_{H_2}=py_{H_2}$、$p_{N_2}=py_{N_2}$、$p_{NH_3}=py_{NH_3}$，反应速率为：

$$r_{NH_3}=k_1\frac{y_{N_2}\cdot y_{H_2}^{1.5}}{y_{NH_3}}\cdot p^{1.5}=k_2\frac{y_{NH_3}}{y_{H_2}^{1.5}}\cdot p^{-0.5}$$

由上式可见，当温度和气体组成一定时，正反应速率与压力的 1.5 次方成正比，逆反应速率与压力的 0.5 次方成反比，所以提高压力可以加快氨合成的反应速率。另外，对气体反应来说，提高压力就提高了气体的密度，增加了单位体积内反应物质的数量，缩短了分子间的距离，在同样温度下，分子之间碰撞次数增多，使反应速率加快；从氨合成的反应机理得知，氨合成反应速率取决于氮的吸附速率，其反应速率更依赖于氮的分压，可适当提高混合气中氮的含量，达到提高分压的目的，在生产中认为是合理的。

（2）温度

氨合成反应为可逆放热反应，与变换反应相似，温度的变化对化学反应平衡和反应速率的影响是相互矛盾的，因此，存在着最适宜温度。所谓最适宜温度，就是在一定的催化剂、压力及气体组成下，总有一个反应温度使反应系统的反应速率最大，此温度为该条件下的最适宜温度。在最适宜温度下，反应速率最大，气相中氨的含量最高。所以，氨合成反应操作应尽可能使反应温度接近最适宜温度。

由图 3—1—4 可知，平衡曲线 1 是向下倾斜的，说明升高温度对平衡氨含量始终不利；由反应曲线 2 得知，起初在远离平衡的情况下，反应速度是随着温度的升高而增大的，约 525℃时达到最大值，再升高温度，由于受化学反应平衡的影响，反应速率又趋于下降，从反应机理来看，因为这时逆反应速率增加得更快了。

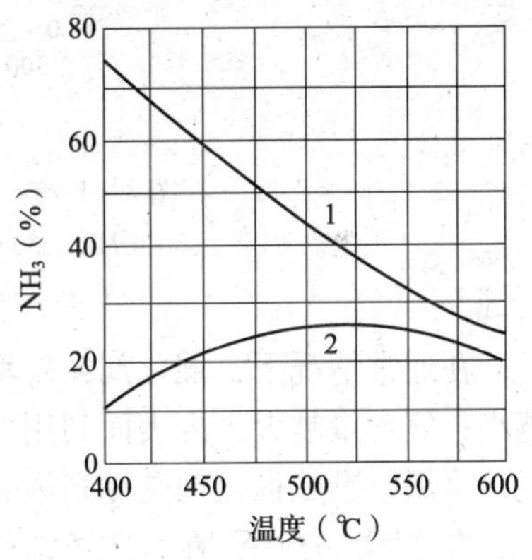

图 3—1—4　氨含量与温度的关系
1—平衡时的情况
2—经过一定时间反应后的情况

（3）氢氮比

如前所述，氨的合成反应达到平衡时，氢氮比 $r=3$，气相中氨含量有最大值。然而氢氮比 $r=3$ 时，反应速率并不是最快的。实践证明，欲保持反应速率最快，反应初期的最佳氢氮比为 1，随着反应进行，氨含量不断增加，则最佳氢氮比也应随之增大，当反应趋于平衡时，最佳氢氮比接近于 3。

（4）惰性气体

由前面的讨论可知：在氨的合成总压不变的条件下，惰性气体的存在，降低了氢氮气的有效分压，即相当于降低了总压力，降低压力就减慢了氨合成的反应速率。因此，降低惰性气体含量，会使反应速率加快，平衡氨含量提高。另外，由式（3—1—5）可推导出，在温度、压力、氢氮比、氨含量一定时，随着惰性气体含量增加，正向反应速率减小，逆向反应速率增加，而总反应速率随着惰性气体含量的增加，反应速率下降。因此，反应速率随着惰性气体含量的降低而增加。

(5) 内扩散

前面讨论的氨合成动力学方程是本征反应动力学方程，也是纯化学动力学方程，并未考虑外扩散和内扩散过程对反应速率的影响，因此，在实际生产中，氨合成速率还需考虑到扩散的阻滞作用。大量的研究工作表明，氨合成塔的操作条件能保证气流与催化剂颗粒外表面传递过程的速率足够快，使外扩散影响可忽略不计，但内扩散阻力却不容忽略，内扩散速率影响氨合成反应速率。

图 3—1—5 所示为压力 30.40 MPa、空间速度 30 000 h^{-1} 条件下，对不同温度及粒度催化剂所测得的出口氨含量。由图 3—1—5 可见，温度低于 380℃时，出口氨含量受粒度影响较小；温度高于 380℃时，温度越高，粒度对出口氨含量影响越显著。这是因为反应速率加快，微孔内生成的氨不易扩散出来，使内扩散阻滞作用增大。

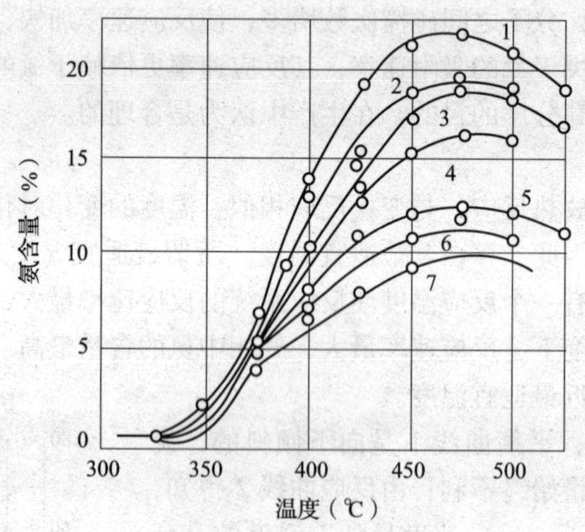

图 3—1—5　不同粒度催化剂出口氨含量与温度的关系

(30.4 MPa、30 000 h^{-1}，1—0.6 mm；2—2.5 mm；3—3.75 mm；4—6.24 mm；5—8.08 mm；6—10.2 mm；7—16.25 mm)

在通常情况下，催化剂粒度增加，内表面利用率大幅度下降；温度越高，内表面利用率越小；氨含量越大，内表面利用率越大，这些因素中影响显著而又便于调整的是催化剂的粒度，采用小颗粒催化剂是提高内表面利用率的有效措施。

在实际生产中，在合成塔结构和催化剂层压力降允许的情况下，应当采用粒度较小的催化剂，以减小内扩散的影响，从而提高催化剂的内表面利用率，加快氨合成的反应速率。但催化剂颗粒过小，压力降增大，且小颗粒催化剂易中毒而失去活性。因此，要根据实际情况，在兼顾其他工艺参数的情况下，应综合考虑催化剂粒度。

四、氨合成过程中影响因素分析及工艺条件选择

氨合成反应为放热、体积缩小的可逆反应，温度、压力及气体组成对反应进行的程度及过程进行的速度有一定的影响。

在工业生产中，氨合成反应进行程度直接取决于各个工艺条件，而氨合成工艺参数的选择要综合考虑到氨净值、反应速度、催化剂使用性能条件、原料及能量消耗等因素，为此，工艺条件的选择具有很强的技术经济性。

1. 压力

在氨合成过程中，合成压力是决定其他工艺条件的前提，是决定生产强度和技术经济指标的主要因素。

从化学平衡和反应速率的角度来看，提高操作压力有利于提高平衡氨含量和氨合成速率，增加装置的生产能力，故氨的合成须在高压下进行。压力越高，反应速率越快，出口氨含量增加，装置生产能力就越大，而且压力高，设备紧凑，流程简单。例如，高压下分离氨只需水冷却即可。但是，高压下反应温度一般较高，催化剂使用寿命短，对设备材质、加工制造要求高。操作压力的选择主要依据是能耗以及包括能量消耗、原料费用、设备投资在内的综合费用，即取决于技术经济效果。

能量消耗主要涉及功的消耗，即原料气的压缩功耗、循环气的压缩功耗和冷冻系统的压缩功耗。如图3—1—6所示为某日产900 t氨合成功耗随压力的变化关系。由图可知：当操作压力在15～30 MPa时，总功耗相差不大且数值较低。提高压力，循环气压缩功耗和氨分离冷冻功耗减小，而原料气压缩功耗却大幅度增加。压力过高，则原料气压缩功耗太大；压力过低，则循环气压缩功耗、氨分离冷冻功耗又太高。

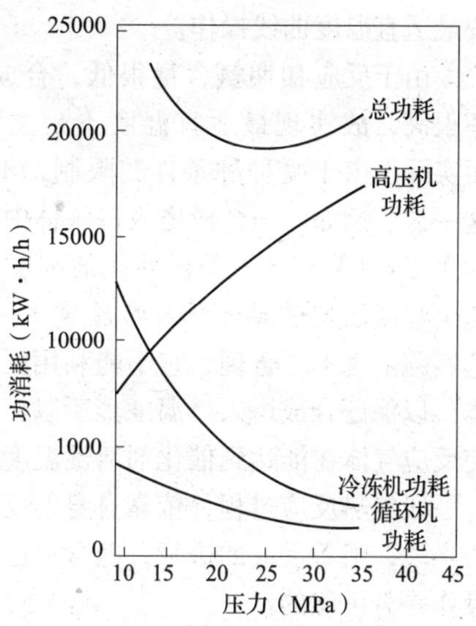

图3—1—6 操作压力与功耗的关系图

实践表明：合成压力为13～30 MPa是比较经济的。

目前，我国中小型合成氨厂生产中采用往复式压缩机，氨合成的操作压力一般在30～32 MPa；大型合成氨厂采用蒸汽透平驱动的高压离心式压缩机，操作压力为15～24 MPa。随着氨合成技术的进步，采用低压力降的径向合成塔，装填高活性的催化剂，都会有效地提高氨合成率，降低循环机功耗，可使操作压力降至10～15 MPa。

2. 温度

氨合成反应是可逆放热反应，所以降低反应温度有利于平衡向生成氨的方向进行，反应温度取决于所使用的催化剂及合成塔的结构。但反应速度则随温度降低而变慢，和变换反应一样，氨合成反应存在一个最适宜温度 T_m，最适宜温度 T_m 与平衡温度 T_e 及正、逆反应活化能 E_1、E_2 的关系为：

$$T_m = \frac{T_e}{1 + \frac{RT_e}{E_2 - E_1}\ln\frac{E_2}{E_1}}$$

从基本原理已知，在其他条件一定时，气体组成改变，最适宜温度也会改变。即随着反应的进行，催化剂床层不同区间的气体组成不同（如气体中的氨含量不断增加），则对应有不同的最适宜温度，将不同气体组成下的最适宜温度点连成的曲线称为最适宜温度曲线。图3—1—7所示为氢氮比等于3、压力为30.4 MPa、惰性气体含量为15%时，A106型催化剂的平衡曲线与最适宜温度的关系。在一定的压力下，氨含量提高，相应的平衡温度与最适温度下降。

在系统中，只要催化剂的活性不变，E_1和E_2一定，T_m与T_e之间的相对关系就不会改变，压力、气体组成等都不影响最适宜温度与平衡温度之间的相对关系。

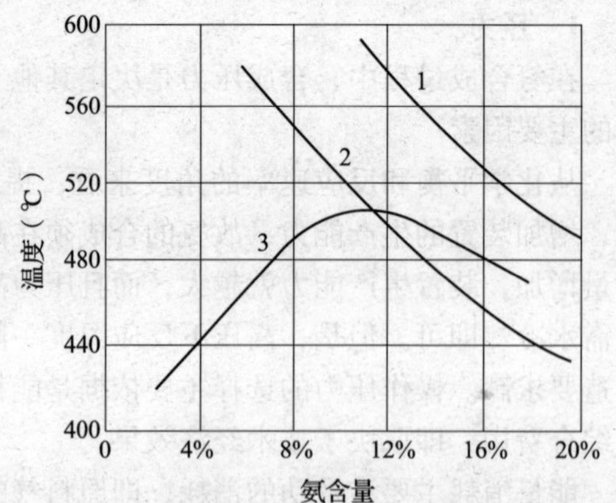

图 3—1—7　温度曲线

1—平衡温度曲线　2—最适宜温度曲线

3—三套管式合成塔催化剂层温度分布曲线

从理论上看：氨合成反应按最适宜温度曲线进行，反应速率最快，催化剂用量最少、氨合成率（是指参加反应的氢氮量占反应前氢氮量的百分数）最高，生产能力最大。但是实际生产中，受条件的限制，不可能完全按最适宜温度曲线操作。

由于反应初期氨含量很低，合成反应速率很高，故实现最适宜温度不是主要问题，而实际上由于受种种条件的限制，不能做到这一点。例如，当合成塔入口气体中氨含量为4%时，由图 3—1—7 可知，相应的最适宜温度大于600℃，也就是说催化剂床层入口温度应高于600℃，之后床层轴向温度逐渐下降，这个温度已超过催化剂耐热温度（一般为550℃左右）。此外，温度分布递降的反应器在工艺实施上也不尽合理，它不能利用反应热使反应过程自发进行，需另加高温热源预热反应气体，以保证合成塔入口温度。所以，在催化剂床层的前半段不可能按最适宜温度操作，而是使反应气体在能达到催化剂活性温度的前提下（一般为 350 ~ 380℃）进入催化剂层，先进行一段绝热反应过程，依靠自身的反应热升高温度，以达到最适宜温度。而在催化剂床层的后半段，随着反应的进行，氨含量已经比较高，移走反应热，使反应温度按最适宜温度曲线操作是有可能的。

在工业生产中，应严格控制催化剂床层的两点温度，即床层入口温度（零米温度）和热点温度。床层入口温度应等于或略高于催化剂活性温度的下限，热点温度应小于或等于催化剂使用温度的上限。提高床层入口温度和热点温度，可使反应过程较好地接近最适宜温度曲线。生产中，在催化剂使用后期，由于催化剂活性下降，应适当提高操作温度。氨合成操作温度应视催化剂型号而定，一般控制在 400 ~ 500℃。

3. 空间速度

氨合成反应在催化剂颗粒表面进行，气体中氨含量与气体和催化剂表面接触时间有关。当反应温度、压力、入塔气组成一定时，对于既定结构的合成塔，增加空间速度也就是加快气体通过催化剂床层的速率，气体与催化剂表面接触时间缩短，使出塔气中的氨含量降低；但催化剂床层中对于一定位置的氨平衡浓度与气体中实际氨含量的差值增大，即氨合成反应速率相应增大。由于氨净值（是指合成塔进出口氨含量之差）降低的程度比空间速度的增大倍数要少，所以当空间速度增加时，氨合成的生产强度（是指单位时间内、单位体积催化剂上生成氨的量）有所提高，即氨的产量有所增加。当气体中氢氮比为 3∶1、不含氨和惰性气体时，在压力为 30.4 MPa、500℃的等温反应器中反应，空间速度与出口氨含量和生产强度的关系见表 3—1—4。

表 3—1—4　空间速度与出口氨含量和生产强度的关系

空间速度（h^{-1}）	1×10^4	2×10^4	3×10^4	4×10^4
出口氨含量（%）	21.70	19.02	17.33	16.07
生产强度［kg/（m^3·h）］	1 350	2 417	3 370	4 160

实际生产中空间速度也不能太大，否则会带来一系列问题：

（1）提高空间速度，意味着循环气量的增加，使整个系统阻力增大，使得压缩机循环段功耗增加。

（2）出口氨含量降低，分离液氨对温度的要求就高，也即需要降低分离冷冻温度，而且由于循环气量的增加，冰机的负荷也要加大。

（3）合成氨反应是放热反应，依靠反应热来维持床层温度。那么，若空间速度增大，单位体积气体产生的反应热随着氨净值的下降而减少。空间速度过大，催化剂温度就难以维持，合成塔不能维持自热则可能在不启用加热炉的情况下使温度垮掉。

（4）另外，从热回收角度讲，热利用价值也减少，以至影响整个热平衡。

一般地讲，氨合成操作压力高，反应速率快，空间速度可高一些；反之可低一些。例如，中小型合成氨厂，30 MPa 左右的中压法合成氨空间速度在 20 000 ~ 30 000 h^{-1}；大型合成氨厂，15 MPa 的轴向冷激式合成塔，为充分利用反应热、降低功耗并延长催化剂使用寿命，通常采用较低的空间速度，空间速度为 10 000 h^{-1}。

4. 入塔气组成

合成塔进口原料气组成包括氨含量、惰性气体含量及氢氮气含量等方面。入塔气组成对合成反应有很大的影响。

（1）氢氮比

由前面的讨论可知：从化学热力学角度分析，当氢氮比 r 为 3 时，平衡氨含量最大；从化学动力学角度分析，最适宜氢氮比 r 随着反应的进行，将不断增大。由反应初期氢氮比 r 为 1，逐渐增加到反应接近化学平衡时，氢氮比接近于 3，反应速率为最快。这势必要在反应时不断补充氢气，在生产上难以实现。实践表明：控制进塔气体中氢氮比略低于 3，一般氢氮比 r 为 2.8 ~ 2.9 比较合适。而对含钴催化剂，氢氮比在 2.2 左右。由于氨合成时氢氮比是按 3:1 消耗的，若忽略氢和氮在液氨中溶解的损失，混合气中的氢氮比将随反应进行而不断减少，若维持氢氮比不变，新鲜气中的氢氮比应控制在 3，否则循环系统中多余的氢或氮会积累起来，造成氢氮比失调，使操作条件恶化。

（2）惰性气体的含量

惰性气体（CH_4、Ar）来自新鲜气，而新鲜气中惰性气体的含量随所用原料和气体净化方法的不同相差很大。惰性气体的存在，对氨的合成反应平衡氨含量和反应速率都是不利的。由于氨合成过程中未反应的氢氮混合气需返回氨合成塔循环利用，而液氨产品仅能溶解少量惰性气体，因此，惰性气体在系统中积累。随着反应的进行，循环气中惰性气体的量就会越来越多，为保持循环气中一定的惰性气体含量，目前生产中主要靠放空气量控制。但是，维持过低的惰性气体含量又需大量排放循环气，而损失氢氮气，导致原料气消耗量增加。因此，控制循环气中惰性气体含量过高或过低都是不利的。

循环气中惰性气体含量的控制，还与操作压力和催化剂活性有关。操作压力较高、催化剂活性较好时，惰性气体含量易控制得高些，以降低原料气消耗量，同时也能获得较高的氨合成率。相反，循环气中惰性气体含量就应该控制得低些。一般控制在12% ~20%。

另外，调节惰性气体含量可以改变催化剂床的温度分布和系统总压力，当转化率过高而使合成塔出口温度过高时，提高惰性气体含量可以解决温度过高的问题。此外，在系统给定压力下操作，为了维持一定的产量，必须确定合适的惰性气体含量，从而选择合适的排放量。

(3) 入塔氨含量

在其他条件一定时，入塔气体中氨含量越低，氨净值就越大，反应速率越快，生产能力就越高。目前一般采用冷凝法分离氨，入塔氨含量与系统压力和冷凝温度有关。要降低进入合成塔混合气体中的氨含量，需消耗大量冷冻量，增加冷冻功耗。因此，过低降低冷凝温度而增加氨冷负荷，在经济上并不可取。

入塔氨含量的控制还与合成操作压力有关。压力高，氨合成反应速率快，入塔氨含量可控制得高些；压力低，为保持一定的反应速率，入塔氨含量应控制得低些。在工业生产中，当操作压力在30 MPa左右时，入塔氨含量一般控制在3.2% ~3.8%；而当操作压力为15 ~20 MPa时，入塔氨含量则控制在2% ~3%。若采用水吸收法分离氨，入塔氨含量可控制在0.5%以下。

思考与练习

1. 影响化学反应速率的因素有哪些？温度影响化学反应速度有何规律？
2. 通过哪些途径可以提高化学反应的效果？
3. 影响工艺过程生产能力的因素有哪些？
4. 从化学平衡移动的原理定性分析确定有利于氨合成的工艺条件的原则。
5. 温度、压力、空间速度（停留时间）、原料配比对化学反应过程的影响各有什么共同的规律？应根据什么原则来选择温度、压力、空间速度和原料配比的最佳控制范围？
6. 试分析温度、压力等对氨合成反应速率的影响。
7. 试分析压力、温度及入塔气体组成的选择。

任务2　化工生产工艺条件控制与调节

学习目标

掌握温度、压力、流量、原料配比等工艺条件的控制与调节知识，能够对化工生产过程中的温度、压力、流量、原料配比等工艺条件进行控制与调节。

任务引入

对于化工装置来说，当工艺过程、生产方法确定之后，其工艺条件也就基本确定了。而对于从事一线生产的操作者来说，就是要严格控制和调节各类工艺参数，使之达到安全、平稳、经济的要求。因此，工艺条件的控制与调节是生产一线操作人员必须掌握的技术，请以氨合成装置为例，说明氨合成工艺条件的控制与调节方法。

任务分析

在化工生产过程中，工艺条件控制与调节的目的在于保证化工装备平稳运行，从而使生产过程稳定，多出合格产品。在过程控制上必须做到物料平衡，保证质量，并考虑设备的各种约束条件，使生产过程控制在平稳和充分发挥设备潜力的基础上，以最少的能量消耗，获得最多的合格产品。要解决氨合成工艺条件的控制与调节方法，首先要掌握化工过程的控制原理、各工艺参数的控制与调节方法、典型化工单元的工艺控制与调节。

相关知识

一、化工生产过程操作控制与调节

1. 主要控制点和控制范围

(1) 主要控制点

一个产品生产的工艺流程中，都要明确规定主要工艺控制点。主要工艺控制点包括以下内容：

1）分类。包括温度控制点、压力控制点、流量控制点和液面控制点等。

2）测量仪表。所用测量仪表的型号、精度；一次仪表所在现场的工艺位置；二次仪表在仪表盘上的位置。

3）控制方法。包括测量指示、测量记录、给定自调、自动控制、控制阀的位置、仪表自控、自调装置的位置及操作。

(2) 控制范围

控制范围就是主要工艺参数的控制范围。

(3) 工艺操作规程

工艺操作规程主要是保证产品质量的有关设备操作及设备参数的控制与调整。其主要内容包括：

1）装置概况。生产规模、能力、建成的时间和历年改造情况。

2）原理与流程。该装置的生产原理与工艺流程描述。

3）工艺指标。包括原料指标，半成品、成品指标，公用工程指标，主要操作条件，原材料消耗、公用工程消耗及能耗指标。

4）生产流程图。包括工艺原则流程图、工艺管线和仪表控制图、工艺流程图说明。流程图的画法及图样中的图形符号应符合国家标准或行业标准的规定。

5）装置的平面布置图。必须标出危险点、报警器、灭火器位置。必要时可单独画出危险点、报警器、灭火器位置图。

6）设备、仪表明细。将设备、仪表分类列表，注明名称、代号、规格型号、主要设计性能参数等。

2. 工艺操作控制与调节

操作人员根据工艺操作规程所规定的控制点以及主要的工艺操作参数（温度、压力、流量和液位）的操作控制，实现合格产品的生产。操作人员的操作控制一般要分为 3 个方面：

(1) 观察仪表所显示的参数。

(2) 把观察到的参数的值与工艺操作规程所规定的范围进行对比，判断是否正常，是否需要变更操作条件。

(3) 根据以上对比，判断、决定进行实际操作控制，通过加热或冷却，开启或关小阀门，提高或降低液位，来实现对工艺过程的控制。

对于主要依靠人工来改变操作条件的操作控制，设备上就要设置大型的储槽，来克服瞬时条件改变对产品质量影响及稳定生产的作用，这样的生产是低效率的，设备投资也较浪费。

人们在不断的调节实践中体会到，人工调节受到生理上的限制，满足不了大型现代化生产的要求。如果能用一些仪表或装置代替操作人员自动地完成操作任务，不仅可以大大减轻操作人员的劳动强度，而且能大大提高调节速度和准确性，这些代替人的眼、脑、手的仪表就是测量变送器、调节器和执行器。

测量变送器的作用是测量实际温度（或其他物理量），并将其转换成统一的标准信号。

调节器接收变送器送来的温度信号，与事先设定的希望温度值进行比较得出偏差，然后按照一定的运算规律进行运算，并将运算得出的调节命令用统一标准信号发送出去。

执行器通常指自动调节阀，它和普通阀门（手动阀门）功能一样，只不过它能自动地根据调节器送来的调节命令改变阀门的开度。

二、反应条件的控制

1. 反应温度的控制

温度是化工生产中既普遍而又重要的操作参数。在许多的化学反应过程中，温度的测量与控制是保证反应过程稳定与安全进行的重要手段。

在催化剂确定的情况下，反应温度指标是确定的，但是反应温度能否稳定在工艺指标下操作，主要受进料的温度、流量、加热介质或移热介质的流量和温度、反应器的结构形式和使用状态的影响。

反应温度的控制取决于进料流量、进料组成、换热介质的状态等。

2. 反应压力的控制

压力既是生产过程中的重要参数，又是安全生产控制的关键。

常压反应，在反应器或连同反应器一起的产物冷却器的最高点均设有放空阀，该放空阀在正常反应过程中是打开的，绝对不允许关闭。

负压操作下的反应，真空度的大小主要靠真空设备来控制。真空机械前有一缓冲罐，靠罐顶放空阀调节。

加压操作下的反应，压力的大小靠压缩机的回流管线上的回流阀调节或者缓冲罐顶的放空阀调节。

3. 原料配比的控制

确定了原料配比之后，应该采用正确的控制方法。如液相物料的流量或配比的控制，一般采用离心泵、计量罐、液位计三位一体的控制；也可采用计量泵直接计量。首先用离心泵将料罐中的料液打入高位计量槽，然后通过现场液位计或远程指示液位计对其进行计量，放入反应器中，这类计量只适应于间歇反应过程；对于采用计量泵计量的过程，可以适应于连续反应过程。对于气体物料的计量，一般采用气动阀或电动阀自动调节。自动阀前后均设截止阀，另外还有旁通阀。开车时，前后截止阀均打开，旁通阀关闭，并将“自动”调节调至“手动”调节，当流量指标数值接近于“设定”值时，再调至“自动”调节。

4. 空间速度的控制

空间速度的大小与所使用的催化剂有很大的关系，不同的催化剂有不同的空间速度数值。

同一催化剂在不同的使用阶段采用不同的空间速度。空间速度的控制一般用孔板流量计、文丘里流量计。实际空间速度控制过程中还要参考反应温度、反应后产物的组成、反应的压力降及催化剂使用时间等。

5. 原料纯度的控制

原料纯度是根据化学反应对原料要求进行控制的，其纯度是否符合要求由原料来源确定。进入装置的原料纯度必须符合工艺要求，不符合时必须拒收或进行预处理，若需要精馏、吸收等复杂操作处理才能符合要求的原料，一般是不能接收的；对于经过简单吸附、干燥、非均相分离等操作处理后能满足要求的原料可以接收；但必须用这些简单的预处理过程进行处理后，才能进行配料，进入反应装置。

三、典型化工单元的控制与调节

化工生产过程是由许多化工单元的设备和装置组成的。为了更好地学习化工生产过程控制的知识，按照化学工程的内在机理并结合典型化工生产单元操作，通过实例来学习其过程控制与调节技术。

1. 流体输送设备的控制与调节

在化工生产中，为了连续生产，各种物料往往在连续流动的状态下进行反应、分离等操作。要克服流体在管道内运动时的阻力和设备的位差、压差，就需要有泵和压缩机等流体输送设备。

机、泵设备主要是控制流量、压力以及为了保护设备本身不被损坏，此外还要注意，尽管液体与气体同属流体，但因特性上的某些差异，在控制上有许多不同之处。例如，液体是不可压缩的，气体是可以压缩的。因此，在计量流量时，对于气体流量应注意温度、压力的校正。

（1）离心泵的流量控制

离心泵是化工厂中使用最广泛的输送机械之一，它的压头是由旋转叶轮作用于液体的离心力而产生，转速越高，则离心力越大，压头越高。

下面介绍几种常用的离心泵流量调节方法。

1）改变调节阀开启度，直接节流的方法。这种方法在泵的出口管路上安装自动调节阀，借助于阀开度的改变而使流量得到改变。此法不宜使用在低于正常排出量的30%以下，因为此时效率太低，不经济，有时会导致憋压过高，造成密封填料的泄漏。因此，在某些场合不宜使用这种调节方法。

2）用旁路阀调节。用旁路阀调节即用改变旁路阀开启度的方法来调节实际排出量。经旁路返回泵体，从泵得到的能量完全消耗在调节阀上，所以这种方法总的效率低。但它的优点是安装方便，所选用的调节阀口径较小，因此，在实际生产中仍然有使用的场合。

3）采用离心泵的调速控制。即改变泵的转速，从而改变流量特性曲线的形态。

(2) 往复泵及直接位移式旋转泵的控制

属于这种性质的泵有活塞泵、柱塞泵、齿轮泵等。因为运动部件与机壳之间的空隙很小，液体不能在缝隙中流动。往复泵排量的大小取决于冲程的大小及往复的次数；而如齿轮泵等旋转泵，则仅取决于转速，而与出口管线的阻力无关，因此，不能在出口管线上用节流的方法调节流量。一旦将出口阀关闭，将产生泵损、机毁的危险。

往复泵的调节方法主要有以下几种：

1）改变原动机的转速。

2）改变往复泵的冲程。

3）在泵的出口与入口处连接旁路，改变旁路阀的开度以调节流量，与离心泵调旁路的方法相类似，但需保证两阀不能同时关闭。

4）利用旁路调节稳定压力，利用节流阀来调节流量。由于压力和流量两系统之间是相互关联的，因此，需注意两个调节器的参数整定值，把它们的振荡周期错开。

(3) 离心式压缩机的控制

作为气体输送设备，有离心式压缩机与往复式压缩机两大类。不论是哪一种压缩机，在作为输送气体的设备时，它与输送液体的泵相比，当被调参数同为流量或压力时，其调节方法有许多相似之处。

1）节流调节。节流调节即在离心式压缩机的出口或入口处安装调节阀、蝶阀等节流装置，调节气量。

2）旁路调节。这与调节液体流量相似。但需注意，当经多级压缩以后，出口压力与入口压力的压缩比已很大时，不宜从末段至第一段入口直接旁路，这样能量消耗过大，阀内件在高压差下的磨损也太大。宜采用分段旁路，或增设降压消音装置。

3）调速或对往复式压缩机改变冲程等方法。

4）离心式压缩机是一个重要的气体输送设备，为了保证压缩机能够在工艺所要求的工况下安全进行，必须配备一系列自控系统。一台大型离心式压缩机通常有下列调节系统：

①气量调节系统，即负荷调节系统，一般对原动机——汽轮机实现调速，要求汽轮机的转速有一定的可调范围，以满足压缩机气量调节的需要。

②防喘振控制系统，因为喘振是离心式压缩机的固有特性，喘振会使压缩机有损坏的危险性。

③压缩机的油系统，如密封油、控制器、润滑油等控制系统。

④主轴振动、位移指示及保护系统。

2. 传热设备的控制与调节

在化工生产中，许多单元操作，如蒸馏、干燥、蒸发、结晶等需要根据具体的工艺要求，对物料进行加热或冷却，来维持一定的温度；对于化学反应器来讲，为了使反应能达到预定要求，更需要严格控制一定的反应温度，这也得靠冷却或加热才能实现。因此，传热过程是化工生产过程中极其重要的组成部分，对传热设备的控制就显得十分重要。

工业上用以实现传热目的的设备通称传热设备，其种类很多，这里仅对化工中普遍采用的热交换器做一些介绍。

热交换器是传热设备的一种，温度不同的两种物料在热交换器内相互进行热量交换，热的物料把热量传给冷的物料，从而使物料达到所要求的温度值或使物料改变其状态或回收热量，以满足工业生产的要求。由于进行换热的目的不同，被调参数也不同。在多数情况下，选取温度作为被调参数。而对于调节器的选型，多数采用 PID 调节器。因为传热对象是分布参数系统，可近似看成具有纯滞后的多容对象，所以在安装测温元件时，需注意安装的位置和方法，使测量滞后减小到最小。如加保护管，它将增加滞后，但在多数场合中，基于考虑安全和维修的原因，不得不采用。此时，必须尽量消除测温元件与保护管之间的任何气隙，以下就几种情况分别讨论。

（1）无相变热交换器的自动调节

按热交换器两侧流体流动方向的区别，可分为逆流热交换器、并流热交换器和多管路式热交换器三类。属于这类热交换器的有冷却器、预热器、过热器等。

一个热交换器要涉及两种流体，它们的温度分布从入口到出口都是有变化的。现在考虑一个一般的情况，假定两种流体之间的传热是在没有相变的情况下进行的，如图 3—2—1 所示。

和传热有关的一些特性是非线性的。甚至在最有利的条件下，用改变流量的方法进行温度控制，也达不到理想要求。同时，流体中可能含有杂质，把它加以节流就有可能导致沉淀物的聚积，使传热面受到沾污。此外，改变流量也会通过纯滞后的变化使回路增加改变。如果除了改变流量以外没有别的方法可想，那么就应选择一个具有等百分比特性的调节阀。

对于其温度需严格加以控制的流体，可以把它的一部分从热交换器旁通过去，如图 3—2—2 所示，它并不改变线性度，但可减少响应时间。此外，采用旁通调节后，从阀位改变到出口温度做出响应，这中间的延迟时间缩短了。

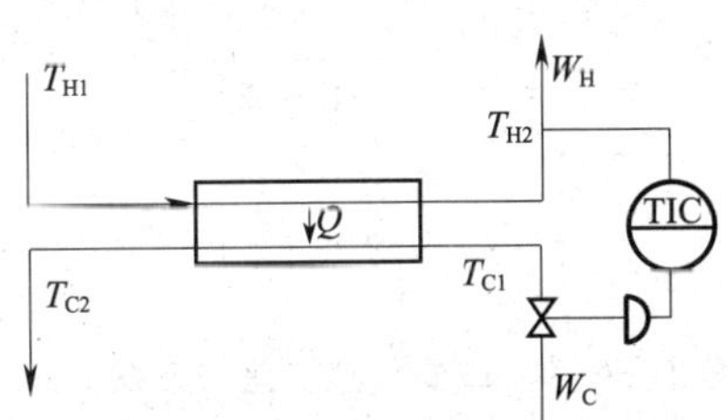

图 3—2—1　冷热液体在逆流下传热

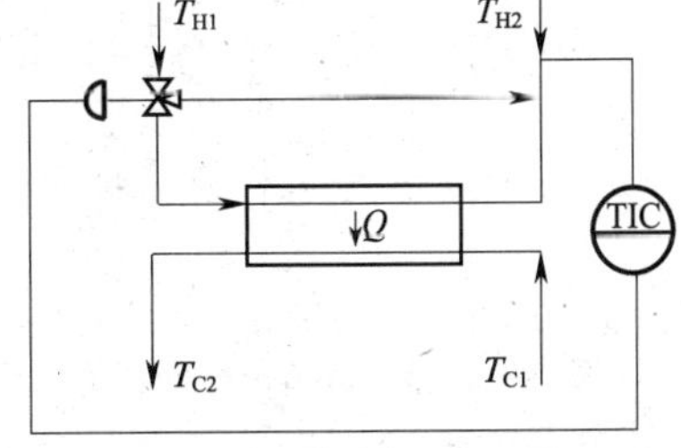

图 3—2—2　热交换器的旁路控制

（2）一侧有相变热交换器的调节

一侧有相变的热交换器有三类：一类是利用热载体冷却时释放的汽化潜热，来加热工艺介质；另一类是利用液化的气体汽化时吸收热量，使工艺介质获得低温；第三类是使用工艺流体或专用热载体加热的再沸器。

1）以热载体冷凝的热交换器的调节方法。在多数情况下，调节热载体的流量（常用的热载体是蒸汽）维持被加热介质温度恒定。一种方法是将调节阀装在蒸汽管道上，如图 3—

2—3 所示，这是调节热交换器的传热温差；另一种方法如图 3—2—4 所示，这是改变热交换器传热面积的一种调节方法。

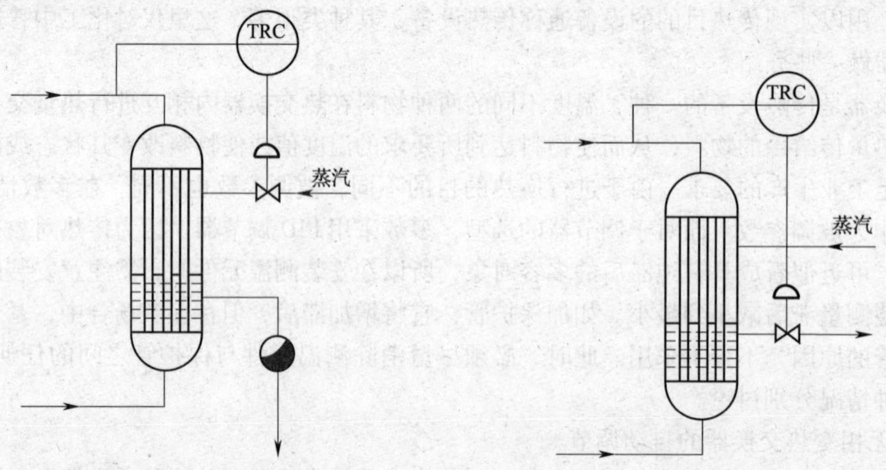

图 3—2—3 调节传热温差的方案　　图 3—2—4 改变热交换器传热面积的方案

2）以冷剂汽化的冷却器的温度调节。这种冷却器的温度调节也有两种方法，即控制汽化温度，也即控制冷却器的传热温差方法以及控制冷却器的传热面积的方法。图 3—2—5 所示为改变传热面积的一种方法。图 3—2—6 所示为改变传热温差的一种方法。

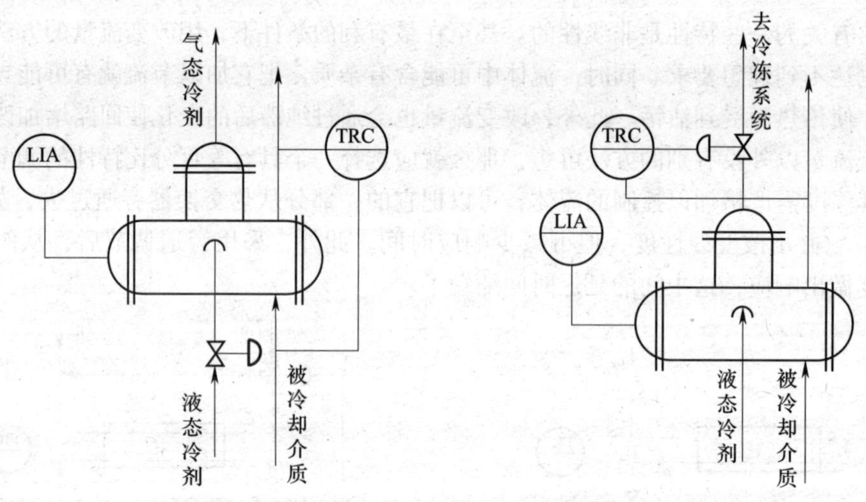

图 3—2—5 调节传热面积方案图　　图 3—2—6 改变传热温差的方案

3）使用工艺流体或专用热载体的再沸器的调节。在炼油和化工生产中，有时采用高温的工艺流体作为再沸器的热载体，有时设有专用的热载体系统，用加热炉将流体升温至需要的温度，然后用泵分别通至各个再沸器、加热器使用。采用这种热载体系统，由于有温度及压力调节系统，所以具有温度、压力稳定并易于控制等优点。最常用的调节方法是在热载体管线上安装调节阀或三通调节阀。

（3）两侧有相变热交换器的调节

两侧有相变的热交换器有再沸器及用蒸汽加热的蒸发器等。与前面讨论过的一侧有相变热交换器的调节相类似，其调节方法是改变加热蒸汽的冷却温度，即改变传热温差的方法

（调节阀装在蒸汽管线上）及改变传热面积的方法（调节阀装在冷凝水管道上）。这种方法的控制流程图如图 3—2—7 和图 3—2—8 所示。

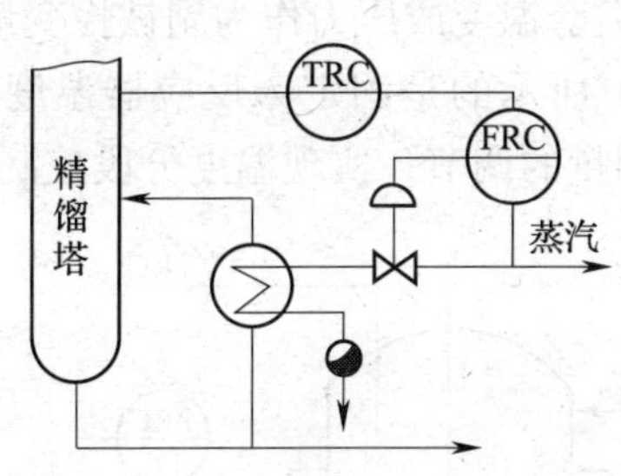

图 3—2—7　调节阀装在蒸汽管线上

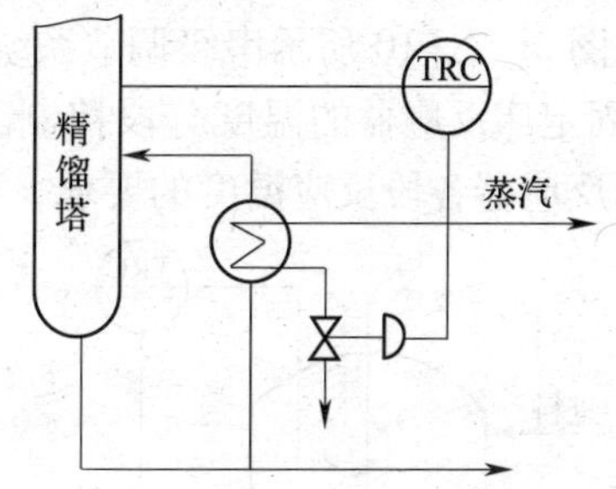

图 3—2—8　调节阀装在冷凝水管线上

3. 化学反应器的控制

化学反应的作用是使几种物料经过化学变化生成一种或多种产品。化学反应器是化工生产中的重要设备之一，它通常是整个生产过程的核心，化学反应器自动控制的基本要求是使化学反应能在符合预定的条件下自动地进行。

化学反应过程具有下列一些特点：化学反应遵循物质守恒和能量守恒定律，反应前后物料应平衡，总的热量也应平衡；反应严格地按反应方程式所示的物质的量比例进行；在化学反应过程中，除发生化学变化外，还发生相应的物理变化，其中比较重要的有热量和体积的变化；反应需在一定的温度、压力或者催化剂存在等条件下才能进行。

不少化学反应都是可逆反应。当正向反应速度和逆向反应速度相等时，就存在着一个使反应停滞不前的平衡状态，这个平衡点决定了有多少反应物能转化为生成物，而且也确定了什么样的条件将有利于转化。

影响化学平衡的主要因素有浓度、压力、温度、催化剂等。由于反应速度是与化学平衡有联系的一个参数，因而影响反应速度的因素与化学平衡相似，有反应物的浓度、生成物的浓度、反应温度、反应压力、催化剂的活性等。因为化学反应都伴随着热量的变化，所以反应温度对反应速度的影响最大。

化学反应是化工生产中一个比较复杂的单元，由于反应的种类繁多，只从反应物料来说，就有可能是气体、液体或固体。它们的特性差异甚远，反应的条件——温度、压力、催化剂也各不相同，反应的速度有快有慢，有的吸热，有的放热。因而与此相应地就出现了各种类型的反应器，自然对这些反应器的控制方法也就不可能是相同的。但对各种类型反应器的控制方法进行归纳分析，大致如下。

（1）选择一个合适的控制指标，保证反应器的正常运行

要控制各类化学反应的进行，自然会想到选用反应的转化率或产品的成分作为直接控制指标。但当前常常找不到这样反应灵敏、分析可靠的分析器，因而在大多数情况下都是用反应温度作为间接被控变量。因为控制住了反应温度，不但控制住了反应速度，而且能保持反应的热平衡，还可以避免催化剂在高温下老化及烧坏，因而反应温度一般都是反应器最重要的控制变量。

1）聚合釜反应温度的控制。如图 3—2—9 所示是单回路的温度调节系统，通过控制冷却介质的流量变化稳定反应温度。冷却介质流量相对较小，釜温与冷却介质温差比较大，当

内部温度不均匀时，易造成局部过热或局部过冷。

上述温度控制系统滞后时间长，对反应温度控制质量有很大影响，为了提高控制质量，可以采用图 3—2—10 所示串级调节系统。也可以选用夹套温度或压力作为副被控变量。

2）固定床反应器的温度分段控制。如图 3—2—11 所示的是固定床反应器温度分段控制，根据反应器各段反应温度的要求，分别进行冷却剂量的调节，实现温度分段控制。

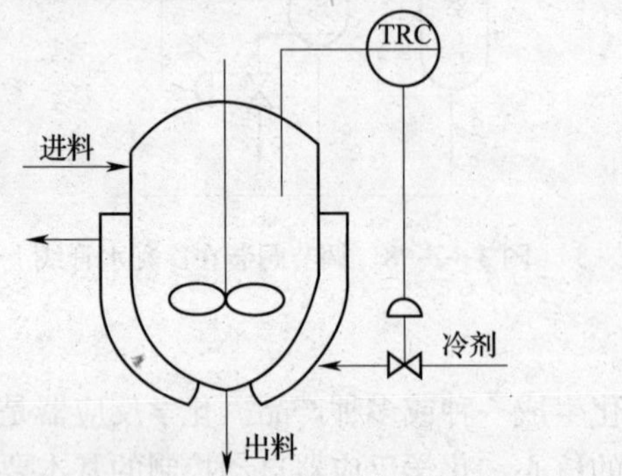

图 3—2—9 单回路的温度调节系统

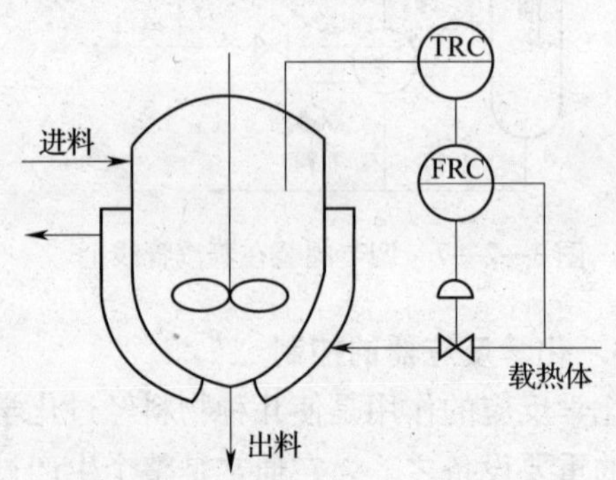

图 3—2—10 反应器的串级调节系统

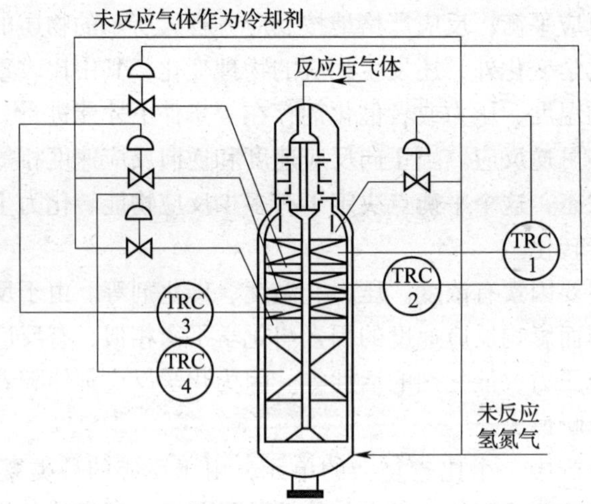

图 3—2—11 固定床反应器温度分段控制

（2）物料平衡的控制

为了使反应器的操作能够正常进行，必须使反应器系统运行过程中保持物料平衡。反应器的进料一般都设有流量控制，这样除了能保持物料平衡外，还能保持反应所需的停留时间，并使反应器负荷稳定。若要保持反应在最佳条件下进行，反应物的流量有的还需设置比值控制，有的对出料量也加以控制，以保持反应压力恒定。为了防止惰性气体的积聚，还需要定时地排放，以保证反应的正常进行。

（3）物料有循环时的控制方法

当反应转化率低，反应物料必须循环时，要获得进入反应器的各物料的比值关系，就不能简单地用新鲜物料的流量比值控制，这是因为循环物料的存在，使进入反应器的总混合物中的各组分比值并不等于新鲜物料的比值，因此要采用如图 3—2—12 所示的控制方法。进口总物料量恒定由循环量来保证。物料采用自身流量稳定调节，反应器进口物料的配比由分析器分析组分 A 的含量后，调节 A 的流量来保证，这样既控制了总的进入物料量，又保证了反应器进口处组分 A 和 B 的比例。

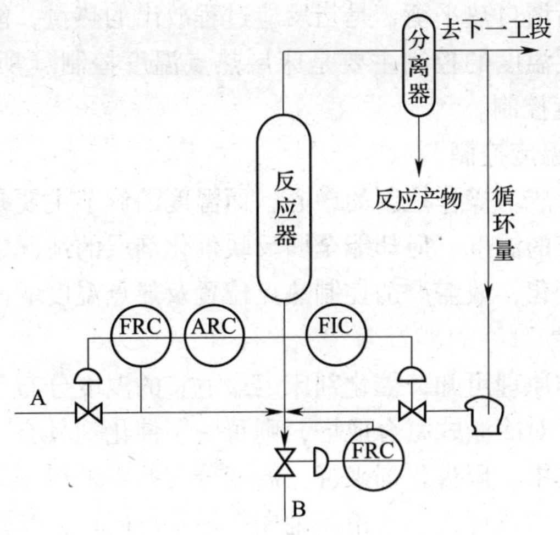

图 3—2—12　物料有循环时控制

如果循环物料不允许控制，可改为进口总流量恒定由调节物料 B 保证，组分由物料 A 的量调节保证。

任务实施

学生分组讨论，了解氨合成工艺条件及其控制与调节方法。根据年产 30 万吨合成氨仿真软件的工艺流程，完成各工艺参数控制内容，见表 3—2—1，并指出年产 30 万吨合成氨仿真软件中各主要工艺参数的控制方法。

表 3—2—1　　　　工艺参数控制内容

内容 参数	测量仪表	工艺位置	控制范围	控制方式	仪表的位置	备注
合成温度						
合成压力						
塔差压						
新鲜气流量						
氢氮比						

在年产 30 万吨合成氨仿真软件上对以下工艺条件进行控制与调节，并反复进行训练，以达到熟练掌握工艺条件控制与调节的目的，具体实施过程如下：

氨合成塔生产操作条件的控制，最终目的是在安全生产的前提下，稳产高产、节能降耗，提高设备的生产能力。

氨合成塔中的反应过程比较复杂，要使过程连续稳定进行，在正常生产中，必须控制好：催化剂床层温度、压力、循环气量和气体成分等，这是氨合成塔操作稳定的关键。

一、催化剂床层温度的控制

氨的合成是放热反应，必须维持塔内自热平衡，并使床层温度分布在催化剂的活性范围内且温度分布合理等。所谓自热平衡，是指反应过程放出的热量，能够满足反应前预热气体所需要的热量。催化剂层温度的控制主要是床层热点温度控制（所谓热点是指催化剂层温度最高的点）和入口温度控制。

1. 催化剂床层热点温度控制

催化剂床层温度是合成塔操作控制的中心，而温度的调节主要是指热点温度。热点温度虽然只是催化剂床层一点的温度，但却能全面反映催化剂层的情况，催化剂其他部位的温度随热点温度改变而相应变化，故需严加控制热点位置及热点温度的高低。

（1）热点温度的位置

由氨合成反应的基本原理可知，催化剂床层最适宜的温度分布是先高后低，即热点位置应在催化剂床层的上部。对冷激式氨合成塔，则每一层催化剂具有一个热点，其位置在催化剂层的下部。显然，就其中一层催化剂来说，温度分布并不理想，只是把多层催化剂组合起来，方能显示出温度分布的合理性。不论是轴向塔还是径向塔，其热点的位置并不是固定不变的，而是随着塔负荷、空间速度和催化剂的运行时间积累而发生变化。在负荷和空间速度基本保持不变的情况下，一般把热点位置沿轴向向下移动或沿径向向里（或外）移动视为催化剂衰老的标志。

（2）热点温度的高低

热点温度的高低因催化剂的类型、不同时期的活性及操作条件的变化等情况而有所不同。催化剂的类型不同，热点温度不同；即使是相同类型的催化剂，在不同的使用时期，热点温度也不同。催化剂使用初期活性较强，热点位置高，热点温度可控制得低些；催化剂使用后期活性衰退，热点位置下移，热点温度就应提高一些，以加快反应速率。

在同一时期内，由于操作条件的变化，热点温度也可以在规定的指标范围内变化。如在压力高、空间速度大和进口氨含量较低的情况下，因反应不易接近平衡，所以主要应该提高反应速率，应将热点温度维持在规定指标上限。反之，主要提高平衡氨含量，宜将热点温度维持在规定指标的下限。此外，热点温度应尽量维持稳定，规定波动幅度不超过10℃，如(460 ±5)℃，波动速率要小于5℃/15 min。

总之，在生产操作中，热点温度应尽量维持稳定、控制得低些，这样既可以控制氨合成反应总是在最适宜温度条件下进行，又可以延长催化剂的使用寿命，减少氢氮混合气在高温下对设备的腐蚀。并且随催化剂运行时间的积累，热点温度应逐渐提高，以保证反应速率最快。但须指出，在控制热点温度的同时，对床层的其他温度也应密切注意，特别是床层的入口温度。

2. 催化剂床层入口温度控制

催化剂床层入口温度必须达到催化剂的活性温度。它的变化直接影响催化剂床层热点温度及整个温度的变化。这是由于床层顶部的反应速率随入口温度的变化而变化，这种变化使不同深度床层反应速率相应发生变化，伴随各部位的反应热也有变化，以致整个床层的温度要重新分布。因此，在其他条件不变的情况下，入床层的温度控制了整个床层的反应情况。例如，催化剂床层入口温度高，反应速率快，放出的热量多，热点及整个催化剂床层温度升高。但是入口温度提高太多，也有可能使热点温度超过规定指标。反之，若入口温度过低，达不到催化剂的活性温度，催化剂床层各点温度将一齐下降，以致无法进行生产。所以在操作中，要经常注意催化剂床层入口温度的变化，以做预见性的调节。

调节催化剂床层温度时，在催化剂活性好、气体成分合格及压力高的情况下，入口温度可以维持低一些。反之，入口温度必须维持较高。另外，试验结果表明，当循环气中每生成1%的氨时，所放出的反应热可以使全部气体的温度上升大约15℃，也就是合成塔出口气体温度比入口温度高15℃。因此，在调节合成塔温度时，应注意进出口气体的温度差，获得最大温差的操作温度，就是最有利的操作温度，也就能取得较好的经济效益。

3. 催化剂床层温度的调节方法

催化剂床层温度是各种条件综合形成的一种相对的暂时的平衡状态，随着生产条件的变化，平衡被破坏，需要通过调节在新的条件下建立平衡。因此，操作人要善于观察、判断条件变化的趋势，预见性地进行调节，维持系统自热平衡，使催化剂床层温度保持稳定。一般情况下，调节方法如下：

（1）调节塔副阀

开大塔冷气副阀，不经下部热交换器预热的气量增加，使进入冷管气体的温度降低，因而催化剂床层的温度降低，反应速率减小。反之，床层温度升高。在满负荷生产时，催化剂床层温度若有小范围波动，用副阀调节十分方便。调节副阀不得大幅度变动，更不能时而开大，时而关死，造成过冷或骤热的急剧变化而损坏内件。

（2）调节循环量

循环量是指单位时间进入合成塔气体的总量。当温度波动幅度较大时，一般以循环量调节为主，用塔冷气副阀配合调节。例如，关小循环机副阀，增加循环量，也就是增加空速，气体与催化剂接触时间缩短、单位体积催化剂上反应热减少、带出热量多，催化剂床层温度就会下降；反之，床层温度升高。

另外，凡是促进氨合成反应的各种因素，使氨的合成反应速率加快，放出反应热多的，都能提高催化剂床层的温度。例如，通过降低入塔循环气中氨含量、惰性气体含量，提高操作压力和使用电加热器等方法，都能够提高催化剂床层的温度。反之，温度会降低。但这些仅作为调温方法的非常手段，一般不采用。

在多层冷激式合成塔内，第一层催化剂床层的温度决定了全塔的反应情况，其调节方法与前面所说相同，而以下各层都采用控制冷激气量的方法调节。调节十分迅速、方便。

二、压力的控制

生产中压力一般不作为经常调节的手段，应保持相对稳定。而系统压力波动的主要原因是生产负荷的大小和操作条件的好坏。在新鲜气补充量一定时，凡是促进氨合成反应的各种因素，如催化剂活性高、空间速度大、操作温度适宜、气体成分好、进口氨和惰性气体含量低等，都能使系统压力降低；反之，压力就会升高。因此，控制压力的办法有两个：一个是改变操作条件，二是调节新鲜气补充量。后者往往是在迫不得已时才采用。操作中，系统压力控制的要点如下：

1. 应严格控制系统压力不能超过设备所允许的操作压力，这是保证安全生产的前提。当合成操作条件恶化、系统超压时，应迅速减少新鲜气补充量，以降低负荷，必要时可打开放空阀，泄掉部分压力。

2. 在正常操作条件下，应尽量降低系统的操作压力，这样可以提高循环机的输气量，并可使合成塔操作稳定，经得起波动，不会因操作条件稍有恶化，压力就超过指标。但是在夏天，若冷冻能力不足，而合成塔能力又有潜力的情况下，也可以适当降低空间速度，维持合成塔在较高压力下进行操作，可以节省冷冻量，降低冷冻功耗。

3. 在合成塔能力不足的情况下，应将系统压力维持在指标的高限进行生产，以获得最多的氨产量。但这时操作不易控制，应特别注意其他操作条件的变化，及时配合减少新鲜气补充量，控制压力不超过指标。

4. 有时新鲜气补充量大幅度减少，系统压力降得很低，氨的合成反应差，催化剂床层温度难以维持，这时可减少循环量，并适当提高氨冷器的温度，使压力不致过低。生产实践证明：此法可以使氨合成塔温度得到维持。

另外应注意：调节压力时，必须缓慢进行，以保护氨合成塔内件。如果系统压力急剧改变，会使设备和管道的法兰接头及循环机填料密封遭到破坏。一般规定，在高温下压力升降速率为 0.2 ~0.4 MPa/min。

三、循环量的控制

循环量的大小标志着氨合成塔负荷的大小和生产能力的高低。当合成塔能够维持自热平衡和系统压力降允许时，应尽可能加大循环量，以提高催化剂生产强度，降低系统压力。但循环量的增加也有不利的一面：

1. 气体与催化剂接触时间缩短，反应不完全、带出热量多，会造成催化剂床层温度下降、热点位置下移。

2. 气体流速加快，系统阻力增大，相应地增加了循环机功耗。

3. 气体流量增大，使冷冻系统负荷增加，增加了冰机功耗。

因此，在生产中，应该在催化剂床层温度稳定、冷冻量有余和循环机合理使用的情况下，增加循环量至接近规定系统压力差，以充分发挥设备的生产能力，提高氨产量。调节循环量的方法是调节循环机副阀或系统副阀的开度。对于离心式循环机，则可调节出口阀的开度。

四、入塔气体成分的控制

1. 入塔气体中氨含量

入塔气体中氨含量越低，对氨合成反应越有利。在系统总压与分离效率一定时，入塔气体中的氨含量主要决定于氨冷器的冷凝温度。影响氨冷器的冷凝温度主要因素是氨冷器液位和气氨总管压力（即蒸发压力）。氨冷器液位高，冷却效率高，冷凝温度低，入塔气体中氨含量低。但氨冷器液位过高，液氨蒸发空间减小，冷却效率并不能提高。气氨总管压力低，液氨蒸发温度低即冷凝温度低，冷却效率高，入塔气体中氨含量低。但总管压力过低，不但要消耗过多冷冻量，而且影响氨加工系统的正常操作，因此，一般控制在 0.1 ~0.2 MPa。

2. 入塔气体中氢氮比

实际生产中，氢氮比控制在 2.8 ~2.9 为宜。入塔气体中氢氮比过高或过低，都会使氨合成反应速率减慢，系统压力增高，这时操作人员应根据氢氮比变化的趋势，及时调节，同时注意压力、温度的变化，并控制在指标内。调节的方法如下：

（1）关小塔副阀或减少循环量，保持催化剂层温度不下降。

（2）联系压缩工序，减小送气量或适当加大放空量，防止压力过高。然后与有关工序联系，按要求调节好氢氮比。

(3) 在特殊情况下，可增加放空气量，以排除系统中一部分氢氮比特别不好的气体，同时补入合格的新鲜气，加快调节速率。

另外，当循环气量较大、惰性气体含量较高时，氢氮比可控制在指标的上限。

3. 入塔气体中惰性气体含量

入塔气体中惰性气体含量与放空量有关，增加放空量，惰性气体含量降低，但氢氮气损失增大。在实际操作中，循环气中惰性气体的含量控制，应根据塔负荷、催化剂活性和操作条件来决定，以合成系统不超压为限。如塔负荷较轻、催化剂活性高，操作压力较低时，为了使催化剂层温度易于调节，惰性气体含量可控制得高些，一般为16% ~20%。反之，应加大放空量，则惰性气体含量可控制得低些，一般为10% ~16%。

4. 有毒气体

有毒气体随氢氮混合气进入合成塔，会造成催化剂中毒。催化剂中毒后，活性降低，使催化剂温度下降，出塔气中氨含量降低，系统压力增高。因此，在操作中应防止有毒气体进入合成塔。

五、氨合成塔操作控制注意事项

1. 催化剂床层在升温或降温时，控制各点温度变化 <40℃/h；若降温过程中温度和压力发生矛盾时，首先保降温速率，不保系统压力。

2. 在使用电加热器时，一定要保证循环气量大于电加热器的安全打气量。

3. 注意合成塔进出口压差，避免塔内气体倒流。

4. 对氨合成系统做紧急处理时，一定要以催化剂床层温度为主要控制指标，防止温度大幅度波动。

思考与练习

1. 在化工生产过程中，如何控制与调节温度、压力、流量、原料配比？
2. 化工生产过程中的主要控制点有哪些？
3. 简述离心泵和离心压缩机的流量控制方法。
4. 简述加热炉、蒸发器、热变换器和热化学反应器的控制方法。
5. 试分析氨合成塔温度、压力及入塔气体组成等的控制方法，并举例说明。

任务3　生产过程常用指标与经济评价

学习目标

掌握化工生产过程常用指标的概念，能够确定和计算化工生产转化率、选择性、消耗定额等，了解化工生产过程经济评价的内容，了解产品成本的构成。能够进行产品的成本核算。

任务引入

对于化工装置进行技术经济评价，都是以经济为出发点和最终目的。任何一项新工艺、新技术，要实现工业生产，一方面从技术角度来考察，要有创新之处，要优于其他工艺和技术；另一方面，从经济角度考虑，要求有更高的经济效益。以合成氨装置汽化工段为例，从技术角度来考虑常用评价指标有哪些？主要消耗如何计算，如何进行经济评价？

任务分析

对化工装置技术项目进行技术经济评价，必须遵循以下几个主要原则：首先，要正确处理政治、经济、技术、社会等方面的关系。对一个技术方案进行评价，不只是单纯的技术问题，它往往同时涉及社会、环境、资源等方面的问题，甚至有时还涉及政治、国防、生态等问题。所以考察和评价一个技术方案，在政治上，必须符合国家经济建设的方针、政策和有关法规；在经济上，应以较少的投入获得较好较多的成果；在技术上，应尽可能采用先进、安全、可靠的技术；在社会上，应当符合社会的发展规划，有利于社会、文化的发展和就业的要求；在环境保护方面，也应当符合环境保护法规和维护生态平衡的要求。对一个技术方案的取舍，决定于上述几个方面综合评价的结果。本任务仅从在技术、经济层面进行考察。

相关知识

工程技术的任务是利用各种生产要素，如原材料资源、能源、资金、劳动力等，经过各种加工，生产出具有特定使用价值的产品，以满足人们的物质需要。对于化工生产过程的技术经济评价，应从投入和产出等方面综合考虑。反映投入的指标有：原材料、燃料、动力消耗、厂房和机器设备的折旧、工资支出等。反映产出的经济效益指标有：产品产量、产值、利润和税金等。投入的大小、产出的多少及效益情况都与生产过程中的工艺指标控制有关，工艺指标控制得如何，直接反映在经济效益上。

一、化工生产工艺指标

1. 反应时间和操作周期

（1）反应时间

反应时间也即停留时间或接触时间，对于气固相或液固相催化反应，用原料气在反应条件下的空间速度的倒数来表示。

1）空间速度。空间速度简称空速，常用S_V表示，其计算式为：

$$S_V = \frac{V_{反应气}}{V_{催化剂}}$$

式中　$V_{反应气}$——反应气体在标准状态下的体积流量，m^3/h；

$V_{催化剂}$——催化剂的体积，m^3。

空间速度不仅影响反应的完全程度和副反应的进行，而且也决定着生产能力，生产中必须注意选择适宜的空间速度。

2）接触时间。接触时间是指反应物料（蒸气或气体）在催化剂上停留的时间，又称停留时间，常用τ表示，单位为 s，可用下式计算：

$$\tau = \frac{V_{催化剂}}{V_{气}} \times 3\ 600\ (s)$$

式中 $V_{催化剂}$——催化剂的体积，m^3；

$V_{气}$——反应气体在操作条件下的体积流量，m^3/h。

接触时间与空间速度有着密切的关系。空间速度越大，接触时间越短；反之，空间速度越小，接触时间越长。因此，在生产中常用它们来配合温度、压力等反应条件进行工艺控制。

（2）操作周期

在化工生产中，一种产品从原料准备、投料升温、各步单元反应，直到出料，所有操作时间之和为操作周期，也叫生产周期。

2. 生产能力与生产强度

生产能力与生产强度是评价化工生产效果的两个重要指标。

（1）生产能力

生产能力是指一台设备、一套装置或是一个工厂，在单位时间内生产的产品量或处理的原料量，表示为 kg/h、t/d、kt/a 或万 t/a。

用于进行化学反应的设备称为化学反应器。在单位时间内，化学反应器处理的原料量或生产的产品量称为反应器的生产能力。生产能力表示在采用先进的技术定额和完善的劳动组织等情况下，设备在单位时间内生产产品的最大可能性，一般以设备的设计能力计算。同一反应器处理的原料量越多，或生产的产品量越多，说明该企业的工艺水平或管理水平越先进。因此，生产能力是企业管理自我完善的一个重要指标。

原料处理量也称为加工能力。如处理原油 500 万 t/a 的炼油厂，是指每年可将 500 万吨原油加工炼制成各种油品。

生产能力有设计能力、核定能力和现有能力之分。设计能力是设备或装置在最佳条件下可达到的最大生产能力，即设计任务书规定的生产能力。核定能力是在现有条件的基础上结合各种实现技术、管理措施确定的生产能力。现有能力也称做计划能力，是根据现有生产技术条件和计划年度内能够实现的实际生产效果，按计划产品方案计算确定的生产能力。

设计能力和核定能力是编制企业长远规划的依据，而现有生产能力则是编制年度生产计算的重要依据。

（2）生产强度

生产强度指单位容积或单位面积（或底面积）的设备在单位时间内生产得到的产品的量或加工的原料量，其单位是 $kg/(h \cdot m^3)$、$t/(h \cdot m^3)$、$kg/(h \cdot m^3)$ 及 $t/(h \cdot m^3)$。

具有相同化学或物理过程的设备（装置），可用生产强度指标比较其优劣。设备内进行的过程速率越快，该设备的生产强度就越高，设备生产能力也就越大。如催化反应装置的生产强度，常用时空收率表示。

时空收率是指单位时间内、单位体积（质量）催化剂所能获得的产品量，记作 kg/($h \cdot m^3$催化剂）或 kg/（h · kg 催化剂）。

(3) 开工因子

$$开工因子 = 全年开工生产天数 \div 365$$

开工因子的值通常在0.9左右，开工因子大意味着停工检修带来的损失小，即设备先进可靠，催化剂使用寿命长。

3. 转化率、选择性和收率

衡量化学反应进行的程度及其效率，常使用转化率、选择性及收率等指标，它们和物料衡算有着密切关系。

(1) 转化率

转化率是某种反应物转化掉的量占投入该反应物总量的百分数或参加化学反应的某种原料量占通入反应体系的该种原料总量的百分率。它反映了原料通过反应器之后产生化学变化的程度。

$$转化率 = \frac{参加反应的反应物量}{通入系统的反应物量} \times 100\%$$

转化率越高，说明产生化学变化的原料参加反应的比例越大。一般情况下，通入系统的每一种原料都不大可能全部参加化学反应，也就是说，转化率通常小于100%。

工业生产中有单程转化率和总转化率，它们的区别在于系统划分的不同，单程转化率以生产过程中的反应器为系统，其表达式为：

$$单程转化率 = \frac{输入反应器的反应物量 - 从反应器输出的反应的反应物量}{输入反应器的反应物量} \times 100\%$$

总转化率是以整个生产过程为系统，其表达式为：

$$总转化率 = \frac{输入过程的反应物量 - 从过程输出的反应物量}{输入过程的反应物量} \times 100\%$$

对于可逆平衡反应，当反应达到平衡时的转化率为平衡转化率，是指某一化学反应达到平衡状态时，转化为目的产物的原料占该种原料量的百分比。

其表达式为：

$$平衡转化率 = \frac{平衡时反应掉的反应物量}{通入的反应物量} \times 100\%$$

平衡转化率是在一定条件下，某种原料参加某一化学反应的最高转化率，作为一个理论值虽然不能反映实际生产过程中反应的效果，但是由于它表示了一定条件下的最高转化率，因此，这一理论值可以作为一个参考标准，通过和实际单程转化率数值进行比较，看到它们之间的差距，帮助人们认识实际反应的转化情况，看到反应的差距和潜力，作为提高实际转化率、改进生产过程与条件的依据。

(2) 选择性

在化学反应过程中，往往有许多化学反应同时存在，不仅有目的产物的主反应，还有生成副产物的副反应，所以在转化了的原料中，只有一定比例的原料生成目的产物。在实际生产中，常采用选择性评价反应过程效率的高低，针对某一个既定反应产物来说，生成它所消耗的原料量在全部转化了的原料量中所占比率称为选择性，即目的产物的产出率或原料的利用率，表示了参加反应的反应物实际转化为目的产物的比例。

对于由某反应物生成的目的产物，其选择性可表示为S，即：

$$S=\frac{\text{转化为目的产物的某反应物量}}{\text{某反应物的转化总量}}\times 100\%$$

也可以以目的产物的实际产量与理论产量的比值表示，即：

$$S=\frac{\text{目的产物的实际产量}}{\text{按某反应物的转化总量计算所得的目的产物的理论产量}}\times 100\%$$

从选择性可以看出在各种主副反应中主反应所占的百分比，当人们提高转化率的时候，必须考虑到选择性变化的趋势，如果选择性变差（副产物增加过多），会使原料消耗定额升高而目的产物的产量减少，因此一般要求选择性越高越好。

在化工生产中，仅仅是选择性高并不意味着过程就一定经济合理，因为它只能说明过程的副反应很少。如果通过反应器的原料只有很少一部分进行反应，则设备的利用率即单位时间的生产能力大大降低，显然只有综合考虑转化率和选择性，才有助于确定合理的工艺指标。

（3）收率

收率也称为产率，是生成目的产物所转化的某反应物的量占投入某反应物的量的百分数。

$$\text{收率}=\frac{\text{转化为目的产物的某反应物量}}{\text{某反应物的投入量}}\times 100\%$$

与转化率相同，收率也有单程收率和总收率之分。单程收率是指某反应物通过反应成为目的产物的原料量占一次性投入到反应器该原料总量的百分比。

$$\text{单程收率}=\frac{\text{转化为目的产物的某反应物量}}{\text{输入到反应器的某反应物量}}\times 100\%$$

单程收率高，反映反应器生产能力大，意味着未反应原料回收量减少，并减少了水、电、汽等能源消耗，标志着过程既经济又合理。

在实际生产中，当反应原料是难以确定的混合物，而反应过程又极为复杂，各种组分难以通过分析手段来确定时，可以直接采用以混合原料质量为基准的收率来表示反应效果。以原料质量为基准的收率称为质量收率。

$$\text{质量收率}=\frac{\text{生成的目的产物的质量}}{\text{混合原料的质量}}\times 100\%$$

质量收率的数值是有可能大于100%的，因为混合原料的质量有时并不能包括所有参加反应的物质，如空气中的氧参与反应时，氧的质量就无法计入。

（4）转化率、选择性和单程收率的相互关系

转化率、选择性和单程收率都是百分数，三者之中有两个是独立的，当它们都用摩尔单位时，其相互依赖关系可用下式表示：

$$\text{转化率}\times\text{选择性}=\text{收率}$$

此关系式应用时需注意单程收率和单程转化率、总收率和总转化率所具有的对应关系。

影响反应收率和转化率的因素一般有原料组成、催化剂、反应温度和压力、反应区域中的停留时间、设备的材料和结构等。

不同的原料有不同的转化率、选择性和单程收率，当反应原料不止一种时，应着重考虑最昂贵的原料。另外，反应产物一般也不止一种，其中最重视的是目的产物的选择性和单程收率，但有时也要相应计算副产物选择性和单程收率，要根据具体需要来确定。

单程转化率和选择性都只是从某一个方面说明化学反应进行的程度。转化率越高，说明反应进行得越彻底，未反应原料量的减少可以减轻分离、精制和原料循环的负担，在一定程度上可以降低设备投资和操作费用，同时也提高了设备的生产能力。但是随着单程转化率的升高，原料浓度下降，主反应推动力下降，反应速度会减慢，若再提高转化率，所需时间会过长，随之副反应也会增多，致使选择性下降。所以单纯的转化率高，反应效果不一定就好。选择性越高，说明消耗于副反应的原料量越少，原料的有效利用率越高，反应效果好。但如果仅仅是选择性高而经过反应器后的原料参加反应的量太少，则设备的利用率太低，生产能力也不高，故也不经济合理。所以必须综合考虑单程转化率和选择性，二者都比较适宜时，才能求得较好的反应效果，才能作为确定合理的工艺控制指标的依据。

二、消耗定额

消耗定额是在实现产品产量和质量的前提下，为降低消耗而确定的工艺技术经济指标，即生产单位产品所消耗各种原材料的量，如原料、水、燃料、电力和蒸汽量。消耗定额越低、生产过程越经济、产品的单位成本也就越低。但是消耗定额低到某一水平后，就难以或不可能再降低，此时的标准就是最佳状态。

在消耗定额的各个内容中，水、电、汽和各种辅助材料、燃料等的消耗均影响产品成本，应努力减少消耗。然而最重要的是原料的消耗定额，因为原料成本在大部分化学过程中占产品成本的60%～70%，所以降低产品的成本，原料通常是最关键的因素之一。

1. 原料消耗定额

原料消耗定额用下式表示：

$$\text{原料消耗定额}=\frac{\text{原料量}}{\text{产品量}}$$

如果原料量是按原料转化为产品时的化学反应方程式以化学计量为基础计算出来的，该消耗定额称为理论消耗定额 $A_{理}$，它表示原料消耗的最小值。因此，实际过程的原料消耗量绝不可能低于理论消耗定额。

在实际生产过程中，由于有副反应发生，会多消耗一部分原料，在所有各个加工环节中也免不了损失一些物料（如随废气、废液、废渣带走的物料，设备及阀门等跑、冒、滴、漏损失的物料，由于生产工艺不合理而未能回收的物料以及由于操作事故而造成的物料损失等），因此，由于各种化学的和物理的损耗，原料消耗量将大于理论量，如果将原料损耗均计算在内，得出的原料消耗定额称为实际消耗定额 $A_{实}$。理论消耗定额与实际消耗定额之比即为原料的利用率。

$$\frac{A_{理}}{A_{实}}\times100\%=\text{原料利用率}=1-\text{原料损失率}$$

生产一种目的产品，若有两种以上的原料，则每一种原料都有各自不同的消耗定额数据。对某一种原料，有时因为初始原料的组成情况不同，其消耗定额也不等，差别可能还会比较大。因此，在选择原料品种时，还要考虑原料的运输费用，以及不同类型原料的消耗定额的估算等，计算消耗定额时，每一种原料应分别计算各自的消耗定额。选择一个最经济的方案。

制定消耗定额应具有先进性和现实性两条标准，消耗定额低说明原料利用得充分，收率高而成本低，也说明了副反应少，三废少，管理水平高，损耗少。反之，消耗定额高势必增加产品成本，加重三废治理的负担。所以，消耗定额是反映生产技术水平和管理水平的一项重要经济指标，同时也是企业管理的基础数据之一。

2. 公用工程的消耗定额

公用工程消耗定额是指生产单位产品所消耗的水、蒸汽、电以及燃料的量。

工艺技术管理工作的目标除了保证完成目的产品的产量和质量外，还要努力降低消耗，因此各化工企业都根据产品设计数据和本企业的条件在工艺技术规程中规定了各种原材料的消耗定额，作为本企业的工艺技术经济指标。如果超过了规定指标，必须查找原因，降低消耗以达到生产强度大、产品质量高、单位产品成本低的目的。

三、经济效益分析

1. 经济效益的概念

在经济活动中，要想取得任何有用的成果或取得一定的价值，就必须付出一定的代价，即消耗一定数量的资金、物资和劳动。但仅从成果是无法衡量一项经济活动的经济效益的。例如，甲企业日产纯碱100 t，乙企业日产纯碱200 t，不能认为乙企业的经济效益就比甲企业好。应该同时考虑所取得的成果与所消耗的劳动，才能进行比较和评价。所谓经济效益，就是生产过程中所取得的生产成果（使用价值或价值）与取得这一成果所消耗的劳动（资金和物资是物化了的劳动）的比较，即已经明确了经济效益是产出和投入的比较，还需要弄清楚投入和产出所包含的内容。为了正确地、定量地分析和比较不同技术方案的经济效益的差别，首先要求得到投入和产出的定量指标，作为定量比较的尺度和依据。

反映投入的指标有原材料、燃料、动力消耗、厂房和机器设备的折旧、工资支出等；反映产出的指标有产品产量、产值、利润和税金等。

2. 投资

当准备建设一个化工厂进行生产时，必须首先投入资金，用于建造厂房、购置机器设备等，这部分资金称为固定资产投资。另外，还要投入资金用于购买原材料、燃料、支付工资和其他周转用途，称为流动资金。固定资产投资和流动资金加在一起，称为总投资。

生产厂房和设备在使用过程中会逐渐变旧以至损坏，这部分减损的价值必须逐渐转移到生产成本中去。这种分次逐渐转移到成本中去的固定资本价值，称为折旧。

3. 成本

所谓成本，是生产一种产品时所消耗的物化劳动和人力劳动的总和。构成化工产品成本的主要组成部分有：

（1）原材料费

原材料费是指在产品生产中，经过加工构成产品实体的各种物料的费用，通常是占产品成本的最大比例（传统产品为50%～70%，高科技产品较低）的项目。

（2）燃料及动力费

燃料及动力费是指直接用于生产工艺过程，为生产提供能量的燃料和供给产品生产所用水、电、压缩空气、水蒸气等的费用。

（3）工资和附加费

工资是指操作人员的劳动报酬，附加费是指工资以外的医疗费、劳动保护用品和保险金等。

(4) 折旧费

折旧费一般采用直线折旧法，即在规定的年限内平均分摊设备消耗的价值。化工设备折旧年限一般在10~20年。

(5) 企业管理费

企业管理费是指在组织和管理全厂生产经营活动过程中发生的其他费用，如工厂的管理人员工资和附加费、办公费、试验研究费、职工教育费、流动资金贷款利息等。

(6) 销售费

销售费是指用于销售活动的有关费用，如包装费、运输费、广告费等。

4. 销售收入、税金和利润

(1) 产量和销售量

产品的产量代表生产成果的数量；出售了的商品量叫做销售量。在技术经济分析中，要强调为社会和企业带来的效益，所以销售量往往比产量更为重要。

(2) 产值和销售收入

产值是一种产品的年产量与单位产品价格的乘积，即：产值=单价×产量。一个工厂在一年内的全部最终产品与各自单价乘积之和称为总产值。产值计算所用单价一般是不变价格，是为了在计划、统计工作中消除因各个时期、各个地区价格差异而不可比的缺点。不变价格由国家定期公布。

销售收入是产品作为商品销售后的收入，即：销售收入=单价×销售量（此处单价按市场价格计算）。

(3) 盈利、利润、税金

企业生产成果补偿生产耗费以后的盈利，即产品销售收入扣除生产成本以后的余额，就是企业的盈利。盈利是企业职工为社会创造的新增价值，又称毛利润。

毛利润扣除各种税金后才是净利润。

$$盈利（毛利润）= 销售收入 - 生产成本$$

$$净利润 = 毛利润 - 税金$$

税金是国家依法向企业征收的一部分税利，以筹集财政资金，增加社会积累，并对经济活动进行调节，具有强制性和固定性的特征。与化工企业利润关系最大的是以下4种税：

1）产品税。产品税又称工商税或增值税。

2）资源税。资源税是指对涉及自然资源开发的项目征收的税金。

3）调节税。调节税是指对因技术装备、地理、交通等客观条件较好而盈利较高的企业征收的税金。

4）所得税。是对有盈利的企业普遍征收的利润所得税。

(4) 提高经济效益的途径

1）增加产出的价值。增加产品的数量和提高产品的价值都可以达到这一目的。进入21世纪以来，科学技术飞速发展，高科技产品和高附加值产品的开发与生产，将产生更高的价值和收益。另外，从技术革新、设备改造、提高产品的产量和质量等角度着手，都能够在不同程度上增加产出的价值。

2）减少投入、降低消耗、降低成本。随着技术进步和生产效率的提高，产品生产的人力消耗和物质消耗将逐步降低。例如，通信和网络技术的发展，使得商品库存和销售费用大大降低，从而降低了成本。另外，绿色化学工艺的采用，减少了环境污染，也使成本降低。

任务实施

学生通过查找资料完成以下课题：

1. 化工生产过程的常用指标的含义、表达方法。
2. 如何对化工装置进行成本核算？
3. 以煤为原料的合成氨生产装置的主要工艺过程及主要评价指标。

学生分组讨论：从技术角度来考虑合成氨装置常用评价指标有哪些？主要消耗如何计算？如何进行经济评价？

对于合成氨装置来说，无论是以煤为原料，还是以天然气为原料，其生产过程都极其复杂，整个生产过程包含原料气制备，原料气的脱硫、变换、精制以及氨的合成等，每一个过程都包含多个工艺指标，此处仅以原料气制备过程的煤炭气化的工艺指标为例实施，具体如下：

煤炭气化过程经济性的主要评价指标有气化强度、单炉生产能力、气化效率、热效率、蒸汽消耗量、蒸汽分解率等。

一、气化强度

所谓气化强度，即单位时间、气化炉内单位横截面积上处理的原料煤质量或产生的煤气量。气化强度是指气化炉内单位横截面积上的气化速度，表达方式有三种：以消耗的原料煤量表示，单位为 $kg/(m^2 \cdot h)$；以生产的（在标准状况下的）煤气量表示，单位为 $m^3/(m^2 \cdot h)$；以生产煤气的热值表示，单位为 $MJ/(m^2 \cdot h)$

气化强度越大，炉子的生产能力越大。气化强度与煤的性质、气化剂供给量、气化炉炉型结构及气化操作条件有关。

二、单炉生产能力

气化炉的单炉生产能力是工厂企业综合经济效益中的一项重要考核指标。

气化炉单台生产能力是指单位时间内，一台炉子能生产的煤气量。它主要与炉子的直径大小、气化强度和原料煤气产率有关，计算公式如下：

$$V = \frac{3.14}{4} q_1 \times D^2 \times V_g$$

式中 V——单炉生产能力，m^3/h；

D——气化炉内径，m；

V_g——煤气产率，m^3/kg（煤）；

q_1——气化强度，$kg/(m^2 \cdot h)$。

式中的煤气产率是指每千克燃料（煤）在气化后转化为煤气的体积，它也是重要的技术经济指标之一，一般通过试烧试验来确定。在生产中也经常使用另一个与煤气产率意义相近的指标，即煤气单耗，定义为每生产单位体积的煤气需要消耗的燃料质量，以 kg/m^3 计。

三、碳转化率

$$碳转化率 = \frac{出炉气体中的总碳元素}{入炉的煤中总碳元素} \times 100\%$$

工业上测定分析方法如下：由于煤中的碳元素最终以气（煤气）、固（存在于炉渣中）两种状态出炉，所以对出炉的粗渣、细渣进行残碳试验，根据炉渣的残碳量来推算出碳转化率。

四、气化效率

气化效率是指产品煤气与原料煤所含的化学能之比，故又称为冷煤气效率。气化效率的计算公式如下：

$$\eta = \frac{煤气热值 \times 煤气产率}{原料煤发热量} \times 100\%$$

原料煤的发热量为入炉煤的热值。原料煤的发热量和煤气热值一般均为低位，但有时也可同时用高位。

五、热效率

热效率用来评价整个煤炭气化过程能量利用的经济效益。气化过程的热效率分为以下两种情况：

1. 气化热效率

气化热效率只考虑气化炉内部系统，只反映了气化过程中的煤炭利用效率，计算公式如下：

$$\eta = \frac{所有产品所含热量 + 回收利用热量}{供给气化炉总热量} \times 100\%$$

2. 系统热效率

系统热效率考虑了整个气化系统，反映了整个气化生产过程中的能量转换效率，计算公式如下：

$$\eta = \frac{所有产品所含热量 + 回收利用热量}{供给气化炉总热量 + 其他动力消耗} \times 100\%$$

六、水蒸气消耗量和水蒸气分解率

水蒸气消耗量和水蒸气分解率是煤炭气化过程经济性的重要指标，它关系到气化炉是否正常运行，是否能够将煤最大限度地转化为煤气。

一般地，水蒸气的消耗量是指气化 1 g 煤所消耗蒸汽量。

水蒸气分解率是指被分解掉的蒸汽与入炉水蒸气总量之比，即：

$$水蒸气分解率 = \frac{分解水蒸气量}{入炉水蒸气总量} \times 100\%$$

蒸汽分解率高，得到的煤气质量好，粗煤气中水蒸气含量低；反之，得到的煤气质量差，粗煤气中水蒸气含量高。

思考与练习

1. 试述单程转化率、总转化率及平衡转化率的含义、性质与区别，它们在化工生产中各有何意义？

2. 如何用转化率、收率的指标来衡量化学反应的效果？

3. 收率与平衡产率有何区别？选择性和单程收率两个指标在化工生产中各有什么意义？

4. 什么是原料消耗定额？为什么要降低原料消耗定额？工业生产中为此一般采取哪些措施？

5. 原料消耗定额、原料利用率和原料损失率之间有何关系？采取哪些措施可以降低原料消耗定额？

6. 降低原料消耗定额在化工生产中有何意义？

7. 生产能力和生产强度在化工生产中各有何意义？

模块四　化工装置停车

化工装置在长周期运行中，可能会出现安全隐患和设备缺陷等问题，一般需停车处理。本模块从装置停车方案执行和常见反应器停车及催化剂的钝化等方面，对化工装置停车的理论与操作进行全面的解读，使学生掌握化工装置停车的理论知识和操作技能。

任务1　装置停车方案执行

学习目标

了解化工装置停车的目的、原则，掌握装置停车的类型、方法及后处理。能够正确、迅速判定停车方法，能够完成停车操作并处理停车中出现的问题。

任务引入

某尿素装置计划进行长停车，对装置的泄漏点进行处理，并对系统内其他部分设备要进行常规检查、检修，为装置今后的长周期、安全稳定及经济运行打下坚实的基础。那么，如何安全平稳地进行停车操作呢？

任务分析

在化工生产中，开、停车的生产操作是衡量操作工人技术水平高低的一个重要标准。随着先进生产技术的迅速发展和机械化、自动化水平的不断提高，化工生产对开、停车的技术要求也越来越高。开、停车进行得好坏，准备工作和处理情况如何，对生产的进行都有直接影响。开、停车是生产中最重要的环节。

化工生产中的停车包括正常生产中停车和特殊情况（事故）下紧急停车等。

相关知识

一、装置停车的目的和原则

化工装置在长周期运行中，由于外部负荷、内部应力和相互磨损、腐蚀、疲劳以及自然侵蚀等因素影响，使个别部件或整件改变原有尺寸、形状，机械性能下降，强度降低，造成隐患和缺陷，威胁着生产安全。为保证生产装置安全、平稳运行，必须停车检修，以消除装置、设备的缺陷和隐患，提高设备效率，降低能耗，保证产品质量。

化工装置运行过程中，突然出现不可预见的设备故障、人员操作失误或工艺操作条件恶化等情况，无法维持装置正常运行时，也需要被动地紧急停车处理。

无论因何种原因，在执行装置停车操作时，一定要有条不紊地按照事先编制的处理预案进行操作。装置临时发生较大的操作波动或异常情况时，按照事故处理预案退守到工艺、设备和人员安全的稳定状态，防止发生事故。装置退守到稳定状态后，由车间对装置操作波动或异常原因进行分析，初步确认是否具备恢复条件，并报上级主管部门。具备恢复条件则按开工规程恢复运行，否则按停工规程做进一步停工处理。

对于正常停车操作后，化工装置和设备进行计划检修的，要做到集中领导、统筹规划、统一安排，并做好“四定”（定项目、定质量、定进度、定人员）和“八落实”，即组织落实、思想落实、任务落实、物资（包括材料与备品备件）落实、劳动力落实、工器具落实、施工方案落实和安全措施落实，以保证装置停稳、修好。

二、装置停车的类型

根据化工生产中装置在停车前的状态，停车一般有以下几种方式：

1. 正常停车

生产进行到一段时间后，设备需要检查或检修而进行的有计划的停车，称为正常停车。正常停车时，逐步减少物料的加入，直至完全停止加入，待所有物料反应完毕后，开始处理设备内剩余的物料，处理完毕后，停止供汽、供水，降温降压，最后停止设备运转，使生产完全停止。

停车后，对某些需要进行检修的设备，要用盲板切断该设备上的物料管线，以免可燃气体、液体物料泄漏而造成事故。检修设备动火或进入设备内检查，要把其中的物料彻底清洗干净，并经过安全分析合格后方可进行。

2. 紧急停车

紧急停车是指化工装置运行过程中，突然出现不可预见的设备故障、人员操作失误或工艺操作条件恶化等情况，无法维持装置正常运行而造成的非计划性被动停车。

紧急停车分为局部紧急停车和全面紧急停车。

（1）局部紧急停车

生产过程中，在一些想象不到的特殊情况下的停车，称为局部紧急停车。如某设备损坏、某部分电气设备的电源发生故障、某一个或多个仪表失灵等，都会造成生产装置的局部紧急停车。

当这种情况发生时，应立即通知前步工序采取紧急处理措施。把物料暂时储存或向事故排放部分（如火炬、放空等）排放，并停止入料，转入停车待生产的状态（绝对不允许再向局部停车部分输送物料，以免造成重大事故）。同时，立即通知下步工序，停止生产或处于待开车状态。此时，应积极抢修，排除故障。待停车原因消除后，应按化工开车的程序恢复生产。

（2）全面紧急停车

当生产过程中突然发生停电、停水、停汽或重大事故时，则要全面紧急停车。这种停车事前是无法预知的，操作人员要尽力保护好设备，防止事故的发生和扩大。对有危险的设备（如高压设备）应进行手动操作，以排出物料；对有凝固危险的物料要进行人工搅拌（如聚合釜的搅拌器可以人工推动，并使本岗位的阀门处于正常停车状态）。

对于自动化程度较高的生产装置，在车间内备有紧急停车按钮，并和关键阀门锁在一起。当发生紧急停车时，操作人员一定要以最快的速度去按紧急停车按钮。为了防止全面紧急停车的发生，一般的化工厂均配有备用电源，当第一电源断电时，第二电源应立即供电。

发生紧急停车后，建设（生产）单位应深入分析工艺技术、设施设备、自动控制和安全连锁停车（ESD）系统等方面存在的问题，认真总结停车过程中和停车后各项应对措施的有效性和安全性，采取措施加以改进，减少或避免各类紧急停车事件的发生。

紧急停车与正常停车的区别在于：紧急停车主要是指有些可测量的参数出现异常，以及现场发生紧急事故或发现异常时而采取的紧急制动措施，目的是保证设备和人员的安全；而正常停车主要是因装置需要进行检修，于是有计划地停止设备的运转，全厂都在安全的状态下进行的停车。

三、停车操作

1. 停车前的准备工作

（1）编写停车方案

装置停车过程中，在较短的时间里，操作上要不断进行重大改变，各部分的温度、压力、流量、液位等不断变化，操作人员上塔下塔连续检查，要开关许多阀门，因此劳动强度大，精神很紧张。虽然有操作规程，但为了避免差错，还应当结合停车的特点和要求，制定一个正确指导停车操作的“停车方案”。

化工装置正常停车方案主要包括以下内容：

1）停车的组织、人员与职责分工。

2）停车的时间、步骤、工艺变化幅度、工艺控制指标、顺序表，以及相应的操作票证。

3）停车所需的工具和测量、分析等仪器。

4）化工装置的隔绝、置换、吹扫、清洗等操作规程。

5）化工装置和人员的安全保障措施，以及事故应急预案。

6）化工装置内残余物料的处理方式。

7）停车后的维护、保养措施。

（2）进行检修期间的劳动组织及分工

根据装置的特点、检修工作量大小，以及停车时的季节和员工的技术水平，合理调配人员。要分工明确、任务到人、措施到位，防止忙乱出现漏洞。在检修期间，除派专人与施工单位配合检修外，各岗位、控制室均应有人值班。由于炼油、乙烯、化肥、化纤和合成橡胶等各装置具体情况不同，其劳动组织也应依照各自的具体情况而定。

（3）对设备内部进行检查鉴定

装置停车初期，要组织技术水平高的人员，对设备内部进行检查鉴定，以尽早提出新发现的检修项目，便于备料施工，消除设备内部缺陷，保证下个开工周期的安全生产。

（4）进行停车检修前的组织动员

在停车前要进行一次大检修的动员，使全体人员都明确检修的任务、进度，熟悉停、开车方案，重温有关安全制度和规定，对照过去的经验教训，指出停车可能出现的问题，制定防范措施，进行事故预想，克服麻痹思想，为安全停车和检修打下扎实的基础。

2. 停车具体操作

按照停车方案确定的时间、步骤、工艺条件变化幅度进行停车，在停车操作中应注意下列问题：

（1）降温、降量的速度不宜过快，尤其在高温条件下，以防金属设备温度变化剧烈，热胀冷缩造成设备泄漏（易燃易爆介质漏出遇到空气，易造成火灾或爆炸事故，有毒物料漏出还容易造成急性中毒事故）。

（2）开关阀门操作在一般情况下要缓慢，尤其开阀门时，打开头两扣后要停片刻，使物料少量通过，观察物料畅通情况（对热物料来说，可使设备管道有个预热过程），然后再逐渐开大直至达到要求为止。开水蒸气的阀门时，开阀前应先打开排凝阀，将设备或管道内冷凝水排净，关闭排凝阀，然后由小到大逐渐把蒸汽阀打开。如没有疏水阀，应先小开，将水排出后再把阀开大，以防止蒸汽带水造成水击现象并产生振动，从而损坏设备和管道。

（3）加热炉的停炉操作，应按停车方案规定的降温曲线逐渐减少烧嘴。炉子负荷较大，火嘴较多，且进料非一路的，应考虑几路进料均匀降温，因此熄灭火嘴时应叉开进行。加热炉未全部熄火或者炉膛温度很高时，有引燃可燃气体的危险，此时装置不得进行排空和低点排凝，以防引起爆炸或火灾。

（4）高温真空设备的停车，必须先破坏真空，恢复常压，待设备内介质温度降到自燃点以下时方可与大气相通，以防设备内的燃爆。否则在负压下介质温度达到或高于自燃点，空气吸入会引起爆炸事故。

（5）装置停车时，设备管道内的液体物料应尽可能抽空，送出装置外。可燃、有毒气体物料应排到火炬烧掉。残存的物料排放时，应采取相应的措施，不得就地排放或排放到下水道中，装置周围应杜绝一切火源。

3. 化工装置常规停车注意事项

（1）指挥、操作等相关人员全部到位。

（2）必须填写有关联络票并经生产调度部门及相关领导批准。

（3）必须按停车方案规定的步骤进行停车操作。

（4）与上下工序及有关工段（如锅炉、配电间等）保持密切联系，严格按照规定程序停止设备的运转，大型传动设备停车时，必须先停主机，后停辅机。

（5）设备泄压操作应缓慢进行，压力未泄尽之前不得拆动设备；注意易燃、易爆、有毒等危险化学品的排放和散发，防止造成事故。

（6）易燃、易爆、有毒、有腐蚀性的物料应向指定的安全地点或储罐中排放，设立警示标志；排出的易燃、有毒气体如无法收集利用，应排至火炬烧掉或进行其他无毒无害化处理。

（7）系统降压、降温必须按要求的幅度（速率）和先高压后低压的顺序进行，凡需保压、保温的，停车后按时记录压力、温度的变化。

（8）开启阀门的速度不宜过快，注意管线的预热、排凝和防水击等。

（9）高温真空设备停车必须先消除真空状态，待设备内介质的温度降到自燃点以下时，才可与大气相通，以防空气进入引发燃爆事故。

（10）停炉操作应严格依照规程规定的降温曲线进行，注意各部位火嘴熄火对炉膛降温均匀性的影响；火嘴未全部熄灭或炉膛温度较高时，不得进行排空和低点排凝，以免可燃气体进入炉膛，引发事故。

（11）停车时严禁高压串低压。

（12）停车时应做好有关人员的安全防护工作，防止物料伤人。

（13）冬季停车后，应采取防冻保温措施，并注意低位、死角及水、蒸汽、管线、阀门、疏水器和保温伴管的情况，防止冻坏。

（14）用于紧急处理的自动停车连锁装置，不应用于常规停车。

四、装置停车后处理

装置停车后处理的主要步骤有隔绝、置换、吹扫与清洗，以及检修前生产部门与检修部门应严格办理安全检修交接手续等。

1. 隔绝

隔绝不可靠时，会使有毒、易燃、易爆、有腐蚀性、令人窒息或高温的介质进入检修设备而造成重大事故，因此，检修设备必须进行可靠隔绝。

视具体情况，最安全可靠的隔绝办法是拆除管线或抽插盲板。拆除管线是将与检修设备相连接的管道、管道上的阀门和伸缩接头等可拆卸部分拆下，然后在管路侧的法兰上装置盲板。如果无可拆卸部分或拆卸十分困难，则应关严阀门，在与检修设备相连的管道法兰连接处插入盲板，这种方法操作方便，安全可靠，生产中被广为采用。抽插盲板属于危险作业，应办理“抽插盲板作业许可证”，并同时落实各项安全措施：

（1）应绘制抽插盲板作业图，按图进行抽插作业，并做好记录

盲板抽插作业申请表见表4—1—1。加入盲板的部位要有明显的挂牌标志，严防漏插、漏抽。拆除法兰螺栓时要逐步、缓慢松开，防止管道内余压或残余物料喷出，发生意外事故。加盲板的位置一般在来料阀后部法兰处，盲板两侧均应加垫片并用螺栓紧固，做到无泄漏。

表4—1—1　　盲板抽插作业申请表

<table>
<tr><td rowspan="2">设备管线名称</td><td rowspan="2">介质</td><td rowspan="2">温度</td><td rowspan="2">压力</td><td colspan="3">盲板</td><td colspan="2">时间</td><td rowspan="2">负责人</td></tr>
<tr><td>材质</td><td>规格</td><td>编号</td><td>装</td><td>拆</td></tr>
<tr><td colspan="10">盲板位置图：</td></tr>
<tr><td colspan="10">安全措施：
生产厂负责人：</td></tr>
<tr><td colspan="5">作业单位意见：</td><td colspan="5">作业单位负责人：</td></tr>
<tr><td colspan="5">审核意见：
安全防火部门：</td><td colspan="5">审核意见：
生产部或公司主管领导：</td></tr>
</table>

（2）盲板必须符合安全要求并进行编号

根据现场实际情况制作合适的盲板：盲板的尺寸应符合阀门或管道的口径；盲板的厚度需通过计算确定，原则上不得低于管壁厚度；盲板及垫片的材质，要根据介质特性、温度、压力选定；盲板应有大的突耳并涂上特殊颜色，用于挂牌编号和识别。

（3）抽插盲板现场安全措施

确认系统物料排尽，压力、温度降至规定要求；要注意防火防爆，凡在禁火区、抽插易燃易爆介质窗口或管道盲板时，应使用防爆工具和防爆灯具，在规定范围内严禁用火，作业中应有专人巡回检查和监护；在室内抽插盲板时，必须打开窗户或采用符合安全要求的通风

设备强制通风；抽插有毒介质管路盲板时，作业人员应按规定佩戴合适的个体防护用品，防止中毒；在高处抽插盲板作业时，应同时满足高处作业安全要求，并佩戴安全帽、安全带；危险性特别大的作业，应有抢救后备措施及气防站，医务人员、救护车应在现场；操作人员进行抽插盲板连续作业时，时间不宜过长，应轮换休息。

2. 置换

为保证检修动火和进入设备内作业安全，应对检修范围内的所有设备和管线中的易燃、易爆、有毒气体进行置换。对易燃、易爆、有毒气体的置换，大多采用蒸汽、氮气等惰性气体作为置换介质，也可采用注水排气法，将易燃、易爆、有毒气体排出。设备经置换后，若需要进入其内部工作，还必须再用新鲜空气置换惰性气体，以防发生缺氧窒息。

置换作业安全注意事项：

（1）被置换的设备、管道等必须与系统进行可靠隔绝。

（2）置换前应制定置换方案，绘制置换流程图，根据置换和被置换介质密度不同，合理选择置换介质入口、被置换介质排出口及取样部位，防止出现死角。若置换介质的密度大于被置换介质的密度，应由设备或管道最低点送入置换介质，由最高点排出被置换介质，取样点宜在顶部位置及易产生死角的部位；反之，置换介质的密度小于被置换介质时，应从设备最高点送入置换介质，由最低点排出被置换介质，取样点宜放在设备的底部位置和可能成为死角的位置，确保置换彻底。

（3）用水作为置换介质时，一定要保证设备内注满水，且在设备顶部最高处溢流口有水溢出，并持续一段时间，严禁注水未满。用惰性气体作置换介质时，必须保证惰性气体用量（一般为被置换介质容积的3倍以上）。但是，置换是否彻底，置换作业是否已符合安全要求，不能只根据置换时间的长短或置换介质的用量，而应以取样分析是否合格为标准。置换作业排出的气体应引入安全场所。如需检修动火，置换用惰性气体中氧含量一般小于2%（体积分数）。

（4）按置换流程图规定的取样点取样、分析，并应达到合格。

用氮气置换后的设备，如果检修时人要进入设备内工作，则事先需用压缩风吹扫，将氮气赶走，经气体分析氧含量合格后方可进入。否则，人进入设备便会因吸入氮气引起窒息而死亡。

3. 吹扫

对设备和管道内没有排净的易燃、有毒液体，一般采用以蒸汽或惰性气体进行吹扫的方法清除。

吹扫作业安全注意事项如下：

（1）吹扫作业应该根据停车方案中规定的吹扫流程图，按管段号和设备位号逐一进行，并填写登记表，在登记表上注明管段号、设备位号、吹扫压力、进气点、排气点、负责人等。

（2）吹扫结束时应先关闭物料闸，再停气，以防管路系统介质倒流。

（3）用水蒸气吹扫时，设备管道内会积存蒸汽冷凝水，尤其在冬季，冷凝水更多。水一般都积存在设备的底部和管线的低点部位，如不及时除掉，会冻坏设备。因此，用水蒸气吹扫过后，还要用压缩风（空气）吹扫，进行低点放空，把积水扫净。对有些露天设备管线的死角，如无法将水扫净，则必须将设备解体。

(4) 吹扫结束应取样分析，合格后及时与运行系统隔绝。

(5) 丁二烯生产系统停工后不宜用氮气吹扫，因氮气中的氧易生成丁二烯过氧化自聚物。丁二烯自聚物很不稳定，遇明火和氧反应，受热、受撞击可迅速自行分解并发生爆炸。检修这类设备前，必须认真确认是否有丁二烯过氧化自聚物存在，并采取特殊措施破坏丁二烯过氧化自聚物。目前多采用氢氧化钠水溶液处理法直接破坏丁二烯过氧化自聚物，方法如下：

1）设备内物料倒空，气相经放空管线放压。

2）与设备相连的物料管线加盲板或断开。

3）按酸碱配制的操作规定，在加热装置的储槽中配5%的氢氧化钠溶液，并在溶液中加入1%～3%亚硝酸钠（设备中自聚物量大，则亚硝酸钠加入量为3%，量小可按1%）。

4）将配好的混合溶液用泵打入，并充满设备进行循环，通过加热装置将溶液升温至65℃，循环8 h；继续将溶液循环并于8 h内缓慢升温至煮沸，在煮沸下循环16 h，过氧化物即破坏完毕。

4. 清洗和铲除

对置换和吹扫都无法清除的黏结在设备内壁的易燃、有毒物质的沉积物及结垢等，还必须采用清洗和铲除的办法进行处理。避免因为动火时沉积物或结垢遇高温迅速分解或挥发，使空气中可燃物质或有毒物质浓度大大增加而发生燃烧、爆炸或中毒事故。

清洗一般有蒸煮和化学清洗两种。

(1) 蒸煮

一般说来，较大的设备和容器在清除物料后，都应用蒸汽、高压热水喷扫或用碱液（氢氧化钠溶液）通入低压饱和蒸汽煮沸；被喷扫设备应有静电接地，防止产生静电火花引起燃烧、爆炸事故，防止烫伤及碱液灼伤。

(2) 化学清洗

化学清洗常用碱洗、酸洗、碱洗与酸洗交替使用等方法。

碱洗和酸洗交替使用适于单纯对设备内氧化铁沉积物的清洗，若设备内有油垢，先用碱洗去油垢，然后用清水洗涤，接着进行酸洗，氧化铁沉积即溶解。若沉积物中除氧化铁外还有铜、氧化铜等物质，仅用酸洗法不能清除，应先用氨水除去沉积物中的铜成分，然后进行酸洗。因为铜和铜的氧化物污垢及铁的氧化物大部分呈现迭状积附，故交替使用氨水和酸类进行清洗；如果铜及铜的氧化物污垢附着较多，在酸洗时一定要添加铜离子封闭剂，以防因铜离子的电极沉积引起腐蚀。

采用化学清洗后的废液应予以处理后方可排放。一般将废液进行稀释沉淀、过滤等，或采用化学药品中和、氧化、还原、凝聚、吸附以及离子交换等方法处理，使之符合排放标准后排放。

对某些设备内的沉积物，也可用人工铲刮的方法予以清除。进行此项作业时，应符合进设备作业安全规定，特别应注意的是，对于可燃物的沉积物的铲刮应使用铜质、木质等不产生火花的工具，并对铲刮下来的沉积物进行妥善处理。

存放酸碱介质的设备、管线，应予以中和或加水冲洗。例如硫酸储罐（铁质）用水冲洗，残留的浓硫酸变成强腐蚀性的稀硫酸，与铁作用，生成氢气与硫酸亚铁。其化学反应式为：

$$Fe + H_2SO_4 = H_2\uparrow + FeSO_4$$

氢气遇明火会发生着火爆炸，所以硫酸储罐用水冲洗以后，还应用氮气吹扫。氮气保留在设备内，对着火爆炸起抑制作用。如果进人作业，则必须再用空气置换。

5. 其他

（1）检修现场应根据国家标准《安全标志》（GB 2894—2008）的规定，设立相应的安全标志，并且检修现场应有专人负责监护，与检修无关人员禁止入内。在易燃、易爆和有毒物品输送管道附近不得设临时检修办公室、休息室、仓库、施工棚等建筑物。影响检修安全的坑、井、洼、沟、陡坡等均应填平或铺设与地面平齐的盖板，或设置围栏和危险标志，夜间应设危险信号灯。检修现场必须保持排水通畅，不得有积水，检修现场应保持道路通畅、路面平整、路基牢固，并配备良好的照明措施。检修现场道路应设置交通安全标志，其设置地点、形状、尺寸和颜色应符合《道路交通标志和标线》（GB 5768—2009）的规定。检修或施工需要占用道路，影响消防通道时，必须办理审批手续。总之，检修现场和通道应满足安全要求。

（2）切断待检设备的电源，并经启动复查确认无电后，在电源开关处挂上“禁止启动”的安全标志并加锁。

（3）及时与公用工程系统（水、电、气、汽）联系并妥善处置。

（4）检修前，生产部门与检修部门应严格办理安全检修交接手续，交接双方按上述要求进行认真检查和确认，符合安全检修交接条件后，双方负责人在“安全交接书”上签字认可，生产车间在不停车情况下进行检修或抢修，也应详细填写“安全交接书”；检修完工后应认真进行检查，确认无误后对设备等进行试压、试漏、调校安全阀、调校仪表和连锁装置等操作，对检修的设备进行单体和联动试车操作，验收交接。

6. 装置环境安全标准

各种处理工作后，设备交付检修前，生产车间必须对装置环境进行分析，确保达到下列标准；

（1）在设备内检修、动火时，氧含量应为19%～21%，易燃、易爆物质浓度应低于安全值，有毒物质浓度应低于最高允许浓度。

（2）设备外壁检修、动火时，设备内部的可燃气体含量应低于安全值。

（3）检修场地水井、地沟应清理干净，加盖砂封，设备管道内无余压，无灼烫物和沉淀物。

（4）设备、管道物料排空后，加水冲洗，再用氮气、空气置换至设备内可燃物含量合格，氧含量在19.5%～23%。当空气中氧含量减小到一定值时，人体发生的不适症状见表4—1—2。

表4—1—2　　空气中氧含量及对应症状

空气中氧气含量	症状
19%～21%	表现正常
13%～16%	突然晕倒
小于13%	死亡

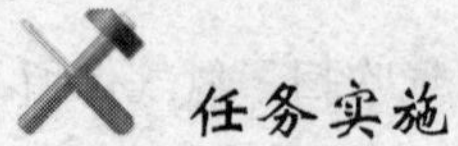

任务实施

学生分组讨论化工生产装置停车的目的、分类，装置在停车前需要做的准备工作，以及停车操作完成后的后处理工作。

根据某尿素装置停车检修项目表（见表4—1—3），分析本次停车检修主要内容及所采取的工艺措施。

表4—1—3　某尿素装置停车检修项目

序号	检修项目内容及简要理由	工艺方案	检修方案及技改编号	施工单位	施工负责人
1	ET01密封气排放管引到地面	改造			
2	高压蒸汽管弹簧支架偏移，更换新弹簧支架	更换弹簧支架			
3	P1704A/B出口管磨损严重	更换出入口管道			
4	V1205B放空阀内漏严重	视情况修复或更换			
5	V1201B罐体伴热管有沙眼泄漏	补焊消除泄漏			
6	P3302B安装新泵	技改			
7	P1304A/B水泵入口管上的偏心异径三通更换	更换三通			
8	E1308加热器底部导淋阀内漏，需更换	更换导淋阀			
9	E51出口安全阀管线变形，进行整改	检查			
10	K1401风机出口管上法兰腐蚀严重，需更换	更换法兰			

尿素装置正常停车实施过程如下：

一、正常停车前的准备工作

1. 确认排放管线畅通

总控岗位接班后就对高压系统所有排放管线（或阀门）、排放总阀、甲铵泵副线进行确认，必须保证每个排放管线（或阀门）、甲铵泵副线都畅通，不通的要及时处理，交班前再次确认一遍，并由班长做好记录。

2. 保持氨水槽、地坑低液位，蒸汽冷凝液槽高液位

保持氨水槽、地坑处于低液位（20%以下）状态，如液位高，则往1 000 m^3氨水槽送，交班前将蒸汽冷凝液槽保持高限操作，为下班停车创造好条件。

二、正常停车操作

1. 再次对高压系统、低压循环系统所有排放管线（或阀门）及甲铵泵副线进行确认，在保证每个排放管线（或阀门）及甲铵泵副线畅通的情况下才能进行停车。

2. 接到调度停车令以后，总控岗位开始将负荷逐步减至最低，通知泵房岗位依次按液氨→甲铵→二氧化碳的顺序退出三物料，联系调度，请其安排人员切断送尿素车间液氨总阀，并将进界区的液氨总阀关闭。

3．在减负荷的过程中开始停水解解吸。停车过程中注意水解泵缓冲槽现场液位，拉至现场液位计底部（必须密切注意现场液位，以防止损坏水解泵）后才停水解给料泵，残留液相通知泵房通过水解泵进出口导淋排至地坑。水解塔排完后继续通蒸汽置换水解解吸系统。

4．总控岗位减负荷过程中，蒸发岗位待尿液槽液位在5%以下时蒸发打循环，待高压圈排放完毕后，重新造粒，将尿液槽液位拉到最低后，蒸发岗位再做长停车处理。

5．总控三物料退出完毕后开始排放高压系统，排放过程中必须注意：

（1）打开除合成塔降液管以外的其他所有排放阀，用排放总阀控制排放速度。

（2）排放速度根据循环压力而定，避免循环系统超压（压力控制在0.3 MPa以内）。排放过程中可采取加大循环水量、提高甲铵泵转速（加速循环）等办法，在允许的情况下适当加大排放速度。

（3）合成塔内液相排完后打开降液管排放阀，将降液管内液相排尽。

（4）高压系统排放完毕后启动冲洗水泵，对各个排放点、三物料管线至循环管线再冲洗一次，液氨泵出口管线由液氨泵打脱盐水进行清洗。

（5）停甲铵泵，排尽循环系统各处残液。

三、系统置换

系统置换包括解吸水解系统的置换、高压系统的置换、低压循环系统的置换、蒸发系统的置换、常压吸收塔的置换和放空总管的置换。

各系统置换完毕后，排尽各系统残液，并用蒸汽将所有排放管线及时进行冲洗置换，以避免排放管线结晶堵塞（特别是泵房地下排放管网）。最后，关闭所有与氨水槽及地坑相通的排放阀门，打开现场低点（或高点）导淋阀，通大气。

四、蒸汽系统泄压

待高压系统、循环（含低压吸收塔、常压吸收塔等）系统、水解解吸系统、蒸发系统置换清洗完毕后，联系调度，请求安排人员切断送尿素装置的蒸汽总阀，同时总控岗位切断进界区蒸汽总阀，高、中、低压蒸汽同时泄压，在泄压过程中将各汽包液位排尽。在蒸汽系统泄压过程中，将高、低调水系统液相排尽。

五、停车过程中的安全环保注意事项

1．停车过程中，进入生产现场必须戴安全帽，穿工作服，且随身携带过滤式防毒面具和防爆式对讲机。一旦发现异常，及时通过对讲机向总控室内人员和当班班长报告。

2．停车过程中，在生产现场检查时，不准踩踏管道、阀门、电缆架及各种仪表管线等设施；去危险部位检查，必须有人监护。

3．停车过程中，必须加强对各系统压力的控制，严禁超压。特别是高压圈排放过程中，必须严格控制排放速度，防止循环系统超压（压力控制在0.3 MPa以内）。同时，一段蒸发喷射器的动力蒸汽阀适当开一点，将闪蒸槽抽至55～75 kPa（绝对压力），防止气氨从尿液缓冲槽和尿液槽的液封盖处外溢而引起氨臭。要避免因操作不当引起系统超压，甚至安全阀启跳。

4．停车过程中，严格执行操作规程，严格执行各项工艺指标，严禁“三违”现象发生。

5．排放操作过程中，开关阀门要缓慢，严禁猛排猛放。

6. 排放操作过程中，严禁将含氨废水或废气直接对地排放。若万一含氨废水无法收集，则必须及时切断出界区的闸板，打开地沟至地坑的阀门，回收到地坑，避免环境污染。

7. 停车过程中，泵房岗位人员必须加强对出车间废水的监控（是否有氨臭，是否含油等），一旦异常，必须及时切断出界区的闸板，回收到地坑。

8. 停车过程中，当班班长和当班兼职安全环保巡视员必须督促分析工加强对出车间废水和解吸废液氨氮的分析（至少每 30 min 分析 1 次），一直到全系统置换泄压完毕为止。一旦废水氨氮含量超过 60×10^{-6}，必须及时将出车间废水和解吸废液收集到地坑。

9. 停车过程中，严禁与生产无关的人员进入生产现场。

10. 停车前，各岗位人员必须认真学习本方案，对本方案的内容必须非常熟悉。若有不清楚或发现有不当的地方，必须及时向车间提出。

11. 本方案未尽事项严格按相关岗位的操作规程执行。

六、职责划分

1. 各班班长对整个装置停车过程中的安全、环保及系统冲洗置换工作负全面责任。

2. 各班兼职安全环保巡视员协助和配合当班班长做好整个装置停车过程中的安全、环保工作，负责对停车过程中的安全环保工作进行监督、检查和纠正。

3. 各岗位主操对本岗位停车过程中的安全、环保及系统冲洗置换工作负全面责任。

4. 各岗位副操积极协助和配合主操做好本岗位停车过程中的安全、环保及系统冲洗置换工作。

【知识链接】

紧急停车系统（ESD）

一、ESD 的概念

紧急停车系统，简称 ESD（Emergency Shutdown Device），是 20 世纪 90 年代发展起来的一种专用的安全保护系统，以它的高可靠性和灵活性受到一致好评，并得到广泛应用。不同的厂商、不同的行业，对这一装置的叫法有所不同。一般的叫法包括安全仪表系统、安全连锁系统、紧急跳闸系统、安全关联系统、仪表保护系统等。

ESD 是一种专门的仪表保护系统，具有很高的可靠性和灵活性，当生产装置出现紧急情况时，保护系统能在允许的时间内做出响应，及时发出保护连锁信号，对现场设备进行安全保护。

二、ESD 和 DCS 的异同

ESD 系统和 DCS 系统虽然独立完成不同的功能，但服务的对象却是同一套装置，两者之间需要也应该建立数据联系，特别是 ESD 系统，其动作条件件、联锁结果、保护措施等都需要在上位机通过各种方式在线监视。

ESD 系统按照安全独立原则要求，独立于 DCS 集散控制系统，其安全级别高于 DCS。在正常情况下，ESD 系统是处于静态的，不需要人为干预。作为安全保护系统，凌驾于生产过程控制之上，实时在线监测装置的安全性。当生产装置出现紧急情况时，不需要经过 DCS 系统，而直接由 ESD 发出保护连锁信号，对现场设备进行安全保护，避免危险扩散造成巨大损失。ESD 与 DCS 的异同点见表 4—1—4。

表 4—1—4　　　　ESD 与 DCS 的异同点

<table>
<tr><th>项目</th><th>ESD</th><th>DCS</th></tr>
<tr><td rowspan="6">不同点</td><td>当生产装置出现紧急情况时，直接发出保护连锁信号，对现场设备进行安全保护，避免危险扩散造成巨大损失</td><td>用于过程连续测量、常规控制、操作控制管理，保证生产装置平稳运行</td></tr>
<tr><td>静态系统。正常工况下，始终监视装置的运行，输出不变，对生产过程不产生影响。异常工况下，按预先设计的策略进行逻辑运算，使生产装置安全停车</td><td>“动态”系统。它始终对过程变量连续进行检测、运算和控制，对生产过程动态控制，确保产品质量和产量</td></tr>
<tr><td>必须测试潜在故障</td><td>可进行故障自动显示</td></tr>
<tr><td>维修时间非常关键，否则会造成装置全线停车</td><td>对维修时间的长短要求不算苛刻</td></tr>
<tr><td>永远不允许离线运行，否则生产装置将失去安全保护屏障</td><td>可进行自动/手动切换</td></tr>
<tr><td>重要连锁控制，安全级别高</td><td>只做一般连锁和泵的开停、顺序等控制，安全级别低</td></tr>
<tr><td rowspan="2">相同点</td><td colspan="2">服务的对象是同一套装置</td></tr>
<tr><td colspan="2">两者之间需要也应该建立数据联系，特别是 ESD 系统，其动作条件、连锁结果、保护措施等都需要在上位机通过各种方式在线监视</td></tr>
</table>

ESD 的显著特点主要表现在以下几个方面：

1. 系统必须有很高的可靠性和有效性（如冗余）。

2. 系统必须是故障安全型的。

3. 如果故障不能避免，故障必须以可预见的安全方式出现。

4. 强调内部诊断，采用硬件和软件相结合的方式检测系统内不正常的操作状态。

5. 采用故障模式和影响分析技术指导系统设计，要确定系统的每个元件会出现怎样的故障，以及怎样检测出这些故障。

6. 该动则动，不该动则不动。

石化等工业企业的重要装置，例如催化、焦化、加氢等系统都独立设置 ESD 系统，其必要性在于降低控制功能和安全功能同时失效的概率，当维护 DCS 部分故障时也不会危及安全保护系统。DCS 故障时，ESD 连锁系统作为最后一道安全防线将装置安全地停下来，避免事故扩大。

思考与练习

1. 简述化工装置停车的目的和原则。

2. 停车的类型有哪些？什么情况下执行正常停车操作？什么情况下执行紧急停车操作？

3. 简述正常停车前的准备工作和停车方案编制的主要内容。

4. 简述正常停车的注意事项。

5. 简述正常停车后的处理工作及操作过程中的注意事项。

任务2　常见反应器停车及催化剂钝化

学习目标

掌握常见反应器的工作原理及设备结构，并能对反应器进行安全、正确的停车操作。掌握催化剂钝化的原理及操作方法，并能够对催化剂进行钝化操作。

任务引入

在生产中，当反应器出现故障需要停车进行维修时，或生产运行一定周期后，需要停车大修时，应如何进行安全、稳定的停车操作？催化剂应该采取什么措施来保护其良好的活性？

任务分析

化工生产中，利用气态的反应物料通过由固体催化剂所构成的床层进行反应的气固相催化反应器应用最为广泛，常见反应器的停车即为固定床反应器的停车。此任务需要掌握固定床的工作原理、正确的操作方法和停车步骤，掌握催化剂钝化原理及方法。

相关知识

一、固定床反应器的停车

固定床反应器正常停车时，要先切出反应物料，并用惰性气体置换（避免停车后反应物料与空气接触烧坏催化剂），然后进行降压降温操作。降压速率一般要求小于0.4 MPa/min，降温速率一般要求在20～30℃/h，否则，设备局部应力过大，会损坏设备。

紧急停车时可直接停反应物料，并对设备进行保温保压操作，待排除故障后重新开车。

二、催化剂的钝化

催化剂的钝化，即当反应器停车时，催化剂需要与氧气反应，使还原态的催化剂氧化为氧化态的催化剂，因为只有氧化态的催化剂才能与空气接触。如果催化剂不经过钝化直接与空气接触，则会被烧结，失去活性。

任务实施

结合固定床反应器仿真软件，通过对固定床反应器实训装置的操作，掌握固定床反应器的停车操作方法，并能独立进行固定床反应器的停车操作。

查找资料，掌握催化剂钝化的操作方法、原理；以合成氨工业中一氧化碳变换催化剂的钝化为例，进行催化剂的钝化操作。

一、固定床反应器的停车

1. 正常停车步骤

（1）逐渐关小反应物进料，并将固定床反应器的保温蒸汽打开，以保证固定床温度恒定；否则，反应器温度过低，反应气体无法置换出催化剂外。

（2）关闭反应物料后，将固定床压力泄至接近常压。

（3）将惰性气体导入固定床反应器内，将设备内的反应物料彻底置换。

（4）置换合格后，将固定床保持一定压力，约 0.2 MPa。

（5）逐渐关小固定床保温蒸汽，使固定床降温并处于平稳状态；在关小保温蒸汽时，一定确认固定床反应器惰性气体置换合格，否则，反应气体还会残留在催化剂表面，对催化剂造成损坏。

（6）等固定床温度降至要求后，关闭保温蒸汽。

2. 紧急停车步骤

（1）逐渐关小反应物进料，并将固定床反应器的保温蒸汽打开，以保证固定床温度恒定。

（2）对设备进行保压。

（3）排除故障后再进行开车。

3. 操作要点

（1）关闭反应物料进料，在将惰性气体导入反应器置换掉反应物料时，必须检测反应器出口的反应物料浓度，待检测浓度低于指标要求后才可停止置换。

（2）在反应器降温过程中，一定要控制降温速度不能太快；一般反应器降温速度可控制在 20～30℃/h。

二、一氧化碳变换催化剂的钝化

1. 钝化前的准备工作

（1）维持氮气管线压力稳定，用氮气将工艺气体置换达到工艺要求。

（2）维持钝化空气管线压力稳定。

（3）使鼓风机处于良好备用状态，校核好进、出口压力表和流量表，低变炉各测温点接临时温度记录仪。

（4）检验人员做好在低变炉出口、鼓风机出口进行氧气含量分析的准备工作，分析频率为 2 次/h。

2. 钝化流程

钝化流程如图 4—2—1 所示。

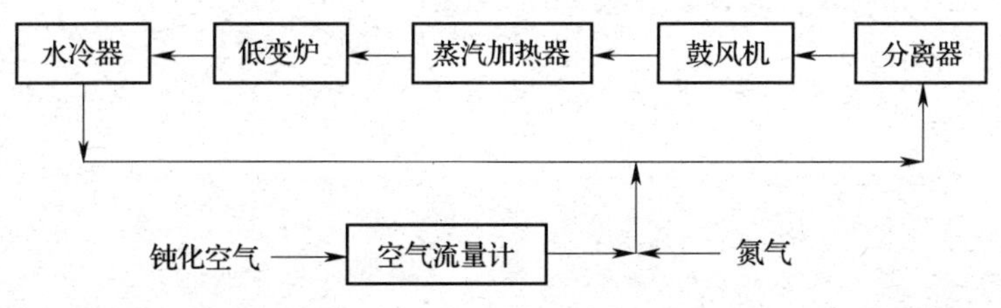

图 4—2—1　催化剂钝化流程

3. 钝化操作

（1）引氮气进入系统，维持氮气压力稳定。启动鼓风机，给冷却器通冷却水，蒸汽加热器通蒸汽，使低变炉入口温度控制在180℃左右。

（2）当低变炉床层各点温度均达160℃后，引钝化空气入低变炉，缓慢向氮气中配入约0.3%的氧气。保持炉进口温度不变，并密切注意床层温升情况。随时调整空气量，检验员开始取样分析氧含量。

（3）控制炉进口温度不变，当催化剂床层温度稳定或开始下降时，逐渐增加空气配入量，床层温升速率控制在30℃/h左右，最终床层热点温度小于等于300℃。

（4）当低变炉出口有氧气穿透时，要注意及时减少空气的配入量。确保鼓风机出口氧含量小于2%。当其他条件不变而出口温度下降时，调整炉子入口温度至210～220℃，控制升温速率为30℃/h。

（5）当床层温度稳定后，氧含量可增加至3%左右，注意床层热点温度不得超过300℃，直至低变炉耗氧为零，并稳定2 h后钝化结束，停止加空气和蒸汽加热器的蒸汽，将床层各点温度都降至50℃以下，停止循环，泄压。

4. 钝化操作注意事项

（1）整个钝化期间必须尽量保证空气压力稳定，以防配入氮气中的氧含量出现大幅波动。

（2）为保证钝化反应空间速度大于250 h^{-1}，钝化过程中应始终维持系统压力稳定。

（3）因一氧化碳变换催化剂的钝化是强放热反应，整个钝化过程中，应始终密切注意床层温度的变化情况，以防超温和升温速率过快，整个床层热点温度始终不得大于300℃。如出现急剧升温，应立即切断空气，补充氮气，待调整到正常后再重新配入空气进行钝化。

思考与练习

1. 固定床反应器在停车时为何要进行置换？
2. 固定床反应器在停车时对降温速率有何要求？
3. 催化剂钝化过程中对空气的加入量有何要求？
4. 催化剂钝化过程中对温度有何要求？

模块五　典型化工装置运行与开、停车

通过对离子膜烧碱、甲醇、尿素、常减压炼油等典型化工装置运行与开、停车的学习，达到加深理解化工装置运行与开、停车理论知识和提高化工装置运行与开、停车操作技能的目的。

任务1　离子膜烧碱装置运行与开、停车

学习目标

掌握离子膜烧碱生产的基本原理、工艺流程及主要设备的结构和作用，能够对离子膜烧碱装置进行原始开、停车操作和正常运行操作，能够准确、迅速地根据现象判断事故类型并及时处理，对重大事故具备一定的提前预知能力。

任务引入

氢氧化钠（NaOH）俗称烧碱、火碱、苛性钠，常温下是一种白色晶体，易溶于水，其水溶液呈强碱性，且具有强腐蚀性。氢氧化钠是一种极常用的碱，在造纸、印染、废水处理、电镀等方面均有重要用途。工业上，离子膜制碱是常用的烧碱制取方法，对于新建或大修后的离子膜制碱装置如何进行开、停车，如何进行操作与控制呢?

任务分析

离子膜制碱即以固体食盐为原料生产烧碱，其核心设备是电解槽。要完成本任务，首先应掌握离子膜制碱的基本原理、工艺流程、主要设备结构等理论知识，然后按照氯碱企业的实际，借助DCS仿真操作强化练习，使学生具有离子膜制碱装置的开停车、正常运行、常见事故判断与处理的能力。

相关知识

一、离子膜烧碱工艺概述

离子交换膜法制烧碱生产由盐水工段、电解工段、氯氢处理工段、盐酸工段、固碱工段等五个工段组成，主要生产流程如图5—1—1所示。

1. 盐水工段

工段任务：主要进行化盐及盐水的初级处理，为电解工段提供所需要的饱和盐水。

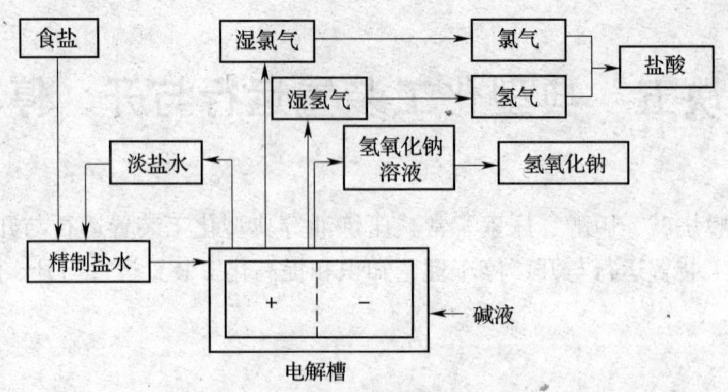

图 5—1—1　离子膜制碱流程

流程：烧碱车间盐水工段包括化盐、配水、前反应、预处理、后反应、膜过滤、中和、压滤、精制剂配制等过程。

2. 电解工段

工段任务：电解二次精制盐水，生产烧碱、氢气和氯气。

流程：由盐水工段来的一次盐水首先加盐酸调 pH 值至 9，然后进入螯合树脂吸附工序脱除 Ca^{2+}、Mg^{2+} 等离子，从螯合树脂吸附工序来的超精制盐水通过总管和支管进入电解槽电解，产物中的液碱送至固碱工段，氢气、氯气送至氯氢处理工段。电解产生的淡盐水被送入脱氯塔，脱氯后循环使用。

3. 氯氢处理工段

工段任务：对从电解槽出来的氢气和氯气进行冷却、干燥处理，为后续生产做准备。

流程：来自于电解工段的氯气，经洗涤、加压、冷却、干燥和压缩工序后输送至各用户。高温的湿氢气经过洗涤、冷却、加压后，送往下游各用户。

4. 盐酸工段

工段任务：处理后的氢气、氯气经反应制得盐酸。

流程：自液氯工序来的液化尾氯（或原料氯气），经氯气缓冲罐和氯气管道阻火器，并由调节阀调节后进入“三合一”炉顶部的燃烧器内层。氯气和氢气以 1∶1.05 ~ 1.10 的比例进入合成炉顶部的石英灯头燃烧，生成的氯化氢气体向下进入冷却吸收段。尾气吸收塔出来的废气经水力喷射泵抽吸后进入循环液槽。

盐酸工段按生产步骤可分为原料输送区、反应合成区、尾气吸收区和成品罐区四个部分。

5. 固碱工段

工段任务：将电解工段来的氢氧化钠电解液预热后送入蒸发器，将水分蒸发后再由片碱机生产固碱。

流程：将电解工段生产的 32% 的氢氧化钠电解液预热后，送入三效蒸发器，以蒸汽热除去电解液中的水分。经过一效蒸发后，含氢氧化钠 48%，二效蒸发后，含氢氧化钠 56%，最后经过三效蒸发后，将电解液中的水分蒸发到含氢氧化钠 98% 或 99% 以上；然后再由片碱机生产固碱，并将在蒸发过程中产生的结晶盐分离，化配成回收盐水返回化盐工段，重新循环使用。

具体过程如下：

（1）一效降膜蒸发器，使用常压水蒸气，加热温度为90℃左右，其内不凝性气体通过表面冷凝器放空，NaOH 溶液经一效蒸发后浓度为48%。

（2）二效降膜蒸发器，使用高压水蒸气，加热温度为150℃，蒸发出来的水蒸气作为一效蒸发的供热介质，NaOH 溶液经二效蒸发后浓度为56%。

（3）三效降膜浓缩器，三效蒸发中碱的温度为340℃，其温度较高，故使用熔盐作为供热介质，蒸发出来的蒸汽作为一效蒸发的供热介质，NaOH 溶液经三效蒸发后浓度达到98%以上。

（4）片碱机，在片碱机中冷却形成 NaOH 固体，称重并罐装后输送至仓库。

二、盐水工段

1. 盐水精制原理

氯碱工业的主要原料为原盐。世界上的盐大部分存在于海水中，地壳的变动使内陆沉积有湖盐、井盐、岩盐。这些原料中含有大量的 Ca^{2+}、Mg^{2+}、SO_4^{2-}、重金属等无机杂质，以及细菌、藻类残体、腐殖酸等天然有机物和机械杂质。这些杂质在化盐时会被带入盐水中，如不彻底去除，将有可能随着盐水通过树脂塔，进入电解槽，造成树脂交换能力下降和离子膜电解效率降低，严重破坏电解槽的正常生产。因此，必须除去这些杂质，以满足电解生产的要求。

精制盐水时加入适量的精制剂，如 Na_2CO_3、NaOH、$BaCl_2$ 等，使杂质沉淀过滤除去，然后加入盐酸调节盐水的 pH 值。

加入 Na_2CO_3 溶液以除去 Ca^{2+}：

$$Ca^{2+} + CO_3^{2-} = CaCO_3 \downarrow$$

加入 NaOH 溶液以除去 Mg^{2+}、Fe^{3+}等：

$$Mg^{2+} + 2OH^- = Mg(OH)_2 \downarrow$$

$$Fe^{3+} + 3OH^- = Fe(OH)_3 \downarrow$$

为了除去 SO_4^{2-}，可以先加入 $BaCl_2$ 溶液，然后再加入 Na_2CO_3 溶液，除去过量的 Ba^{2+}：

$$Ba^{2+} + SO_4^{2-} = BaSO_4 \downarrow$$

$$CO_3^{2-} + Ba^{2+} = BaCO_3 \downarrow$$

这样处理后的盐水仍含有一些 Ca^{2+}、Mg^{2+} 等金属离子，这些阳离子在碱性环境中会生成沉淀，损坏离子交换膜，因此该盐水还需送入阳离子交换塔，通过阳离子交换树脂进一步除去 Ca^{2+}、Mg^{2+} 等。这时的精制盐水就可以送往电解槽中进行电解了。

2. 工艺流程

将固体原盐（或搭配部分盐卤水）与蒸发工段送来的回收盐水、洗盐泥回收的淡盐水按比例混合、加热溶解成含氯化钠的饱和水溶液，同时按原盐中杂质的含量连续加入氢氧化钠、碳酸钠和氯化钡等，使盐水中的钙、镁、硫酸根等杂质离子分别生成难溶的沉淀物，然后加入助沉剂（聚丙烯酸钠等），经过澄清、砂滤得到一次盐水，一次盐水经中和、过滤、树脂吸附等步骤制得质量合格的精盐水，具体过程如图 5—1—2 所示。

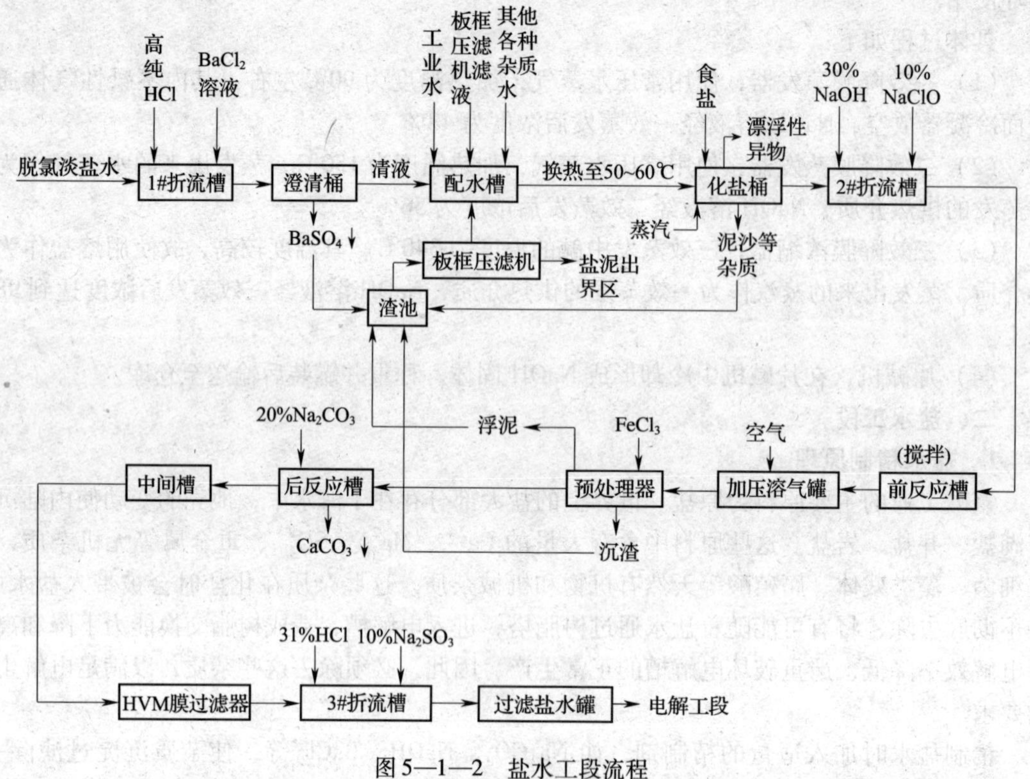

图5—1—2　盐水工段流程

（1）化盐

化盐水由桶底部通过分布管进入化盐桶内。分布管出口均采用菌帽形结构，防止盐粒、异物等进入化盐水管道造成堵塞。

1）对工业盐质量的要求。氯化钠含量要高，化学杂质如氯化钙、氯化镁、硫酸钙、硫酸钠等含量要低，不溶于水的机械杂质要少，盐颗粒要粗，天然有机物和菌、藻、腐殖酸等含量要低。

2）化盐温度。为制得饱和盐水，生产中采用热法化盐，这是因为：

①由氯化钠在水中的溶解度表可以看出，它的溶解度随温度的升高而稍有增加。

②盐的溶解速度随温度升高而增大，热法化盐可缩短盐水达到饱和的时间。

③温度越高，在饱和盐水中生成 $Mg(OH)_2$、$CaCO_3$、$BaSO_4$ 的反应越快、越彻底，可促进悬浮物反应完全，加速沉降物的沉降速度。

④盐水的过滤速度与黏度、盐泥的形态、颗粒的大小、架桥性能等多种因素有关。提高盐水温度，可以使盐水黏度和密度降低，使盐泥形成较大的颗粒，过滤速度增大，有利于过滤。

综上所述，提高温度对盐水精制的各个工序都有好处，但温度过高会加大能耗，经过生产实践的验证，化盐温度一般控制在 50～60℃，58℃为最佳。系统过程的温度不宜下降太快，化盐出口温度与过滤前盐水的温差不宜大于3℃，因此，设备及管道都应尽量缩短或保温。

3）盐水的浓度。盐水浓度的变化会导致过滤过程中盐结晶析出，影响过滤能力和滤膜的寿命。过滤盐水应是不饱和或饱和的，但后者很难控制得当，因此，要求盐水中 NaCl 含量在 300 ~ 310 g/L。如过饱和的盐水进入过滤器，当温度下降较多，会出现 NaCl 结晶析出，这不仅会堵塞 HVM 膜孔，造成过滤阻力增大，同时，NaCl 在结晶过程中会使 HVM 膜受到机械损坏，缩短使用寿命。

（2）脱硫酸根

来自电解工序的脱氯淡盐水中的硫酸根超标时，在 1#折流槽加入来自高纯盐酸高位槽浓度为 31% 的高纯盐酸，调节 pH 值为 8.5 左右。氯化钡在氯化钡配制槽配制成浓度为 20% 的氯化钡溶液，将氯化钡溶液泵送入 1#折流槽，与淡盐水中的硫酸根混合反应后流入澄清槽，澄清去除硫酸钡沉淀。从澄清槽上部流出的清液进入配水槽参与配水，硫酸钡盐泥被排入渣池。

（3）配水

工业水、来自电解的返回过滤盐水、脱氯淡盐水、脱硫酸根后的淡盐水、来自板框压滤机的滤液、再生系统回收盐水、卤水、氢气洗涤液等杂水直接进配水槽进行配水。上述各部分的水在配水槽中混合后作为化盐水，由溶盐桶给料泵经化盐水换热器加热到 50 ~ 60℃，送入溶盐桶底部。

（4）前反应

来自氢氧化钠高位槽浓度为 30% 的氢氧化钠溶液和来自次氯酸钠高位槽浓度为 10% 的次氯酸钠溶液，经转子流量计分别加入 2#折流槽内，流入前反应槽。将其液位控制在大于等于 75% 的位置，前反应槽搅拌转速 20 r/min 左右，避免沉淀。镁离子与氢氧化钠反应生成氢氧化镁，菌藻类、腐殖酸等有机物则被次氯酸钠溶液中的游离氯氧化分解成为小分子有机物。

（5）预处理

前反应槽中的粗盐水由加压泵抽出，经气水混合器与空气混合后，送入加压溶气罐。在空气缓冲罐加压下将空气溶解在粗盐水中，进入预处理器，并在预处理器进口管道上的文丘里混合器中加入 $FeCl_3$ 为絮凝剂。$FeCl_3$ 配制槽中配制浓度为 1% 的 $FeCl_3$ 溶液，由 $FeCl_3$ 溶液泵打入文丘里混合器中。当粗盐水进入预处理器后，突然减压，使空气形成微小气泡释放出并被吸附在悬浮物的表面上，使悬浮物的假密度远小于盐水的密度而上浮，形成浮泥而排出，少量颗粒下沉在预处理器的底部定期排出，清液自出口自流至后反应槽。浮泥和沉渣排入渣池。

（6）后反应及膜过滤

经预处理后，粗盐水除去了大部分镁离子和有机物，自流入后反应槽。同时，碳酸钠配制槽中配制的浓度为 20% 的碳酸钠溶液，由碳酸钠溶液泵打入后反应槽，在搅拌机搅拌混合均匀后，盐水中的钙离子与碳酸钠反应形成碳酸钙沉淀。充分反应后的盐水进入中间槽，经过滤器进液泵分别送至 HVM 膜过滤器。经过 HVM 膜过滤器进行过滤，控制过滤器进液泵压力小于等于 0.3 MPa，清液经上腔口自流入 3#折流槽。过滤一段时间后，当滤饼达到一定厚度时，系统自动进入反冲洗状态，进液阀、回流阀、反冲阀、排气阀按各自的功能自动进行切换，使滤饼脱离滤袋，沉降到过滤器的锥形底部，系统重新进入过滤状态，当底部滤渣达到一定厚度时，系统自动打开排渣阀将滤饼排出。过滤器截留的滤渣排入渣池。膜运行一定时间后，为了保持较高的过滤能力和较低的过滤压力，须用15%盐酸进行化学再生。15%盐酸从酸洗液储槽由酸洗液进液泵供应，清洗液可循环使用。

(7) 中和

过滤后的精盐水自流入3#折流槽，通过高纯盐酸高位槽加入浓度为31%的高纯盐酸，调节pH值，再通过亚硫酸钠高位槽加入浓度为10%的亚硫酸钠溶液，除去游离氯，自流入过滤盐水储槽，经过滤盐水泵送至电解工段。

(8) 压滤

来自澄清槽的沉渣、预处理器顶部和底部的盐泥、HVM膜过滤器的滤渣都流入渣池，经盐泥泵送至板框压滤机。压滤后的滤液流入滤液槽后，经滤液泵送至配水槽。盐泥经压滤、洗涤、除水并经压缩空气吹干为含液率质量分数小于50%的滤饼，被送出界区。

3. 主要设备

(1) 化盐桶

化盐桶的结构如图5—1—3所示，其作用是把固体原盐、部分盐卤水、蒸发回收盐水和洗盐泥回收淡盐水按比例掺和，并加热溶解成氯化钠饱和溶液。化盐桶一般是由钢板焊接而成的立式圆桶，桶上有盐水溢流槽及铁栅，与盐层逆向接触上升的饱和粗盐水从上部的溢流槽溢流出，原盐中夹带的绳、草、竹片等漂浮性异物经上部铁栅阻挡除去。沉积于桶底的泥沙定期从化盐桶底部的出泥孔清除。在化盐桶中部设置加热蒸汽分配管，蒸汽从分配管小孔喷出，小孔开设方向向下，可避免盐水飞溅或分配管堵塞。在化盐桶中间还设置折流圈，折流圈与桶体成45°角。折流圈的底部开设用于停车时放净残存盐水的小孔。折流圈的作用是避免化盐桶局部截面流速过大或化盐水沿桶壁走短路造成上部原盐产生搭桥现象。

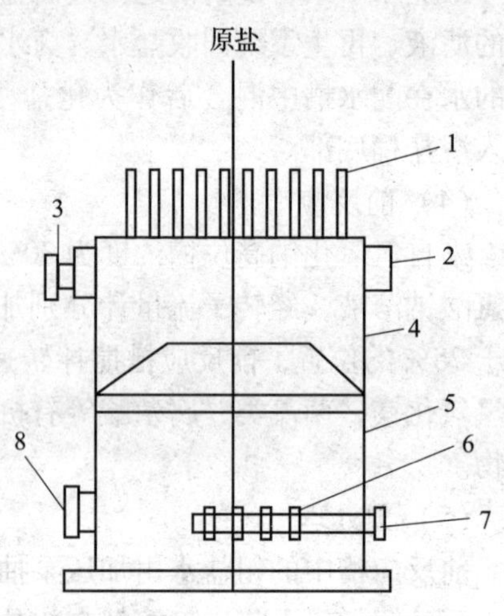

图5—1—3 化盐桶

1—铁栅 2—溢流槽 3—粗盐水出口 4—桶体 5—折流圈 6—折流帽 7—溶盐水进口 8—人孔

(2) 凯膜过滤器

凯膜过滤器主要用来过滤盐水中的微小固体颗粒杂质。所谓凯膜即聚四氟乙烯经特殊拉伸后形成的不规则多孔膜，孔径约0.5 μm，极薄的PTFE膜被复合在经加强的PP或PTFE无纺布上，最后经表面处理使PTFE膜由疏水性转为亲水性。

过滤时，液体中的悬浮物被全部截留在薄膜的表面，由于薄膜具有极佳的不黏性和非常小的摩擦因数，因而薄膜滤料不易产生堵塞的现象。这样在不增加运行负荷的情况下，既保证了液体的最大通量，同时也有效地收集了液体中的固体颗粒。质密、多孔、光滑的聚四氟乙烯薄膜使固体颗粒的穿透率接近零，它的低摩擦因数、化学稳定性和表面光滑的特点使过滤压力仅需0.05~0.1 MPa，并且薄膜的表面极容易清理，以其极为短暂的清膜时间，使过滤过程基本达到连续运行。同时，聚四氟乙烯又是一种强度很高的材料，使滤料寿命大大高于常规滤料。

三、电解工段

1. 电解原理

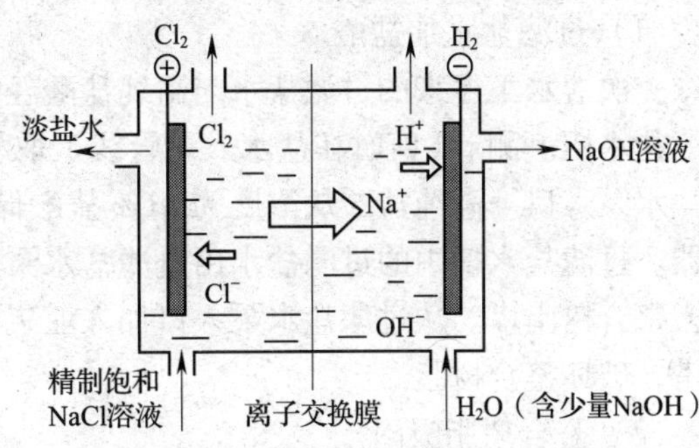

图 5—1—4 离子交换膜法电解原理

电解原理如图 5—1—4 所示，阳离子交换膜有一种特殊的性质，即它只允许阳离子通过，而阻止阴离子和气体通过，也就是说只允许 Na^+ 通过，而 Cl^-、OH^- 和气体则不能通过。这样既能防止阴极产生的 H_2 和阳极产生的 Cl_2 相混合而引起爆炸，又能避免 Cl_2 和 NaOH 溶液作用生成 NaClO 而影响烧碱的质量。

在离子交换膜电解槽中发生下列电化学反应，消耗掉超精制盐水，生产出烧碱。

阳极室内的氯化钠在溶液中电离，反应式如下：

$$NaCl = Na^+ + Cl^-$$

阳极反应的基本原理是阴离子 Cl^- 被氧化生成 Cl_2：

$$2Cl^- = Cl_2 + 2e$$

阳极室的钠离子随着水分子透过离子交换膜迁移到阴极室。水在阴极室内被电解，反应式如下：

$$2H_2O + 2e = H_2 + 2OH^-$$

阴极反应的基本原理是氢离子被还原为氢气，并产生氢氧根离子，钠离子与氢氧根离子结合生成氢氧化钠：

$$Na^+ + OH^- = NaOH$$

整个电化反应总括如下：

$$2NaCl + 2H_2O = 2NaOH + Cl_2\uparrow + H_2\uparrow$$

2. 工艺流程

电解工段的工艺流程如图 5—1—5 所示，本工段包括过滤盐水加盐酸、螯合树脂吸附、电解、淡盐水脱氯四个单元，具体如下：

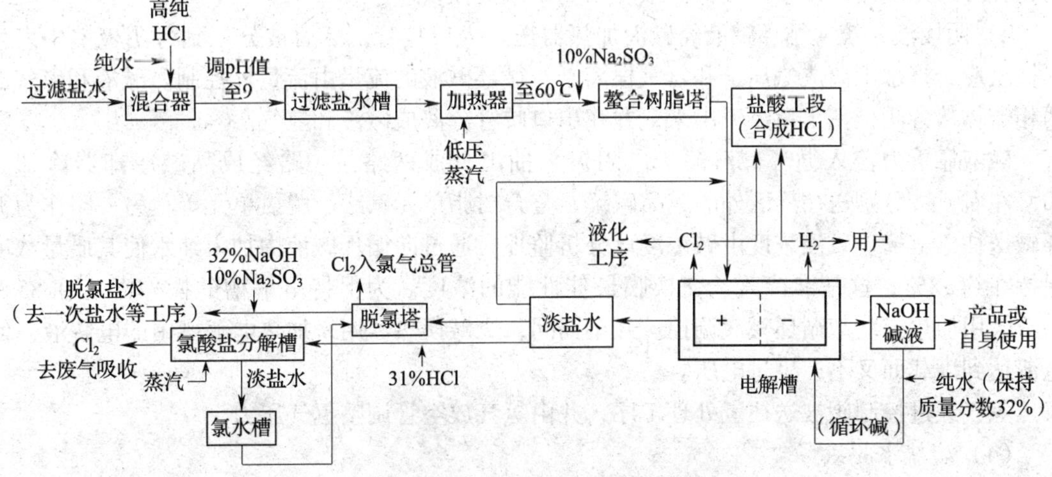

图 5—1—5 电解工段流程

（1）过滤盐水加盐酸

一次盐水工序来的过滤盐水与高纯盐酸经管道混合器混合，调节其 pH 值到 9 后，进入过滤盐水槽。测 pH 值时在盐水入口管线上取样，由 pH 值在线分析仪分析，分析液流入过滤盐水泵入口。高纯盐酸从浓度为 31% 盐酸储槽由盐酸给料泵送出，用纯水稀释后进入混合器。过滤盐水槽中的过滤盐水由过滤盐水泵经过滤盐水加热器用低压蒸气加热到约 60℃，送入螯合树脂塔。从过滤盐水泵入口加入亚硫酸钠彻底除去游离氯，以防游离氯进入螯合树脂塔，破坏螯合树脂。

（2）螯合树脂吸附

加热后的过滤盐水经流量调节阀被送往由三塔组成的螯合树脂吸附单元。螯合树脂单元操作可分为吸附和再生两个过程。吸附过程通过树脂的吸附提高 Ca^{2+}、Mg^{2+} 含量，以满足离子膜电解槽的需要。通常情况下，三塔螯合树脂吸附单元中的两塔串联运行，一塔再生。在设计能力下，运行 24 h 后螯合树脂失去吸附能力，此时在串联中的第一螯合树脂塔会自动用酸、碱和纯水进行再生，以恢复该塔树脂的交换能力。原运行的第二塔变为第一塔运行，如此循环使用。在三塔正常运行情况下，过滤盐水进入 A 塔的上部，盐水从塔底出来后，进入 B 塔，再进入 C 塔，最后出树脂塔。

从螯合树脂塔出来的超精制盐水（SPB），经树脂捕集器进入超精制盐水槽，用超精制盐水泵送入电解工序。

（3）电解

1）阳极液系统。超精制盐水从二次盐水精制系统来，通过循环盐水支管注入入口歧管，然后被分配到各个阳极室，分解为氯离子和钠离子。进料 SPB 流量由流量计控制。淡盐水和湿氯气的两相流体从各阳极室的出口溢流出来，在出口歧管被分离成淡盐水和产品氯气流。淡盐水靠重力流入阳极液接受槽。在进入阳极液接受槽前，加入 HCl 使淡盐水酸化。氯气被送往氯气处理工序。

酸化后的淡盐水由淡盐水泵从阳极液槽抽出并分成三路，一路作为循环淡盐水与超精制盐水混合后进入电解槽，一路送往脱氯塔，另一路去氯酸盐分解槽。

纯水罐中的纯水（WD）由纯水泵送来。纯水在停车期间用于稀释阳极液以防止盐结晶，在开车期间用于调整阳极液的浓度以满足膜的需要。

2）阴极液系统。循环碱液经碱液加热器送入入口歧管，然后被分配到各阴极室中发生阴极反应，将水电离成氢离子和氢氧根离子。循环碱液的流量由流量计控制。碱液和氢气的两相流体从各阴极室出口溢流出来，并在出口歧管分离成碱液和氢气。

碱液靠重力流入循环碱液罐，由阴极泵抽出分成两路：一路经成品碱冷却器冷却到 50℃左右，被分别送往界区外的成品碱罐、螯合树脂单元碱罐、脱氯单元等；另一路作为循环碱送往电解槽。碱液浓度由碱浓度计分析监控，通过向循环碱液中加入纯水使其质量浓度保持在约 32%，这是维持离子交换膜最佳性能的浓度。为保持电解槽的操作温度在 85 ~ 90℃，用加热或冷却循环碱液调控。开车期间，烧碱换热器用来加热电解槽中的电解液，使电流达到满载而又不产生过电压。

氢气经过控制阀被送往氢处理工序，并由氢气放空管调整氢气压力。

（4）淡盐水脱氯

来自电解工序的淡盐水被送入脱氯塔。淡盐水中的大部分氯气被真空泵装置脱除。在脱氯塔出口，淡盐水中游离氯的最大含量约为 20×10^{-6}。在送出界区的脱氯后盐水管线上，添加质量分数为32%的氢氧化钠溶液和质量分数为10%的亚硫酸钠溶液，彻底除去盐水中剩余的游离氯。

3. 主要设备

（1）电解槽

电解槽结构如图5—1—6所示，离子交换膜电解槽主要由阳极、阴极、离子交换膜、电解槽框和导电铜棒等组成，每台电解槽由若干个单元槽串联或并联组成。电解槽的阳极用金属钛网制成，为了延长电极使用寿命和提高电解效率，钛阳极网上涂有钛、钌等氧化物涂层；阴极由碳钢网制成，上面涂有镍涂层。阳离子交换膜把电解槽隔成阴极室和阳极室。

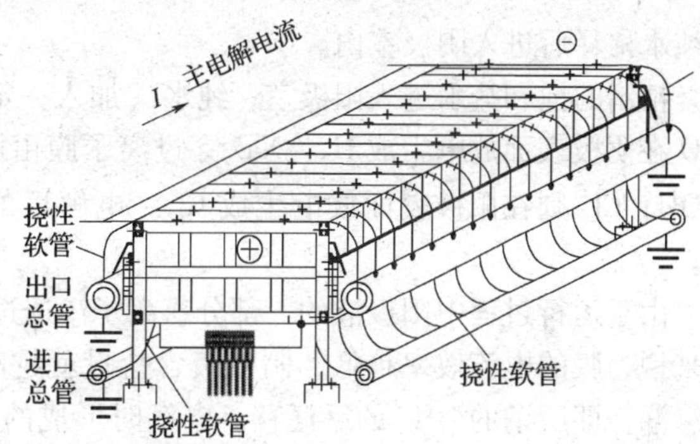

图5—1—6 离子膜电解槽

1）强制循环电解槽。强制循环电解槽中的电解液利用循环泵加压后进入电解槽，并使电解槽保持一定的压力，这对离子膜是加压操作。

强制循环电解槽的优点：电解槽内部的气体体积减小，使电流密度更加均匀，从而降低了槽电压；压力下能够减少离子膜的摆动，防止离子膜受损；减少气体的含水量，降低热损失和氯气干燥成本；降低气体输送成本。

强制循环电解槽的缺点：液体压力大，阻力损失大，压差不稳定，离子膜易受机械损坏；电解槽的压力也是循环泵的压力，不仅对泵的要求高，而且容易发生误操作，产生大压差。

2）自然循环电解槽。自然循环电解槽的出口压力是气体压力，槽出口压力阻力损失几乎为零，电解液和电流对压差影响小，压差稳定。虽然是自然循环，但是由于采用了新设计，循环量几乎和强制循环相当。由于离子膜的上部采用了气液分离室，使膜始终保持润湿，运行压差稳定，保护了离子膜。自然循环电解槽由于压力较低，所以槽电压较高。

3）单极槽和复极槽。电解槽的单极和复极是按照供电方式确定的。在单极槽（见图5—1—7）内部，直流供电电路是并联的，因此，通过各个单元槽的电流之和即为单极槽的总电流，各单元槽的电压是相等的，单极槽的特点是低电压、大电流。复极槽（见图5—1—8）正好相反，每个单元槽是串联的，电流相等，电压是各个单元槽的槽电压之和，复极槽是低电流、高电压操作。

向氢氧化钠循环管线中加入纯水来调整阴极室内烧碱的浓度。

淡盐水随同氯气被排出阳极室。阴极室内产生的烧碱随同氢气被排出阴极室。循环碱液

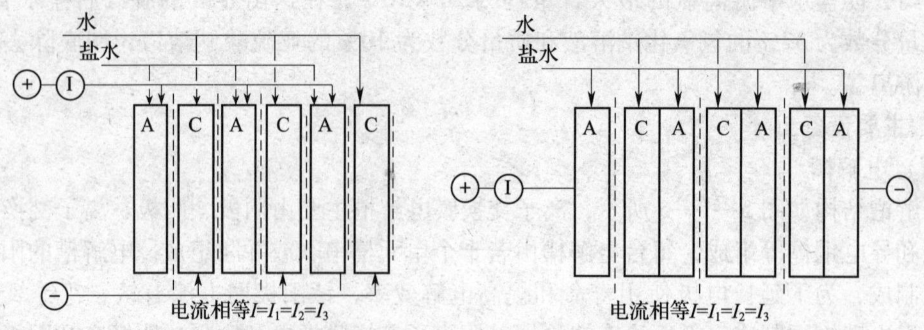

图 5—1—7　单极电解槽供电原理　　　　图 5—1—8　复极电解槽供电原理

用纯水稀释后进入阴极室内。

精制的饱和盐水进入阳极室；纯水（加入一定量的 NaOH 溶液）加入阴极室。通电时，H_2O 在阴极表面放电生成 H_2，Na^+ 穿过离子膜由阳极室进入阴极室，导出的阴极液中含有 NaOH；Cl^- 则在阳极表面放电生成 Cl_2。电解后的淡盐水从阳极导出，可重新用于配制盐水。

由于运行过程中阳极液的一部分氯离子渗透过离子膜，所以阴极液中含有少量的盐。总的来说，膜的电流效率越低，阴极液含盐量就越高。Na^+ 迁移量的降低取决于 OH^- 透过膜的渗漏，即所谓的 OH^- 的反迁移。电解时形成的电场促使 OH^- 从阴极室向阳极室反迁移。电解槽电流效率的降低，无论阴极还是阳极，均直接导致 OH^- 的损失，且当阴极液浓度大于 32% 时，电流效率随着 OH^- 浓度的增加而降低。因此，产出的 NaOH 浓度受到限制，通常为 32% ~35%，取决于所使用的离子膜类型。

（2）离子膜

全氟离子膜是由含磺酸或羧酸基的全氟单体和四氟乙烯两者共聚而成，其结构如下：

```
   F   F   F   F   F
   |   |   |   |   |
 —C—C—C—C—C—
   |   |   |   |   |
   F   F   O   F   F
           |
        Rf—SO3H（COOH）
```

全氟羧酸、磺酸复合离子膜主要由磺酸层、羧酸层和增强网布组成，零极距膜表面再涂一层无机物。膜厚 250 ~ 350 μm，羧酸层厚 35 ~ 90 μm。靠近阴极侧的羧酸层为阻挡层，具有正高离子选择渗透性，电流效率取决于该层。靠近阳极侧的磺酸层具有正高离子传导性，电压的高低取决于该层。聚四氟乙烯为膜中骨架，主要是为了提高膜的强度，膜的无机物涂层的作用主要是使电解槽产生的气体能快速逸出。全氟离子膜性能参数主要受离子交换容量、含水率、膜电阻、水在膜中的渗透性、膜的离子迁移数影响。

（3）氯气、氢气安全系统

1）氯气安全系统。湿氯气安装于电解氯气总管的旁路上，一端与电解氯气总管相连，另一端与事故氯气处理塔相通，中间有隔板相隔，液封高度 60 mm。当抓气处理的负压系统因突发故障发生正压时，带压的事故氯气便将水封冲掉，排向事故氯气处理塔泄压，用碱液进行吸收处理，以保护氯气负压系统的管道、设备以及电解槽的安全。确定水封高度时应充分考虑系统所能承受的最大正压冲击力。

为防止离子膜受到氯气超压引起的任何机械伤害，设计用氯气正压水封，总管的氯气冲破罐中的水封排放至氯气废气处理工序，与氢氧化钠反应制得次氯酸钠。

2）氢气安全系统。为防止离子膜受到阳极和阴极之间压差超标引起的任何机械伤害，设计用氢气放空罐，当超压时，氢气可被排放至大气。为防止氢气燃烧，氢气放空管上接有氮气管线和低压蒸汽线，用于熄灭偶然的火灾。

装置开车和停车时产生的所有氢气，可通过氢气放空管或氢气分配台经氢气阻火器排放。

四、氯气和氢气处理工段

1. 基本原理

（1）氯气处理

超精盐水溶液电解时获得的温度较高、伴有饱和水蒸气，并夹带一定盐雾杂质的湿氯气。这种湿氯气对钢铁及大多数金属有强烈的腐蚀作用，给氯产品的生产和氯气的输送造成困难。干燥脱水后的氯气在通常条件下对钢铁等常用金属材料的腐蚀是比较小的，因此，本工序的主要任务是对湿氯气进行干燥。首先将湿氯气与水进行热交换，使湿氯气的温度下降，湿氯气中的大部分水和盐雾杂质被冷凝洗涤下来，再用浓硫酸对含少量水的湿氯气进行干燥。

（2）氢气处理

自电解槽阴极室来的湿氢气含有大量的水蒸气和碱雾，通过冷却降温的办法，降低气体分子的动能，使水由气态凝结为液态并与氢气分离，从而达到氢气干燥的目的。

（3）废气处理

来自离子膜电解系统开停车时的不合格氯气，氯处理工序、液氯系统和盐酸工序的废氯气，以及泄压氯气和事故氯气，通过质量分数为15%烧碱溶液吸收，氢氧化钠与氯气反应生成次氯酸钠溶液。其反应式如下：

$$Cl_2 + 2NaOH \xlongequal{} NaClO + NaCl + H_2O$$

反应是放热反应，必须及时移走反应热。否则会使吸收液温度上升，发生下面的副反应：

$$3NaClO \xlongequal{} NaClO_3 + 2NaCl$$

由上式可见，使产品保持一定的过碱量可以抑制副反应的进行。

（4）氯气液化

来自氯气处理工序的原料氯气在一定的压力下经氯气液化器与氟利昂间接换热后，使氯气冷却到低于该压力下的临界温度，此时氯分子的动能降低，分子间分离的趋势减小，从而使大部分氯气被冷凝成液氯，小部分不凝气体作为液氯尾气送往高纯盐酸工序。

2. 工艺流程

本工段由氯气处理工序、氢气处理工序、废气处理工序和氯气液化工序组成，其流程分述如下：

（1）氯气处理工序

本工序的流程如图5—1—9所示。

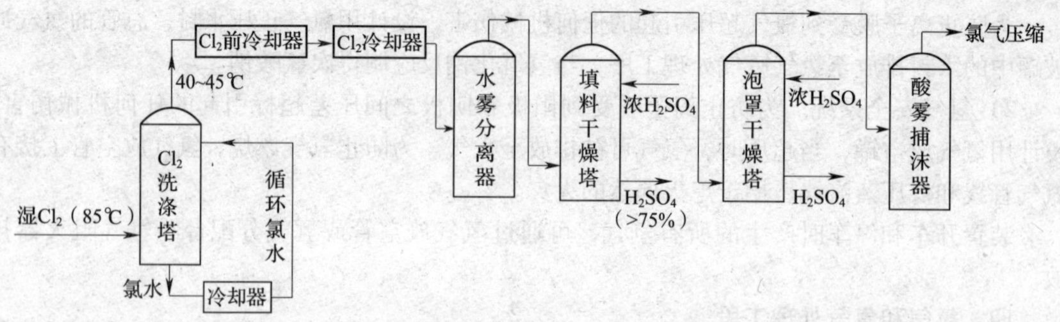

图5—1—9　氯气处理工序流程

1）氯气洗涤、冷却。由电解工序来的湿氯气（温度约85℃）进入氯气洗涤塔底部，循环氯水由氯水循环泵打出，经氯水冷却器用循环水冷却换热后，进入氯气洗涤塔上部与氯气直接逆流接触，氯气冷却到40～45℃，氯气中85%～90%的水分得到冷凝，并除去了氯气中所夹带的盐雾。出塔氯气经喷水饱和后，由氯气风机加压至1 500 mm水柱以下（约60℃），再次经喷水饱和后进入氯气前冷却器，用循环上水冷却到35℃以下。然后氯气进入氯气冷却器用冷冻水进一步冷却，氯气出口温度由冷冻水调节阀控制在12～18℃。在此冷却过程中，氯气中大约80%的水分被冷凝下来。冷却后的氯气经水雾分离器过滤后进入干燥系统，该分离器的水雾捕集率在99%以上。

2）氯气干燥。通过水雾分离器过滤后的12～18℃氯气进入填料干燥塔下部，循环酸由硫酸循环泵加压后经循环酸冷却器用冷冻水冷却到15℃后进入填料干燥塔上部，与氯气逆流接触除去氯中水分。塔底的出酸浓度控制在75%以上。氯气中的水分被硫酸吸收，放热，这部分热量大部分由循环酸冷却器带走，少部分由氯气吸收，因而出填料干燥塔的氯气温度升到约19℃。

出填料塔的氯气，进入泡罩干燥塔下部，与浓硫酸逆流直接接触干燥，从泡罩干燥塔顶出来的氯气含水量小于100×10^{-6}，温度约20℃。干燥后的氯气经酸雾捕沫器捕集酸雾后，进入氯气压缩系统。

3）氯气压缩。通过酸雾捕沫器过滤后的干燥氯气经压缩机压缩到0.15 MPa，氯气压缩系统设有级间冷却器，用循环水冷却压缩后的氯气，经氯气分配台送到液氯工序液化。如果下游用户的用氯量减少，氯气分配台的氯气压力升高，超压氯气则在压力控制阀的控制下排放到废气处理工序，以保持系统平稳运行。

4）硫酸系统。浓度为98%的浓硫酸自液体罐区经栏式过滤器到浓硫酸储槽，由浓硫酸泵分三路：一路至酸雾捕沫器，一路至液氯包装工序，一路经浓硫酸冷却器用冷冻水冷却后，经流量自控阀进入泡罩塔上层塔板。泵到酸雾捕沫器的浓硫酸连同酸雾捕沫器捕集的酸雾一同溢流到泡罩干燥塔底部。泡罩干燥塔底部的酸由酸泵泵至冷却器用冷冻水冷却后，进入泡罩干燥塔底层塔板，作为干燥酸形成酸循环。泡罩塔底部的硫酸一路溢流进入填料塔底部，由填料塔循环酸泵泵至填料塔酸冷却器，用冷冻水冷却后进入填料塔，作为干燥酸形成酸循环。

多余的酸降到一定浓度后排至稀酸接受罐。稀酸接受槽内的废酸由废酸泵打至液体罐区。

(2) 氢气处理工序

氢气处理工序流程如图5—1—10所示，来自电解槽阴极的氢气首先进入氢气水洗塔，此塔为一空塔，内装数层喷淋装置，冷却水经喷水装置，自塔顶喷淋下来，与自塔底进入的氢气相遇，进行冷却和洗涤，氢气所带的大部分水蒸气和碱雾便被洗涤下来，随同用过的冷却水一起排出。从洗涤塔出来的氢气分为两部分：一部分经过 H_2 风机输送到冷却塔进一步冷却，然后由缓冲罐分配到片碱工段作加热介质，或与 Cl_2 反应，或到氢压站；另一部分由 H_2 压缩机输送到水雾捕集器，然后输送给用户使用。压缩过程中使用 N_2 作为保护气体。

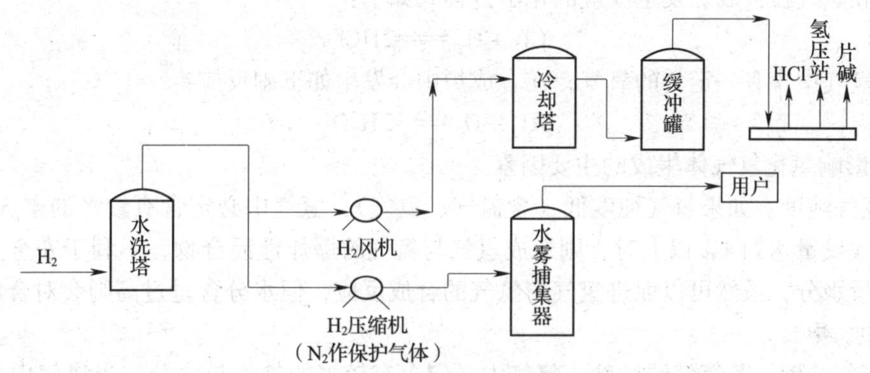

图5—1—10 氢气处理工序流程

开停车时浓度较低的氢气、运行过程中的不合格氢气以及过剩的氢气，经分配台的放空管道和氢气阻火器排入大气。

湿氢气中经氢气洗涤塔洗涤、冷凝下来的碱性水，进入氢气洗涤塔底部，在氢气洗涤塔液位自动调节控制下，由洗涤液循环泵送至一次盐水工序。

(3) 废气处理工序

电解开、停车时的废气、液氯工序的事故氯气、氯压机超压排放的氯气，以及各种事故状态时的废氯气进入吸收塔的下部，与循环碱液逆流接触进行吸收反应。从吸收塔顶部出来的未反应完的含氯尾气再进入尾气塔下部，与预先配制好浓度约为13.52%的碱液反应，进一步除去其中的氯气，达到环保排放标准的尾气经风机排入大气中。为了保证在电解开、停车时氯气总管有足够和稳定的负压，在引风机入口处设置补空气调节阀，通过控制空气进入量来维持氯气总管的负压。

(4) 氯气液化工序

自氯气处理工序来的原料氯气（约0.15 MPa，50℃）经原氯捕沫器及流量调节阀进入氯气液化器，与自螺杆冷冻机组来的氟利昂液体在约－24℃下换热后，80%～90%的氯气变成液体。从氯气液化器出来的温度约－22.7℃的液氯与不凝气（少量未被液化的氯气与其他杂质气体）一起进入液氯分离器，在液氯分离器中进行气液分离，分离出的液氯流入液氯储槽，不凝气进入尾气总管，然后到尾气分配台与其他废氯气（如液氯储槽进液氯时排出的氯气、排污槽排出的不凝气、抽钢瓶的氯气等）混合后送往高纯盐酸工序或废气处理工序。

五、盐酸工段

1. 基本原理

原料氯气与氢气按一定比例在合成炉里混合燃烧，发生化合反应生成氯化氢气体，并产生大量反应热，反应生成的氯化氢气体被纯水吸收形成质量分数为31%的高纯盐酸。在"三合一"合成炉中产生的燃烧热和溶解热由循环冷却水带走。

（1）氯化氢合成

氢气和氯气在高温、光照或催化剂存在的条件下，迅速发生反应生成氯化氢气体，甚至会以爆炸的形式急剧进行。氢气在氯气中稳定燃烧也可以生成氯化氢气体。

氯气和氢气在合成炉发生反应的化学方程式如下：

$$Cl_2 + H_2 = 2HCl$$

由于氢气中含有一定量的氧气，在合成炉中会发生如下副反应：

$$2H_2 + O_2 = 2H_2O$$

（2）影响氯化氢气体生成的主要因素

1）氢气纯度。如果氢气纯度低（含氮气、氧气），氢气中必定含有较多的空气和水分。当氢气中含氧量达到4%以上时，则形成氢气与氧气的爆炸性混合物，不利于安全生产。氢气中含少量水分，虽然可以促进氢气与氯气的合成反应，但水分含量过高则会对合成炉等设备造成腐蚀。

2）氯气纯度。若氯气纯度低，氯气中必定含有较多的氢气与水分，当氯气中含氢量达到5%以上时，则形成氢气与氯气的爆炸性混合物，不利于安全生产。

3）氢气与氯气的配比。根据氢气与氯气反应方程式，两者理论上是按照1∶1分子比进行合成的，但工业上都是控制氢气过量。一般在氯化氢合成中，氢气与氯气的配比控制在（1.05～1.1）∶1。氢气过量最多不能超过10%，否则不利于安全生产。如果氯气过量，则游离氯易与炉壁及冷却管等反应生成氯化铁（黄色结晶体）而腐蚀设备，使成品酸中铁离子含量升高；此外，游离氯在降膜式吸收塔中与水反应生成次氯酸，对不透性石墨起缓慢的局部氧化作用。因此，为避免盐酸中产生游离氯，合成反应中必须控制氢气过量5%～10%。

（3）影响氯化氢气体吸收的因素

1）温度的影响。氯化氢的溶解度随吸收液温度的升高而降低。由于溶解时放出的大量热量，吸收液的温度升高，降低了氯化氢的溶解度，不能制备浓盐酸。因此，为了提高吸收氯化氢气体的能力和盐酸的浓度，除了对氯化氢气体冷却外，还应设法移走溶解热，使吸收在合适的温度下进行。

2）纯度的影响。在同一温度下，氯化氢气体的分压越高，即氯化氢气体纯度越高，制备的盐酸浓度也越高。

3）流速的影响。根据双膜理论，氯化氢气体的流速越大，氯化氢气体的气膜越薄，氯化氢分子的扩散速度越大，吸收效率越高。

4）氯化氢气体和吸收水接触面积的影响。氯化氢气体和吸收水接触的面积越大，氯化氢分子向吸收水中扩散的机会越多，吸收效果越好。

2. 工艺流程

盐酸工段按生产步骤可分为原料输送、反应合成、尾气吸收三部分，其流程如图5—1—11所示。

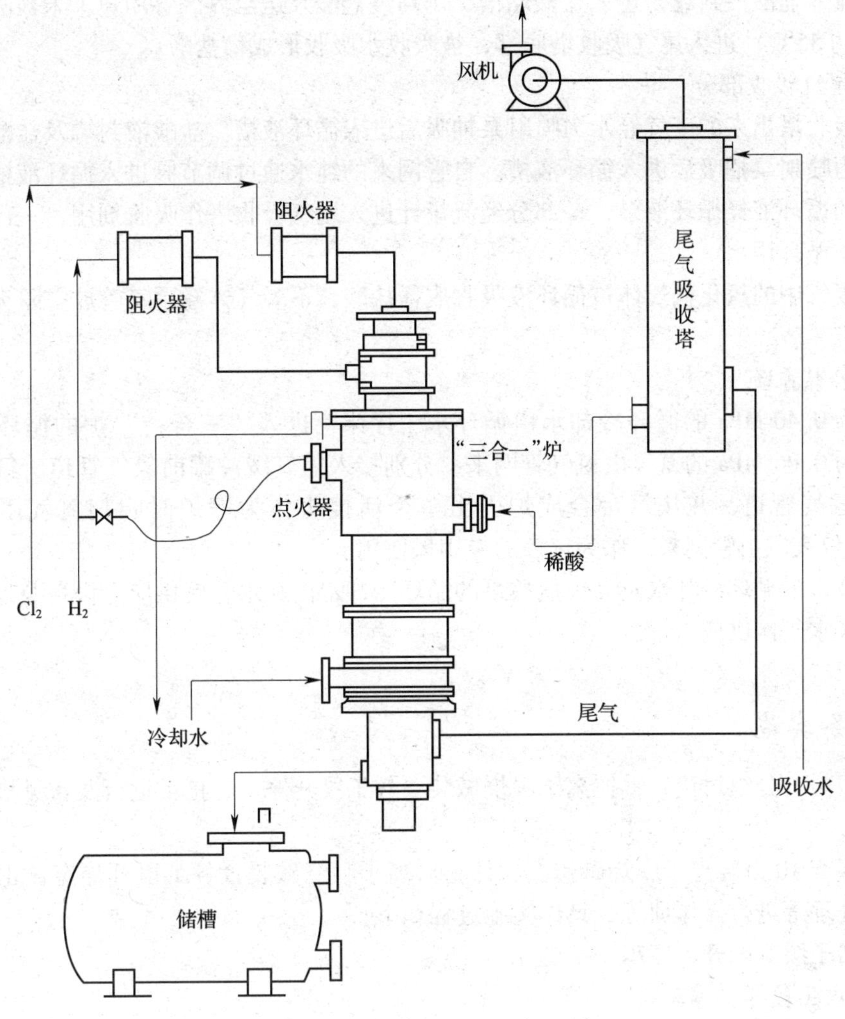

图 5—1—11　盐酸工段工艺流程

（1）原料输送部分

如图 5—1—11 所示，自液氯工序来的液化尾氯气（或原料氯气），经氯气缓冲罐、氯气管道阻火器，再经调节阀调节后进入“三合一”炉顶部的燃烧器内层。

氢气处理工序送来的氢气，经氢气缓冲罐、氢气管道阻火器降低氢气含水量和温度后，经调节阀调节进入“三合一”炉顶部的燃烧器外层。

（2）反应吸收部分

氯气和氢气以 1∶（1.05 ~ 1.10）的比例进入合成炉顶部的石英灯头，燃烧生成氯化氢气体，生成的氯化氢气体向下进入冷却吸收段。

从尾气吸收塔来的浓度约为 5% 的稀盐酸，也从合成炉的顶部进入，经分布环呈膜状沿合成炉壁向下流至吸收段，再经分配流入块孔式石墨吸收的轴向孔，与氯化氢气体一起顺流而下。与此同时，氯化氢气体不断地被稀盐酸吸收，浓度变得越来越低，而盐酸浓度则越来越高，成为 31% 的盐酸，燃烧和吸收放出的热量由循环冷却水带走。

最后未被吸收的氯化氢气体经“三合一”炉底部的气液分离器进行气液分离，浓盐酸靠液位差流入盐酸液封罐，进入盐酸储槽，用高纯盐酸泵送至界区各用户。未被吸收的氯化氢废气（约55℃）进入尾气吸收塔底部，被吸收水吸收形成稀盐酸。

（3）尾气吸收部分

尾气吸收塔出来的废气经水力喷射泵抽吸后进入循环液槽。盐酸液封罐及盐酸储槽中的废气经水力喷射泵抽吸后进入循环液槽。自管网来的纯水通过调节阀进入循环液槽。从循环液槽出来的循环液经循环液泵，一部分经流量计进入尾气吸收塔作吸收剂用，一部分送至水力喷射泵作循环用水。

系统废气中的氯化氢气体被循环液吸收成稀盐酸，不凝气体经尾气管放空阻火器排入大气。

（4）公共系统

压力为0.40 MPa 的循环冷却水由循环水工序来，进入“三合一”炉的循环冷却水管道。压力为0.06 MPa 的氮气由氮气管网来，分别接入氢气缓冲罐前氢气管道、氢气管道阻火器前的氢气管道，并从每台合成炉引出一个活接头作为停炉时吹扫氮气用。压力为0.6 MPa的仪表风由管网来，作为仪表的专用风使用。

循环液泵的循环冷却水及高纯盐酸泵的循环冷却水由纯水管网供应。设备及地面冲洗用的水由自来水管网供应。

任务实施

查找资料、分组讨论，掌握离子膜烧碱装置各工段开停车、正常运行及常见事故处理的方法。

应用年产10万吨离子膜烧碱仿真软件，对离子膜烧碱装置各工段开停车、正常运行及常见事故处理等进行操作训练，具体实施过程如下。

一、离子膜制碱开、停车

1. 盐水工段开、停车

（1）开工操作步骤

开工操作步骤如图5—1—12所示。

1）预处理系统投料

①配水。打开配水罐各配水管道的截止阀门，将各路水引入配水罐。

②溶盐桶加盐。确认配水罐液位处在50%以上，打开装置空气进罐阀门进行搅拌。启动原盐刮板运输机，向溶盐桶加盐。

③引化盐水入溶盐桶。打开化盐水管线上的截止阀门，使化盐水经化盐水换热器通入溶盐桶，待溶盐桶盐层高度达到6.5 m时，启动溶盐桶给料泵，同时打开蒸汽阀门给化盐水换热器供蒸汽，加热化盐水。自动控制调节阀，调整化盐水换热器出口的温度在58℃左右。

④投加NaOH、NaClO。确认盐水流入2#折流槽。依次打开NaOH高位槽出口阀门、烧碱转子流量计前后阀门，向折流槽中加入NaOH；依次打开NaClO高位槽出口阀门、NaClO转子流量计前后阀门，向折流槽中加入NaClO。盐水流入前反应槽后，液位达到槽高的1/3时启动前反应槽搅拌器。

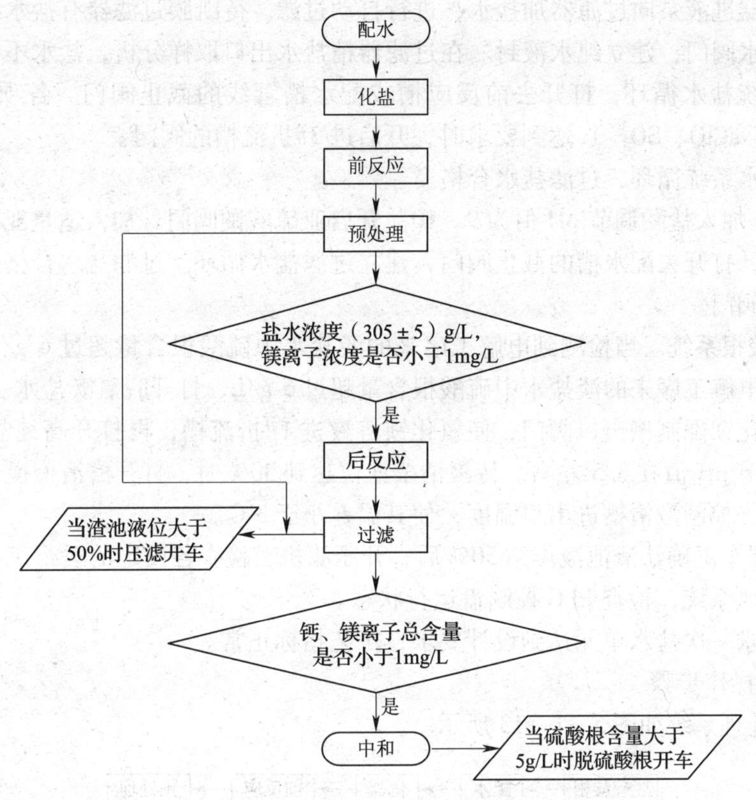

图5—1—12 盐水工段开工操作流程

⑤加压溶气。打开气水混合器盐水入口阀门。前反应槽液位为70%时，启动加压泵，向气水混合器加盐水。当加压溶气罐液位达到中间视镜时，打开气水混合器压缩空气入口阀门。调节加压溶气罐压力，使压力保持在0.25 MPa左右。打开加压泵出口pH值在线分析仪手阀门，自动检测盐水的pH值，根据分析结果，调整NaOH加入量。

⑥加$FeCl_3$。打开预处理器入口球阀门。当加压溶气罐液面达到中间视镜时，开启截止阀门向预处理器进料。调节减压释放阀门为适当位置，使预处理器以适当的上升流速运行。打开$FeCl_3$配制槽出口阀门，打开文丘里混合器$FeCl_3$加料阀门，启动$FeCl_3$计量泵，加入适量的$FeCl_3$。

⑦建立预处理系统盐水循环。打开预处理器盐水出口总阀门。当镁离子含量超标时，打开预处理器出口，不合格盐水去前反应槽回流管线截止阀门。当盐水浓度低时，打开预处理器出口，不合格盐水去配水罐管线的截止阀门，使盐水在预处理系统循环。取样分析，盐水合格后，打开去后反应槽管线的截止阀门，使盐水进入后反应槽。

至此，要求盐水系统循环正常，预处理盐水合格。

2）过滤器系统投料

①投加Na_2CO_3。待盐水流入后反应槽时，开启Na_2CO_3阀门向后反应槽加入Na_2CO_3，以沉淀溶液中的Ca^{2+}。当后反应槽液位达50%时，分析Na_2CO_3过碱量，根据分析结果，调整Na_2CO_3加入量，使其含量在0.2～0.5 g/L。

②过滤器投料。打开进液、反洗、排渣等接口的手动根部阀门，待中间槽液位达50%

时，开启过滤器进液泵向过滤器加盐水，进行自动过滤。待凯膜过滤器有盐水溢流时，打开液封纯水的上水阀门，建立纯水液封。在过滤器精盐水出口取样分析，盐水不合格时，建立过滤器处理系统盐水循环，打开去前反应槽或配水槽管线的截止阀门。各项指标（NaCl、Ca^{2+}、Mg^{2+}、NaClO、SO_4^{2-}）达到要求时，开启进3#折流槽的阀门。

至此，盐水系统循环，过滤盐水合格。

3）中和。加入盐酸调节 pH 值为 9 ~ 10。开启亚硫酸钠阀门，加入适量亚硫酸钠。若过滤盐水不合格，打开去配水槽的截止阀门，建立过滤盐水循环。过滤盐水合格后，打开去电解工序的截止阀门。

4）脱硫酸根系统。当检测到电解工序来的淡盐水中硫酸根含量超过 6 g/L 时，脱硫酸根系统。确认电解工序来的淡盐水中硫酸根含量超过 6 g/L，打开脱氯淡盐水去 1#折流槽的阀门，打开氯化钡配制槽出口阀门，使氯化钡溶液进 1#折流槽，再打开高纯盐酸进 1#折流槽的阀门，调节 pH 值在 8.5 左右。待澄清槽液位达到 30% 时，打开澄清槽搅拌器。调节脱氯淡盐水流量，控制澄清槽进出口温度，使其温差小于 3℃。

5）压滤开车。确认渣池液位达 50% 后，开压滤机，检查各设定的运行工艺指标，检查工艺风、仪表风系统，检查 PLC 控制盘运行状态。

至此，要求一次盐水单元达到设计要求，工艺指标正常。

（2）停工操作步骤

1）停预处理系统如图 5—1—13 所示。

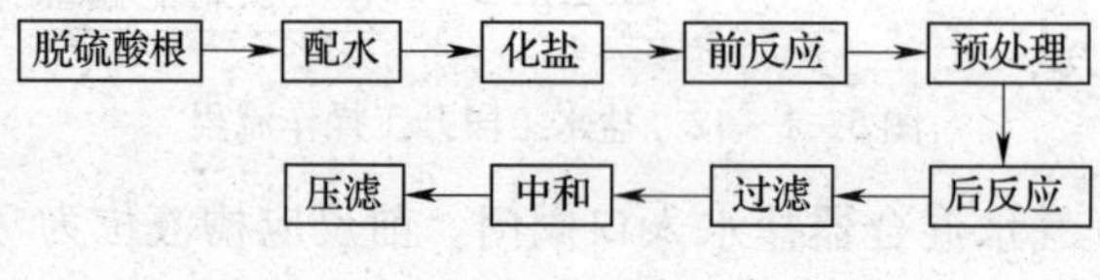

图 5—1—13　盐水工段停工操作步骤

①停脱硫酸根系统。关闭 $BaCl_2$ 计量泵，关闭 $BaCl_2$ 配制槽出口阀门，关闭转子流量计前后阀门，关闭盐酸进口阀门及盐酸高位槽根部阀门。

②配水。关闭配水罐各配水管道的截止阀门，慢慢地关闭蒸汽进盐水换热器截止阀门，打开蒸汽进板式换热器疏水器阀门排液，打开蒸汽出板式换热器疏水器旁通阀排液。

③停止加盐。停原盐刮板运输机。

④停溶盐桶给料泵。关闭溶盐桶给料泵出口阀门，停溶盐桶给料泵，关闭溶盐桶给料泵入口阀门，关闭化盐水管线上截止阀门。

⑤停加 NaOH、NaClO。依次关闭 NaOH 高位槽出口阀门和转子流量计前后阀门，关闭 NaClO 高位槽出口阀门和转子流量计前后阀门，停前反应槽搅拌器。

⑥关闭加压溶气罐。关闭气水混合器压缩空气入口阀门，关闭加压泵，关闭气水混合器盐水入口阀门，关闭加压溶气罐的出口阀门，关闭减压释放阀门，控制罐内压力。

⑦停加 $FeCl_3$。关闭 $FeCl_3$ 计量泵，停加 $FeCl_3$，关闭文丘里混合器 $FeCl_3$ 加料阀门。

至此，预处理系统停工完毕。

2）停过滤器系统

①停加 Na_2CO_3。待盐水停止流入后反应槽时，关闭 Na_2CO_3 阀门，停止向后反应槽加入 Na_2CO_3。

②停过滤器。在工艺风压力小于0.3 MPa 前，及时关闭过滤器所有的根部阀门，同时停止过滤器进液泵向过滤器送盐水。

3）中和。依次关闭盐酸高位槽出口阀门和转子流量计前后阀门；关闭亚硫酸钠高位槽出口阀门和转子流量计前后阀门。

4）冲洗相关管线。用生产水冲洗澄清槽底部和预处理器底部排泥管线，用生产水或纯水冲洗预处理器清液出口管线。

5）停公用系统。停新鲜水，停循环水，停纯水，停仪表风，停工艺风，停蒸汽。按照停工顺序依次关闭相应装置的截止阀门即可。

最终，检查设备、工艺管线有无跑、冒、滴、漏现象，检查工艺风、仪表风系统，检查PLC 控制盘状态。

（3）紧急停车

紧急停车时必须遵守事故处理原则。紧急停车步骤如下：

1）通知调度及其他工序。

2）HVM 膜过滤器部分。按下 PLC 控制盘的“停机”按钮。关闭 HVM 膜过滤器排渣手动阀、进液手动阀、反冲手动阀和放液手动阀，关闭所有过滤器进液泵的出口阀门。

3）预处理部分。关闭加压溶气罐出口手动阀和入口工艺风阀门。关闭计量泵，停加 $FeCl_3$。关闭文丘里混合器 $FeCl_3$ 入口阀门，关闭各个泵的出口阀门。

4）中和部分。关闭盐酸出口阀门和亚硫酸钠出口阀门。

5）关闭各个物料口出口阀门，防止物料跑、冒、滴、漏等现象。其他各工序按正常停车程序进行。

2. 电解工段开、停车

（1）开车操作步骤

开车操作步骤如图 5—1—14 所示。

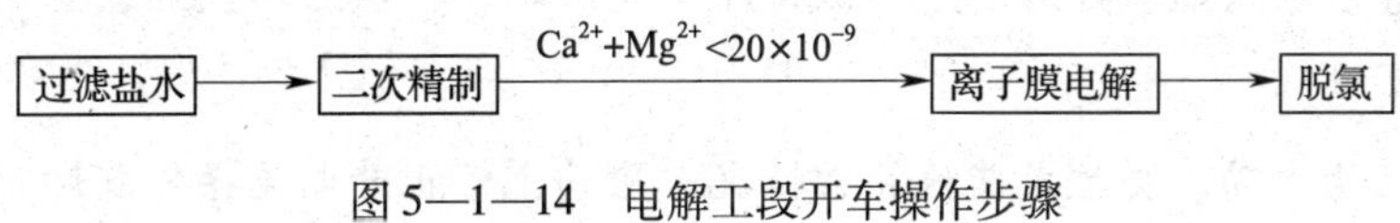

图 5—1—14　电解工段开车操作步骤

1）盐水系统打通流程

①相关工序确认。确认一次盐水工段正常运行，一次精制盐水质量合格。确认电解工序已具备通盐水条件；确认脱氯工序已具备开车条件。联系一次盐水工段，引盐水进过滤盐水罐。确认最终过滤盐水储罐的液位。联系化验分析盐水指标，确认过滤盐水质量达到规定等级。打开 NaOH 罐入口阀，供给规定量的 32% NaOH 溶液。打开盐酸罐入口阀，供给规定量的浓度为 31% 的盐酸。

②螯合树脂再生。确认螯合树脂塔加入了规定量的螯合树脂（共 3 塔）。确认螯合树脂塔设定状态未发生变化，阀门开关正常。

③建立螯合树脂塔盐水循环。操作 PLC，投用控制系统。开启过滤盐水泵，调节泵小流量向螯合树脂塔内加入过滤盐水。向过滤盐水加热器通蒸汽，加热进料的过滤盐水，调节蒸汽阀门的开度，控制盐水的温度在（60 ± 5）℃。逐步打开盐水管线上的阀门，使盐水按下列顺序通过螯合吸附单元进行循环：过滤盐水储罐→最终过滤盐水泵→最终过滤盐水加热

器→螯合树脂塔。

2）电解通电前确认

①供电系统确认。整流器正常，做好通直流电的准备。目测检查电槽和所有母排与地之间无短路。用欧姆表检测是否所有母排和电槽均与地良好绝缘。确认极化电源正常，可随时投用。

②氢气系统确认。氢气密封槽和放空罐加水建立水封。放空罐和氢气总管阀内通氮气，置换其中的氧气，使含氧量小于0.5%。

③相关工序确认。确认一次盐水精制工序和二次盐水精制工序正常运行。确认脱氯工序具备开车条件。确认氢处理工序所有氢气管线和设备用氮气吹扫置换合格，氧含量小于0.5%后，联系氯氢工段停止氮气置换。确认氢、氯、废气处理工序已运行。

至此，确认完毕，电槽开车。

3）电解槽通电、升电流

①通电前的确认。确认氮气置换氢气管线工作完成，氮气中含氧量应低于0.5%（体积分数）。确认盐水、烧碱溢流状况正常。确认在电槽周围无任何人员在工作。通知调度及相关工段，准备接通整流器并提升电流。

②送电。通过透明的特氟隆管目测带有气体的阳极液和阴极液溢流的情况，以及阳极溢流管颜色变化情况，确认电解液分布均匀。

③提升电流到3 kA。调节纯水和SPB的流量与3kA的电流相对应，以1 kA/min的速度缓慢提升电流到3 kA，电流升至3 kA时停极化电流。用便携式电压表检查所有单元槽电压大于2.3 V，小于4.0 V。

④提升电流至5 kA。调节纯水和SPB的流量与5 kA的电流相对应，以1 kA/min的速度缓慢提升电流至5 kA。用便携式电压表检查所有单元槽电压在2.5～3.1 V。

⑤氯气、氢气切换。联系氯氢处理工序，保持压力无波动，将氯气从废气处理工序切换到氯气处理工序。联系氯氢处理工序，保持压力无波动，将氢气切换到氯氢处理工序。

【注意】

如果发现压力波动、失控或其他异常情况，应马上停止升电流操作或切断整流器。

⑥提升电流至14.47 kA。提升至目标电流前，根据已制定的流量表调节纯水和SPB的流量与电流负载相对应，以1 kA/min的速度缓慢提升电流至13 kA。联系化验员对电解槽进行分析。用烧碱换热器维持循环烧碱的温度，使达到目标电解槽的温度（87℃）。调节纯水和SPB的流量与14.47 kA电流负载相对应，继续升电流至额定电流14.47 kA。

⑦调整操作。电解产品达到规定要求，氯氢压力正常并稳定，压差稳定在3 500 Pa左右。容器液位正常，设备运行正常。至此，电解槽送电、升电流操作完毕。

⑧脱氯系统投用。至此，系统稳定运行，工艺指标正常。

（2）停车操作步骤

停车操作步骤如图5—1—15所示。

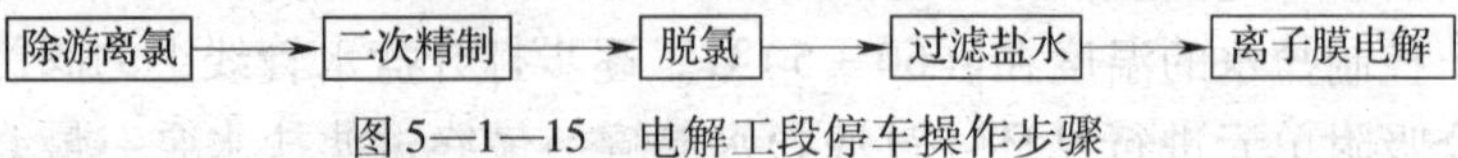

图5—1—15　电解工段停车操作步骤

1）二次精制工序

①停进料盐水。按下相应的再生按钮，第一塔自动进入再生操作，其余的塔仍处于吸附反应状态。

②盐水浓度稀释。稀释螯合树脂塔中盐水浓度到10%：

第一步（再生完成塔）	水洗	30 min	8.9 m^3/h
第二步（再生完成塔）	鼓泡	5 min	2.3 m^3/h（标准状况下）
第三步（吸附操作塔）	排液	15 min	
第四步（吸附操作塔）	水洗	30 min	8.9 m^3/h
第五步（吸附操作塔）	鼓泡	5 min	2.3 m^3/h（标准状况下）

停纯水输送泵，停止纯水供应。确认各阀门状态正确，交付检修。

2）电解工序

①联系。联系调度及相关工序，做好降负荷准备。通知相关工段准备降电流。

②降电流。以1 kA/min速度降电流。按14.47 kA、13 kA、11 kA、9 kA、7 kA、5 kA、3 kA顺序降电流，注意保持氯氢压差。

降一次电流以后，立即调低精盐水的供给量、纯水供给量及盐酸加入量，与相应的电流负荷对应。电流降至3 kA后，需维持淡盐水循环。

③游离氯置换。提升SPB流量至13.8 m^3/h，从阳极室排出游离氯气。确认从阳极室排出游离氯气后（置换2 h以上），SPB流量降至10.5 m^3/h。将温度控制仪旋至手动模式，关闭蒸汽进口阀门。停止向烧碱中加纯水和向进料盐水中加盐酸。以16.3 m^3/h的流量维持各回路烧碱的循环。

④电解槽储液保护。当电槽温度降至70℃以下时，调节极化电流使各回路电压恒定在127 V。存放时，将温度降至40℃以下，极化电流进行20 A恒流控制。

电解槽停车完毕，进入存储阶段。电解系统保压进行储液保护。

3）脱氯工序

①停车前的准备。脱氯工序正常运行，确认电解单元，准备停车，与调度及相关工段进行联系，进行停工前的单元调整操作。

②停车。关闭氯酸盐分解槽蒸汽调节阀，关闭工艺风进入氯酸盐分解槽的阀门，关闭HCl进入氯酸盐分解槽的阀门，关闭淡盐水进入氯酸盐分解槽的阀门，停止氯酸盐分解槽的工作。

停氯水泵，停阳极液泵，停止向脱氯塔送淡盐水。确认停供淡盐水后，停真空泵。待脱氯塔液位降至15%，停脱氯盐水泵。确认已停止向盐水工段供给脱氯盐水后，停止添加NaOH和Na_2SO_3。停Na_2SO_3给料泵。

3. 氯氢工段开、停车

（1）开车操作

1）废气系统开车

①吸收塔、尾气塔建立碱液循环。投用循环液冷却器和尾气塔冷却器循环水。启动吸收塔循环泵和尾气塔循环泵进行碱液循环。碱液开始循环冷却，通过调节回流阀门和出口阀门的开度，保持泵出口压力稳定在正常值。

②启动引风机。启动引风机，调节尾气塔出口空气补给阀门的开度，稳定吸收塔进口氯

气（自电解工序）压力。

③接收废气，调整操作。开启各工序向吸收塔排废氯气的阀门，使废氯气进入废氯系统。确认各点压力、温度、浓度正常，碱储槽液位正常，各机泵运转正常。

2）氯气系统开车

①启动机泵，建立循环。投用氯水冷却器和氯气前冷却器循环水。启动洗涤塔氯水循环泵、填料塔酸泵和泡罩塔酸泵，调整泵出口压力，建立循环。

②启动钛风机操作。打开压缩机入口管线上的废气排放自控阀的前后阀，开启氯气压缩机进口管线上的排放废气阀，打开钛风机出口和氯气前冷却器的增湿阀门，联系电解岗位，启动钛风机。调整钛风机出口回流调节阀的开度，保证氯气总管压力稳定；调整氯气压缩机进口管线上的废气排放阀开度，将废气排入废气处理工序。

③启动氯气压缩机。打开防喘振回流自控阀的前后阀，打开氯气压缩机入口的充氮阀，启动氯气压缩机。确认氯气压缩机运行正常，系统压力正常，氯气系统开车完成。

3）氯气液化系统开车

①投用螺杆制冷机组。启动螺杆冷冻机组，向液化器供制冷剂。确认液化器通气前液化器内的温度降至 -24℃左右。

②氯系统进行相关操作。按调度室通知，与盐酸工序和包装工序联系。微开液化器泄压阀，开启液氯分离器的液氯出口阀和尾气阀。

③引入原氯，液氯系统投用。开启原氯捕沫器进口阀。通知分析化验人员取样分析氯气纯度，当氯气纯度在85%以上时，与调度室联系准备进料。微开液氯储槽上的平衡阀，开启液氯储槽上的液氯进口阀，开启原氯捕沫器至液化器的阀门。用氨水对管线及设备进行试漏，做到人随物料走。开启液化器氯气进口阀。

【注意】

氯气进入系统时，对各设备进行有氯试漏。

④液氯输送系统投用。通知包装工序，准备接收液氯。投用液氯泵低压密封，微开中间槽上的平衡阀，当液氯储槽的液位达到50%时，开启液氯储槽出口阀。开启中间槽进口阀，当中间槽的液位大于40%时，启动液氯泵。开液氯泵出口阀，调节自控阀的开度，控制液氯泵出口压力在规定值（1.0 MPa）。把自控阀设在自动挡，设定值为1.0 MPa。根据调度安排，将液氯送往充装工序。

⑤开车正常后，对设备阀门以及各控制点做全面检查。

4）氢气系统开车

①启动氢气压缩机。

②调整操作。在电解升电流的过程中，通过调整回流自控阀和放空自控阀保持系统压力稳定。调节进氢气洗涤塔的循环水量，控制洗涤塔出口的氢气温度在45℃，调节氢气压缩机冷却器的循环水量，控制压缩机出口的氢气温度在45℃。联系分析人员分析氢气纯度，应在99.9%以上。

（2）停车操作

确认各部分参数正常，压力、流量正常。

1）氯气降量。根据电流负荷下降情况，调整使氯气洗涤塔出口压力保持在0 kPa左右。

逐渐调节氯气压缩机入口自控阀门的开度，关闭氯气至液化工序的阀门。调节氯气压缩机防喘振回流自控阀，使氯气压缩机入口压力保持在 0～10 kPa。打开氯气分配台上氯气至废气处理工序的阀门。通知相关工序，做好停车工作。

2）根据原氯压力变化情况，对氯气液化操作进行相关调整。接到调度室停车通知后，通知盐酸工序。开始降电流时，调节冷冻机组的制冷量，保证吸气压力和排气压力稳定，控制液化器温度。关闭尾气分配台上尾气去盐酸工序的阀门，开启尾气分配台上去废气处理工序的阀门。当原氯压力降到 0.08 MPa 时，停止供原氯。

3）氢气降量。调节放空管道阀门开度，根据情况关闭去用户的阀门，将氢气放空。根据电解槽电流情况，逐步关小氢气压缩机进口阀门，开充氮阀门。缓慢地调节氢气压缩机出口至入口的回流调节阀。

4）停氯压机、钛风机。全部电槽停止送电后，调节回流氯气阀门开度，保持系统压力稳定（氯压机继续运行 15 min 再停）。缓慢地打开氯压机入口的氮气阀门，向氯压机充入氮气，逐渐关闭进氯压机入口的阀门，开启氯压机前去废气的阀门。确认氯压机内的氯气被氮气置换合格。停止氯压机运行。得到通知后关闭氯气分配台上氯气至废气处理工序的阀门，停钛风机。

5）氯气液化系统停进原料氯气，排净系统中的液氯。待液化器液氯流完后，关闭液氯储槽的液氯进口阀，停止向液氯储槽供液氯。

关液化器的原氯进口阀，把残氯送往尾气分配台。

【注意】

若长时间停车，必须将液化器内的液氯排净，并打开液化器上去尾气的阀门进行泄压。

6）氟利昂制冷机组停车，氯系统抽真空。停螺杆冷凝机组，关闭吸气截止阀，停送氟利昂。开液环泵对氯气系统抽真空。根据设备真空度的不同，逐个地开关设备的阀门。

【注意】

抽余氯前，要关闭存有液氯的储槽的所有阀门。若停车后不需检修，可不抽空设备和管道中的余氯。

7）停氢压机。调节氢气压缩机自身循环控制阀门开度。当电流降为零时，打开洗涤塔入口充氮气阀门，置换氢气管道和设备中的氢气。联系分析人员分析管道中的含氢量，确认最终含氢量小于等于 0.5%。关闭氢气压缩机进、出口阀，停止氢气压缩机运转。

8）停运氢气洗涤塔。停洗涤液循环泵，关闭循环上水的供水阀门。

9）用水冲洗干燥系统。塔上的人孔全部打开，按加 98% H_2SO_4 流程，用临时管线加水冲洗。开启填料塔酸泵和泡罩塔硫酸循环泵进行循环，冲洗水经填料塔酸泵排至污水系统，冲洗完毕后，测试 pH 值到 6 以上即可。

10）清除塔底酸泥。将塔底酸泥用干沙土拌匀后，清出塔底，并用清水冲洗。氢气处理、氯气处理及氯气液化系统停工完毕。

确认各塔内介质已倒空；确认相关阀门开关正确；确认充氮置换合格；对系统进行全面检查，确保安全停工。

（3）紧急停车

1）紧急停车状况。在下列情况下，做紧急停车处理：

①氯气大面积泄漏时。

②氯气处理及氯气液化设备故障，无法正常工作时。

③氢气外泄并可能发生着火时时。

④设备或管道发生故障，不能保证正常生产时。

⑤氯气或氢气纯度太低、输送中断或压力突然下降，经调节无效时。

⑥循环水、冷冻水断水，无法维持生产时。

⑦突然出现电解槽跳闸等异常情况，并要求紧急停车时。

⑧突然停电，在用泵及备用泵都不能使用时。

⑨阀门不能正常开启、仪表以及生产指标不正常且调节无效时。

⑩发生其他突发事故，无法继续生产时。

发生以上情况时，必须依程序采取紧急停车操作，并汇报相关领导。

2）紧急停车操作

①氯气处理系统。通知电解、废气、盐酸工序做紧急停车处理。迅速按紧急停车按钮，对氯压机机组执行紧急停车操作。全开氯压机前去废气处理的阀门；关闭氯气分配台上去液氯工序的阀门；全开氯气分配台上去废气处理的阀门；打开氯压机入口充氮阀，氯气从压缩机逸出后，关闭密封气供应；通知调度，紧急停车完毕，并做好记录。

②硫酸系统。联系调度，通知电解、废气、盐酸工序做紧急停车处理，如有必要，氯气系统做紧急停车处理。停浓硫酸泵，开泡罩塔酸泵出口去稀酸受槽的阀门；开填料塔酸泵出口去稀酸受槽的阀门。紧急停车完成后，对硫酸系统按正常停车步骤处理。

③氯气液化系统。联系调度，开启原氯捕沫器后去尾气分配台的阀门。迅速按冷冻机组紧急停车按钮，对机组执行紧急停车操作。紧急停车完成后，对系统按正常停车步骤处理。

④氢气处理系统。联系调度，通知盐酸工序做紧急停车处理。对氢压机做机组紧急停车处理。通知电解工序，切断氢气供料阀；全开分配台上的氢气放空阀；通知盐酸工序，关闭氢气分配台上去盐酸的阀门。

4. 盐酸工段开、停车

（1）开车操作步骤

盐酸工段开车操作步骤如图 5—1—16 所示。确认条件：工艺管线、流程符合工艺要求，各设备符合设计要求，系统吹扫、试压完毕。

开工前准备工作 → 辅助系统投用 → 合成炉点火 → 调整操作 → 开工完成

图 5—1—16　盐酸工段开车操作步骤

1）辅助系统投用

①循环冷却水系统投用。缓慢地打开“三合一”炉的循环冷却水进口阀门至正常开度，确认“三合一”炉循环冷却水流动顺畅。如有渗漏情况发生，则停止开车，等待检修。

②抽吸系统投用。确认循环液槽液位保持在 75% 左右；确认水力喷射泵进口阀门打开；关闭视镜口。开循环液泵，调节循环液泵出口压力不小于 0.35 MPa；5 min 后，确认合成炉尾气出口为负压，抽吸系统运行正常。

③储酸系统投用。检查盐酸储槽液位指示是否正常，确认进不合格盐酸储槽的位号，打开指定储槽的进酸阀门，打开“三合一”炉下的酸阀。

确认条件：辅助系统投用，抽吸系统管路、循环冷却水管路及下酸管路畅通，尾气管畅通。

2）合成炉点火

①确认抽吸系统正常。确认循环液泵出口压力不小于 0.35 MPa；确认水力喷射泵运行正常，稳定抽气 30 min 以上。确认“三合一”炉的压力为微负压。

②确认冷却系统正常。确认循环水上水总管压力（入炉前）不大于 0.4 MPa。

③确认相关阀门开闭。确认氢气管路阀门开闭情况：操作室内氢气阀和氢气放空阀关闭，其余氢气管路阀全开。确认氯气管路阀门开闭情况：操作室内氯气阀门关闭，其余氯气管路阀全开。确认入炉前氮气管路阀门关闭。

④分析开车各项指标。联系分析人员分析氯气、氢气纯度和压力等是否达到开车要求。

⑤点火。监控各项工艺指标，当炉内微负压时，通知调度及相关工段准备点火。微开吸收水阀门，接调度指令后，开始点火操作。

确认条件：合成炉点火完毕，火焰颜色为青白色。

（2）停车操作步骤

停车操作步骤如图 5—1—17 所示。确认条件：装置运行正常，符合停车条件。

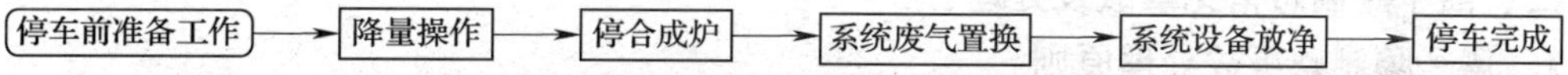

停车前准备工作 → 降量操作 → 停合成炉 → 系统废气置换 → 系统设备放净 → 停车完成

图 5—1—17　盐酸工段停车操作步骤

1）降量操作。接调度通知开始降量。缓慢地调小操作室内氯气调节阀的开度。根据火焰颜色，缓慢地调小操作室内氢气调节阀的开度。交替调小氯气、氢气调节阀的开度至正常生产时的 1/4 ~ 1/3。

【注意】

严禁氢气、氯气交替过量。

2）停合成炉。通知相关工段开始停车。关闭操作室内氢气调节阀，随后关闭操作室内氯气调节阀；关闭氢气阻火器进口阀门，关闭氯气快开阀，打开氢气放空阀。开始停车 3 ~ 5 min 后，关闭吸收水转子流量计的进口阀门，关闭纯水补充阀。

3）置换合成炉内气体。确认水力喷射泵继续抽吸 0.5 ~ 1 h，通知分析人员分析合成炉内的气体成分。接分析人员通知置换合格后，停循环液泵，关闭循环液泵进口阀门。关闭水力喷射泵进、出口阀门。

4）氢气管路气体置换。关闭操作室内氢气调节阀门，打开氮气进氢气缓冲罐的次阀门，置换 20 min 后，关闭氮气进氢气阻火器的一次阀门和氢气输送管路上所有阀门。

5）氯气管路气体置换。通知液氯工段氯气管线开始置换。关闭操作室内氯气调节阀门，确认液氯工段改线完毕，准备就绪。置换 20 min 后，关闭氮气活接头的控制阀门，关闭氯气输送管路上所有阀门。

6）系统设备放净。打开尾气吸收塔液封放净阀门，残液用塑料桶接收，确认视镜口无液体流动。关闭尾气吸收塔液封放净阀门，确认视镜口无液体流动。关闭合成炉下的酸阀。

（3）紧急停车

1）紧急停车状况。在下列情况下，操作人员有权做紧急停车处理：

①合成炉火焰突然熄灭或防爆膜破裂时。

②设备或管道发生故障，不能保证正常生产时。

③氯气或氢气纯度太低或输送中断或压力突然下降，经调节无效时。

④循环冷却水断水或吸收水断水，无法维持生产时。

⑤突然出现电解跳闸等异常情况并要求紧急停车时。

⑥突然停电，纯水泵及备用泵都不能使用时。

⑦出现阀门不能正常开启、仪表以及生产指标不正常且调节无效时。

⑧出现其他突发事故，无法继续生产时。

发生以上情况时必须依程序采取紧急停车操作，并汇报相关领导。

2）紧急停车操作步骤。迅速关闭操作室内氢气调节阀门和氯气调节阀门；关闭氢气快开阀，打开氢气放空阀；打开氮气进氢气阻火器的一次阀门；打开氮气快开阀；打开操作室内氢气调节阀门；通知调度与相关工段；紧急停车 3 ~ 5 min 后，关闭吸收水转子流量计进口阀门；关闭纯水补充阀；向炉内充氮气 20 ~ 30 min 后，关闭氮气进氢气阻火器的一次阀门；拔掉氢气胶管；打开合成炉视镜；确认水力喷射泵继续抽吸 0.5 ~ 1 h；通知分析人员分析合成炉内气体成分；接分析人员通知置换合格后，停循环液泵。

二、离子膜制碱常见事故及处理

1. 离子膜制碱事故处理原则

（1）事故发生时，每位职工都要坚守岗位，服从指挥，采取措施果断处理，避免事故扩大，减小事故的影响。

（2）事故发生后，立即向车间和调度汇报，启用车间制定的应急预案。

（3）进行事故处理时，应将人员安全放在第一位，以人为本。事故处理完成后，当系统条件恢复时，进料开车，恢复正常生产。

（4）遵照“四不放过”的原则，调查事故原因，总结事故教训，避免事故重复发生。

2. 离子膜制碱常见事故及处理措施

离子膜制碱常见事故及处理措施见表 5—1—1。

表 5—1—1　　离子膜制碱常见事故及处理措施

工段	事故	现象	原因	处理措施
盐水工段	埋刮板输送机故障	上盐中断、上盐不正常或有异常噪声	传送带断裂、断链、电动滚筒故障、电气故障、链条跑偏或链条与头轮齿啮合不正常	上报班长并停机，通知调度，联系维修工检查原因，紧急抢修
电解工段	负压水封跑氯	氯气压力突然降低；现场有刺激性气味，严重者有黄绿色烟雾	负压水封液位低，未达到连锁值而造成氯气泄漏；连锁未发挥作用，达到连锁值而连锁未启动	立即做紧急停车处理；向调度报告，由调度通知相关部门赶赴现场，并做好抢救伤员的一切准备工作。戴空气呼吸器并用氯气捕消器吸收氯气。停车后立即打开氯气至废气吸收系统的连通阀门，利用废气吸收系统吸收氯气，防止氯气大量跑出，立即给负压水封加水

续表

工段	事故	现象	原因	处理措施
电解工段	氯气总管泄漏	氯气总管压力急剧降低；氯氢压差大幅度升高；现场有强烈的刺激性气味和绿雾	氯气总管腐蚀严重、管道焊接点裂缝、法兰泄漏等	尽最快速度将其控制和处理。并立即联系所有员工戴好过滤式防毒面具，立即按紧急停车按钮
	电解槽爆炸	电解槽爆炸，冒烟、起火	电解槽起火爆炸，膜破裂，电解槽压力异常升高	先紧急停车，如果单槽异常，则单槽紧急停车，其他列进行停车处理。紧急停车后，立即对阴极充氮气置换，并将残余氯气送往氯气吸收系统。关闭氢气调节阀和截止阀，氢气从氢气放空罐放空。在停车过程中，可以用干粉灭火器或者氮气灭火
氯氢工段	装置停动力电	现场机泵停运，一次表显示数字为零；自动保护系统启动	电网停止供电或电网故障	各系统按紧急停车操作步骤处理；调查停电原因，了解停电时间长短；关闭泵的出口阀门，电源开关按钮处于关闭状态；长时间停电时，对系统内介质进行氮气置换；恢复供电后，按照开车步骤进行操作
	氯气泄漏	氯气报警器报警；现场有刺激性气味，或看到黄绿色气体；压力下降	法兰垫片老化、腐蚀泄漏；盘根泄漏；管道设备腐蚀泄漏；误操作或违章操作	微量泄漏：佩戴过滤式防毒呼吸器对泄漏点进行打卡、堵漏处理，加强巡检力度，维持生产。大量泄漏：现场操作人员迅速疏散污染区人员至安全区（上风处），同时，处理人员佩戴正压自给式空气呼吸器，按紧急停车步骤停车，就近切断泄漏处的前后阀，用捕漏器和废氯气风机捕抽外泄氯气
	氢气泄漏	压力下降；流量下降；大量泄漏产生声响	盘根松动，法兰垫片老化泄漏；管道设备腐蚀，老化	少量泄漏：用防爆工具堵漏，拉警戒线，防火源，加强巡检。大量泄漏：按紧急停车处理，现场处理人员佩戴正压自给式空气呼吸器，以防氢气浓度过高引起窒息。若氢气泄漏着火，必须保证系统正压并喷水对管道或容器进行冷却，以免发生爆炸，充氮气或蒸汽将火焰熄灭

续表

工段	事故	现象	原因	处理措施
氯氢工段	硫酸泄漏	有刺激性气味；有油状液体；储槽液位下降异常	管道设备腐蚀老化，盘根松动；法兰垫片腐蚀老化；换热器泄漏	防止其他人员进入现场而发生灼伤事故，疏散污染区人员至安全区。应急人员戴好耐酸面具，穿好防化服，必要时需佩戴防毒面具或空气呼吸器。严重时，紧急停车，氯气去废气系统进行处理，冷冻机组降载生产。若泄漏量不大，用洁净的铲子收集于干燥、洁净、有盖的容器中；也可用沙土、干燥石灰或苏打灰混合，然后收集运至废物处理场所；也可以用大量的水冲洗稀释后放入废水系统。如大量泄漏，利用围堤收容
	循环液泄漏	有黏稠性液体外泄；液位下降异常	法兰螺栓松动；垫片老化；盘根松动；管道设备腐蚀老化；泵体本身故障	少量泄漏：穿防护服，对系统进行堵漏处理。槽泄漏：倒槽，抽空，用水冲洗后检修
盐酸工段	装置停电	照明灯突然熄灭；机泵停运，循环冷却水、吸收水突然中断；系统连锁打开，原料输送中断，氮气系统打开	电网停止供电或电网故障	按照紧急停车操作步骤处理。夜间停电时应准备好手电筒，向厂调度汇报，查找停电原因。来电后按照开车操作步骤开车
	循环冷却水故障	合成炉出口温度升高，炉内压力突然升高，循环冷却水观察口无流动	电网停止供电或设备故障等原因导致供电中断	按照紧急停车操作步骤处理。及时向厂调度汇报，查找停循环冷却水原因
	仪表风故障	所有控制阀处于全开或全关的位置，仪表风压力持续降低	空压机出现故障停机，不能保证仪表风的压力	向厂调度汇报，查找停仪表风原因。按照紧急停车操作步骤处理

思考练习题

1. 简要说明盐水精制中加入次氯酸钠的原因。
2. 简要说明盐水工段的任务。
3. 简要叙述盐水精制的操作要点。
4. 在电解操作中，阳极液氯化钠的浓度应控制在什么范围？说明理由。
5. 进槽盐水质量对烧碱生产有什么影响？
6. 说明“三合一”合成炉的操作要点及注意事项。

7. 简要说明高纯盐酸在离子膜制碱工艺中的应用。
8. 简要说明脱氯的原理，包括物理脱氯与化学脱氯。
9. 简要说明电解操作中如何控制电解液温度。
10. 决定是否更换离子膜要考虑的主要因素是什么？

任务2　甲醇装置运行与开、停车

学习目标

掌握甲醇生产的相关理论知识和低压法合成甲醇的生产工艺及流程。会对装置进行原始开车操作；能够维持甲醇装置的正常操作运行；能够分析气体成分、压强、温度、液位、循环量等工艺操作指标对甲醇生产过程的影响；能够进行短期停车和长期停车操作。

任务引入

目前，我国甲醇工业发展迅速，甲醇在国民经济生活中占有越来越重要的地位，是国民经济发展不可或缺的重要产品。甲醇是碳一（C1）工业的基础产品，是多种有机产品的基本原料和重要溶剂，应用广泛。那么，工业中甲醇是如何实现生产的呢？其工艺过程又是怎样进行操作与控制的呢？

任务分析

甲醇生产过程比较简单，生产方法多样，生产自动化程度较高。

工艺设备的原始开车是工业生产中最全面和复杂的系统开车，是保证工艺生产今后能否正常、安全进行的最有力保障。工艺设备的正常运行是工业产品产量的有力保证。工艺条件的控制与调节则是工业产品质量的先决条件。甲醇装置正常运行操作的核心内容是工艺条件的控制与调节。

相关知识

一、甲醇工业的发展概况及生产方法

1. 甲醇工业行业简介

甲醇生产过程比较简单，原料来源多样，煤、石油和天然气均可制甲醇。甲醇用途广泛。我国甲醇产业经过最近几年的快速发展，甲醇产量已跃居全球首位。

甲醇属低附加值化工产品。低成本是该类产品竞争的核心，也是生产企业采取的竞争战略。低成本需要优化各种影响产品成本的生产要素，包括原料价格、工艺路线、融资成本、装置规模和物流费用。

2. 甲醇工业的发展方向

20 世纪 70 年代以来，甲醇工业发展的总趋势如下：

（1）高压法处于停滞状态，为中低压法所代替。新建厂多采用中低压法，不外加二氧化碳，该法具有设备少、操作与控制简单、投资及操作费用低、产品纯度高等优点。旧有的高压法也在努力改善催化剂的活性，对合成塔作某些改进后，其生产能力可以提高20%～50%，能源利用率也有显著提高。

（2）生产装置趋于大型化，因为大型装置设备利用率和能源利用率较好，可以节省单位产品的投资和降低产品的成本，但是，随生产能力的增加，装置的单位产品投资和成本递减缓慢，因此，对生产规模的选择也不宜过大，更多的是考虑产品的地理位置。目前大型甲醇装置年产量已达$6.0\times10^8\sim7.5\times10^8$ kg（60万～75万吨）。

（3）继续研制活性及选择性更高、耐热性更好、使用寿命更长的甲醇合成铜系催化剂，以达到简化合成塔结构和强化生产的目的。

（4）降低甲醇制造过程的能源消耗，这是在新建甲醇装置时普遍重视解决的课题；旧有的甲醇装置也极重视这方面的技术改造工作。如热能的充分利用、原料气制备的工艺改进、采用透平压缩机、使用高活性催化剂等，都取得了显著的节能效果。研究进一步提高碳的氧化物与氢合成甲醇单程转化率的新工艺，在强化生产的同时，也是节约能源的重要手段。

3. 甲醇生产方法

目前，甲醇生产主要是由碳的氧化物与氢合成，反应式如下：

$$CO+2H_2 \longrightarrow CH_3OH$$

$$CO_2+3H_2 \longrightarrow CH_3OH+H_2O$$

以上反应是在铜系催化剂或锌铬催化剂存在下，在压力$50.66\times10^5\sim303.98\times10^5$ Pa、温度240～400℃下进行的。显然，一氧化碳与氢合成仅生成甲醇，这是所需要的，而二氧化碳与氢合成甲醇需多消耗一分子氢，生成一分子水。但两种反应都能生成甲醇，工业生产过程中，一氧化碳和二氧化碳的比例要视具体工艺条件而定。

自从1923年工业上实现了这种人工合成甲醇的方法以后，该方法迅速发展，成为目前世界上生产甲醇的唯一方法。碳的氧化物与氢合成甲醇的生产过程，不论采用怎样的原料和技术路线，甲醇的生产大致都可以分为以下几个工序：

烃类或煤 → 原料气制备 → 净化 → 压缩 → 合成 → 精馏 → 精甲醇

图5—2—1　甲醇的生产工序

按催化剂和原料状态不同，甲醇的生产方法可以分为气相合成法和液相合成法，其中气相合成法又分为高压法、低压法和中压法。

高压法是最初生产甲醇的合成方法，采用锌铬催化剂，反应温度为360～400℃。由于脱硫技术的进展，高压法也采用活性强的铜催化剂，以改善合成条件，达到提高效率和增产甲醇的效果。高压法已有多年的历史，因能耗高、技术经济指标落后，已逐渐被淘汰。

低压法是20世纪60年代后期发展起来的，原因是铜基催化剂得到了工业应用。铜系催化剂的活性高于锌系催化剂，其反应温度为240～300℃，因此在较低压强下即获得相当高的甲醇产率。铜系催化剂不仅活性好，而且选择性好，减少了副反应，改善了粗甲醇质量，降低了原料消耗。由于压强降低，低压法工艺设备的制造比高压法容易，投资少，能耗约降低1/4，能大幅度降低成本，显示了低压法的优越性。

随着甲醇工业规模的大型化，已有日产2.0×10^6 kg（2 000 t）的装置，甚至更大的规模，如采用低压法，势必将工艺管路和设备制造得十分庞大，且不紧凑，因此出现了中压法。中压法仍采用高活性的铜系催化剂，反应温度与低压法相同，具有与低压法相似的优点，由于提高了合成压强，相应地提高了甲醇的合成效率，从反应器产出的气体中，甲醇含量由低压法的3%提至5%。

我国的联醇工艺，实际也是一种中压合成甲醇的方法，国外近几年也建设了甲醇与氨和羰基合成气联产的大型装置，日产甲醇可达到6.0×10^5 kg（600 t）。

目前气相甲醇合成工艺采用较多的是I. C. I低压甲醇合成工艺和Lurgi低压甲醇合成工艺。

I. C. I低压甲醇合成工艺：由H_2、CO、CO_2及少量CH_4组成的合成气经过变换反应，调节CO和CO_2的比例，然后用离心压缩机升压到5 MPa，送入温度为270℃的冷激式反应器，反应后的气体进行冷却，分离出甲醇，未反应的气体经压缩升压，与新鲜原料气混合，再次进入反应器，反应中所积累的甲烷气作为驰放气返回转化炉制取合成气。低压操作意味着反应器出口气体中的甲醇浓度低，因而合成气的循环量增加。但是，要提高系统压强，设备的压强等级也得相应提高，这样将会造成设备投资加大和压缩机的功耗提高。

Lurgi低压甲醇合成工艺：采用列管式反应器，CuO/ZnO基催化剂装填在列管式固定床中，反应热供给壳程中的循环水以产生高压蒸汽，操作温度和压强分别为250～260℃和5～6 MPa。Lurgi低压甲醇合成工艺可以利用反应热副产一部分蒸汽，能较好地回收能量，具有较好的经济性和操作可靠性，是目前国内外主要采用的甲醇合成工艺之一。

以不同原料制取甲醇的经济效果见表5—2—1。

表5—2—1　　不同原料制取甲醇的经济效果对比（以褐煤为基准比较,%）

原料 / 经济效果	褐煤	焦炉气	天然气	乙炔尾气
投资	100	70～85	65	35
成本	100	80	50～55	40

可见，以煤为原料制取甲醇的投资和成本最高。从长远的战略观点来看，世界煤储藏量远远超过天然气和石油，将来以煤制取甲醇的原料路线将占主导地位。

二、甲醇合成基本原理

合成甲醇的原料气中，一般都含有一氧化碳和二氧化碳，因此它是一个复杂反应系统。当化学平衡时，每一种物质的平衡浓度或分压，必须满足每一个独立的化学平衡常数关系式。在甲醇合成反应系统中，如不计其他副反应，则可能的反应有：

$$CO+2H_2 \longrightarrow CH_3OH$$

$$CO_2+3H_2 \longrightarrow CH_3OH+H_2O$$

$$CO_2+H_2 = CO+H_2O$$

一般认为，甲醇的合成机理、步骤为：CO和H_2扩散到催化剂表面，CO和H_2被催化剂表面吸附，CO和H_2在催化剂表面反应，CH_3OH在催化剂表面脱附，CH_3OH扩散到气相中。

CO_2 存在时，易发生后两个反应，这两个反应会多消耗 H_2，可能造成 H_2 不足并生成水，稀释了粗甲醇，给生产造成了不利因素；但从催化剂吸附顺序（$CO_2 > CO > H_2$）看，CO_2 的存在也可以提高单程转化率。一般 CO_2 体积分数最好控制在 2% ~5%。

三、甲醇催化剂的组成和性能

1. 甲醇合成催化剂种类

甲醇合成催化剂一般可分为锌铬催化剂、铜基催化剂、钯系催化剂和钼系催化剂。甲醇合成催化剂外观如图 5—2—2 所示。

图 5—2—2 甲醇合成催化剂外观

（1）锌铬催化剂

锌铬（ZnO/Cr_2O_3）催化剂是一种高压固体催化剂，它的活性较低，为了获得较高的催化活性，操作温度必须在 590 ~ 670 K，为了获取较高的转化率，操作压强必须为 25 ~ 35 MPa，因此被称为高压催化剂。锌铬催化剂的特点是：耐热性能好，能忍受温差在 100℃ 以上的过热过程；对硫不敏感；机械强度高；使用寿命长，使用范围宽，操作控制容易；与铜基催化剂相比较，其活性低、选择性低、精馏困难（产品中杂质复杂）。由于在这类催化剂中 Cr_2O_3 的质量分数高达 10%，故成为铬的重要污染源之一。铬对人体是有害的，因此，目前该类催化剂已逐步被淘汰。

（2）铜基催化剂（常用铜锌铝催化）

铜基催化剂是一种低温低压甲醇合成催化剂，其主要组分为 CuO、ZnO 和 Al_2O_3（Cu - Zn - Al）。低（中）压法铜基催化剂的操作温度为 210 ~ 300℃，压强为 5 ~ 10 MPa，比传统的合成工艺温度低得多，对甲醇反应平衡有利。其特点是：活性好，单程转化率为 7% ~ 8%；选择性高，大于 99%，杂质只有微量的甲烷、二甲醚、甲酸甲酯，易得到高纯度的精甲醇；耐高温性差，对硫敏感。

目前工业上合成甲醇主要使用铜基催化剂。

（3）钯系催化剂

由于铜基催化剂的选择性可在 99% 以上，所以新型催化剂的研制方向在于进一步提高催化剂的活性、改善催化剂的热稳定性和延长催化剂的使用寿命。新型催化剂的研究大都基于过渡金属、贵重金属等，但与传统（或常规）催化剂相比较，其活性并不理想。例如，以贵重金属钯为主催化组分的催化剂，其活性提高幅度不大，有些催化剂的选择性反而降低。

（4）钼系催化剂

钼系催化剂单程转化率较高，但选择性只有 50%，副产物后处理复杂，距工业化应用还有较大的差距。

2. 铜基催化剂

铜基催化剂是甲醇合成工业中的重要催化剂，但是由于原料气中存在少量的 H_2S、CS_2、Cl_2 等，极易导致催化剂中毒，因此耐硫催化剂的研制越来越引起人们的重视。

铜基催化剂主要分为三大类、第一类为铜锌铬系催化剂，由铜、锌、铬的氧化物组成，添加少量其他元素；第二类为铜锌铝系催化剂；第三类是以铜、锌为基，添加铬、铝以外的第三、四组分的催化剂，这类催化剂的活性与铜锌铝系相近。

国内较常用的铜基催化剂的型号是 C307。铜基催化剂使用前要先还原，将 CuO 还原成有活性的 Cu。

铜基催化剂的主要特点是活性温度低，对生成甲醇的平衡有利，选择性好，允许在较低的压强下操作。得到同样的出口甲醇浓度，铜基催化剂所需压强低得多，而在同样压强下，使用铜基催化剂，甲醇的浓度要高得多。使用两种催化剂所得的产品质量见表 5—2—2，可见用铜基催化剂所得的粗甲醇纯度高，因此，目前世界各国大部分工厂均采用铜基催化剂来合成甲醇。

表 5—2—2　　两种催化剂所得粗甲醇质量比较（不考虑水含量）

	用 CHM－1 制得粗甲醇中各成分的含量（%）	用锌铬催化剂制得粗甲醇中各成分的含量（%）
甲醇	99.709 0	94.818 0
正丙醇	0.022 1	0.279 8
异丁醇	0.009 0	0.169 7
仲丁醇	0.012 8	微量
正丁醇	无	0.019 5
3－戊醇	0.005 5	0.006 2
异戊醇	0.004 4	0.004 8
1－戊醇	0.002 3	—
二甲醚	0.133 3	4.454 2
甲基正丙醚	0.004 0	0.023 0
甲酸甲酯	0.008 5	0.034 3
异丁醛	无	0.000 7
丁酮	0.001 4	0.002 2
醋酸甲酯	0.003 6	微量
丙烯醛	无	0.000 7

四、低压法合成甲醇工艺及流程

1. Lurgi 低压法生产甲醇

天然气脱硫后经与水蒸气重整送入转化炉，在催化剂作用下，天然气中的甲烷转化成含有一氧化碳、二氧化碳及惰性气体等组分的合成气。合成气经冷却器送入离心式压缩机加压后送入合成塔。合成气在合成塔催化剂存在下反应生成粗甲醇。经分离器、闪蒸塔回收反应热后，送往精馏系统（即粗精馏塔、第一精馏塔、第二精馏塔）经三塔精馏得到精甲醇产品。Lurgi 低压法生产甲醇工序如图 5—2—3 所示。

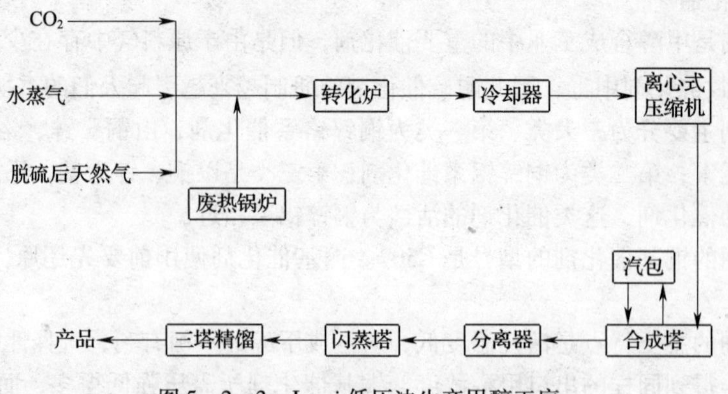

图 5—2—3　Lurgi 低压法生产甲醇工序

2. I. C. I 低压法生产甲醇

天然气经加热炉进一步加热后，进入转化炉在蒸汽存在下反应，反应后生成的气体在脱硫槽内脱硫。脱硫后的气体经合成气压缩机升压，在合成塔内发生甲醇合成反应。经移走反应热、脱除轻组分、精馏等工序，最后得到精甲醇产品。I. C. I 低压法生产甲醇流程如图 5—2—4 所示。

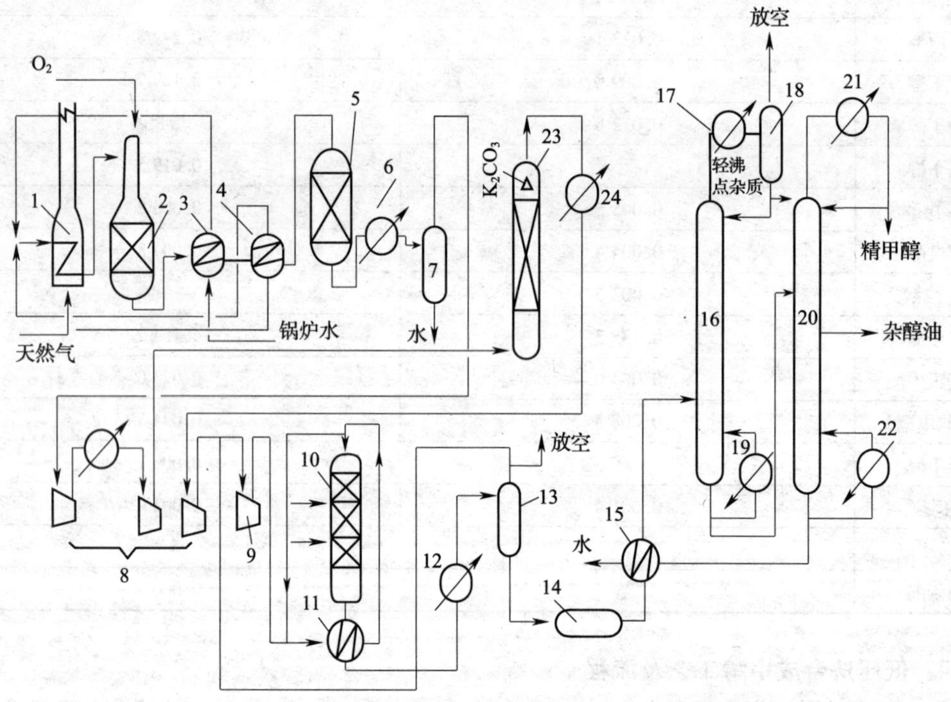

图 5—2—4　I. C. I 低压法生产甲醇流程

1—加热炉　2—转化炉　3—废热锅炉　4—加热器　5—脱硫槽

6，12，17，21，24—水冷器　7—气液分离器　8—合成气压缩机

9—循环气压缩机　10—甲醇合成塔　11，15—热交换器

13—甲醇分离器　14—粗甲醇中间槽　16—脱轻组分塔

18—分离塔　19，22—再沸器　20—甲醇精馏塔　23—二氧化碳吸收塔

五、甲醇合成工段的主要设备

1. 甲醇合成塔的形式

（1）按移热方法不同，甲醇合成塔分为冷管型连续换热式和冷激型多段换热式两大类。

（2）按反应气流动的方式不同，甲醇合成塔分为轴向型、径向型和混合型。

（3）低压工艺流程中甲醇合成塔主要有三种类型：英国的多段冷激式合成塔、德国的管束型副产蒸汽合成塔和美国的三相甲醇合成系统。

2. 绝热—管壳外冷复合型甲醇合成反应器

绝热—管壳外冷复合型甲醇合成反应器（见图5—2—5）类似于一个立式副产蒸汽的管壳式固定管板换热器。反应器的上下封头采用半球封头。上封头合成气入口处设置气体分布器，在管板的上部装填一层约700 mm高的绝热层催化剂，绝热层催化剂上部和下管板下面装填耐火球，尺寸分别为ϕ8 mm和ϕ16 mm。换热器内装填催化剂，其管径为ϕ44×2 mm，长7 500 mm，共4 004根，催化剂总量为41.83 m^3。

图5—2—5 绝热—管壳外冷复合型甲醇合成反应器

反应器的壳层管体上端设有6根蒸汽出口管，下端有6根水进口管，为防止汽阻及加强换热管的稳定性，反应器的壳层设有支撑挡圈。

3. 甲醇合成及精馏工段主要设备

甲醇合成及精馏工段主要设备列于表5—2—3。

表5—2—3 甲醇合成及精馏工段主要设备

序号	设备名称	序号	设备名称	序号	设备名称
1	甲醇合成反应器	5	甲醇空冷器	9	甲醇合成压缩机
2	汽包	6	甲醇水冷器	10	预精馏塔
3	低压蒸汽发生器	7	甲醇分离器	11	加压塔
4	脱盐水预热器	8	甲醇膨胀槽	12	常压塔

任务实施

实施本任务前，应深入了解甲醇装置原始开车前的准备、装置的正常运行、装置的短期停车、长期停车和紧急停车的内容，熟悉甲醇装置的生产工艺及操作步骤。

甲醇装置的原始开车、正常运行、停车等相关工艺操作具体实施过程如下：

一、甲醇装置的原始开车

1. 甲醇装置原始开车前准备工作

原始开车也称冷态开车，是指新建或大修（长期停车）后的开车。甲醇装置原始开车前准备工作一般包括以下几方面。

(1) 开车前的检查

对照图样，检查和验收系统内所有设备、管道、阀门、电器、仪表、分析取样点等。要求处于正常完好状态。检查照明设备、通信设备、消防器材等是否安全好用。检查分析仪器。在仪表工的帮助下检查所有一次和二次仪表，使之处在完好状态。在机械设备维修人员帮助下检查工序中所有工艺阀门，要求完好可用，阀门开关应处在工艺开车要求状态。

(2) 运转设备的单体试车

为确认转动和待转动设备是否合格好用，要在不带物料和无负荷的情况下对转动设备进行单体试运转。

(3) 系统的吹净和清洗

系统新建成后会存在带入的灰尘或杂质，大修后也会存在生产时遗留下来的杂质，为了防止这些杂质在生产过程中堵塞设备、管道和阀门，必须把它们清除干净。

(4) 系统试漏和气密性试验

系统试漏和气密性试验的目的是检查法兰及焊接处是否存在泄漏点（即漏点），以及设备及管道是否有足够承受操作压强的强度。

系统试漏和气密性试验的注意事项如下：

1) 系统充压前，必须把与低压系统连接的阀门关闭，严防高压气体窜入低压系统。

2) 控制升压速度不得大于0.4 MPa/min。

3) 导气放空时，防止气体倒流。

4) 若气密性试验合格，可卸压0.5 MPa，做好催化剂的升温还原准备。

5) 在合成系统进行置换、试气密性的同时，水洗塔、甲醇膨胀槽要进行置换试压。

(5) 惰性气体的置换

一般采用低压惰性气体（如氮气）按照工艺管路顺序由近到远分段对设备及管道进行置换（注意要打开各工序或工艺设备的放空阀）。

(6) 原料（工艺）气置换

惰性气体置换后，按惰性气体置换方法，采用新鲜的原料气体置换工艺系统，以便能够转入正常生产。置换时注意事项如下：

1) 合成塔内气体不得倒流。

2) 合成塔未换催化剂也未对催化剂钝化时，置换放空的气体不得进入合成塔。

(7) 合成催化剂升温还原

参照催化剂制造厂提供的方案进行催化剂升温还原操作。

2. 甲醇装置原始开车步骤

(1) 甲醇合成系统开车

联系或接调度通知合成系统准备开车。通知联合压缩机岗位做好开车准备。打开甲醇水冷器（现场一般2~4个）进出口的冷却水阀门，循环水高点放空阀打开，当无不凝气体时，关闭放空阀。继续控制好汽包的液位及蒸汽压强。将所有调节阀处于手动位置，打开各调节阀前后的切断阀，关闭调节阀及旁路阀（或副线阀）。精馏工段具备接受粗甲醇的条件。具体步骤如下：

1) 用合成系统放空阀将合成系统压强卸至2.0 MPa后关闭该阀门。

2) 启动联合压缩机，循环段并入系统，用较小循环量循环，及时调整蒸汽喷嘴的蒸汽量，维持合成塔出口温度大于210℃；同时稍开汽包连续排污。

3）当塔出口温度在210℃至230℃时，可增加循环量。

4）压缩段并气连续向合成系统送新鲜气，送气过程要平稳，不可太快。

5）加新鲜气过程中，随时注意合成塔出口温度，通过调节开工蒸汽阀及汽包排污，维持合成塔出口温度在210℃至230℃，汽包液位维持在50%。

6）一旦发现出口温度低于210℃，应停止加入新鲜气，开新鲜气放空，减少循环量，调整蒸汽阀，重新升温后再加量。

7）系统压强达到4.0 MPa时，开吹除气，保持入塔气成分的稳定，系统压强继续慢慢上升至接近4.8 MPa时，用吹除量调整系统压强不再增加。

8）逐渐增大循环量，出现降温趋势时，停止加大循环量，新鲜气量要逐渐增加，不可太快，直至出口温度回升。

9）重复加量，间隙稳定直至加满。

10）分离器液位正常后，给定30%投自控。

11）汽包副产蒸汽压强大于等于2.0 MPa后，并入管网。

12）甲醇膨胀槽液位正常后，投自控外送，联系精馏系统接粗甲醇。

13）水洗塔是否开车视精馏系统而定。

14）逐渐调整各指标，进入正常运行状态。

（2）甲醇精馏工段正常开车（以双效三塔精馏为例）

正常开车是三塔回流槽具有一定液位的开车，其步骤如下：

1）检查各电器、仪表、仪表空气是否具备开车条件，各台泵倒淋阀、取样阀是否关闭，打开循环泵进出口总阀和各冷却器，打开冷凝器进出口阀门，打开三塔回流流量计前后阀门，打开三塔回流气动调节阀，打开加、预二塔冷凝泵气动调节阀和前后阀，打开粗醇流量计前后阀，打开预热塔的预热器前粗甲醇气动调节阀前后阀，打开预塔预排气冷凝器和加压塔回流槽管线上气动调节阀前后阀，打开粗甲醇槽出口阀和常压回流槽放空阀。

2）联系调度，通知两水岗位送循环水。

3）打开配碱槽上的软水阀门，配制质量分数为5%左右的NaOH溶液，打开配碱槽出口阀门，使5%左右的NaOH溶液至碱槽备用。

4）打开蒸汽倒淋阀，排除管线内积水。

5）打开预塔再沸器蒸汽进口阀门，用冷凝泵出口气动调节阀开启度调节升温速度。

6）根据预塔回流槽液位，打开预塔回流泵进口阀门，泵启动后表压上升，逐渐打开泵的出口阀门，用回流管线上气动调节阀的开启度控制预塔回流槽液位。

7）用预塔排气冷凝器放空气动调节阀的开启度控制预塔顶压强。

8）预塔液位下降时，打开预塔入料进口阀，泵启动后，根据其出口的表压，逐渐打开泵出口阀。

9）用入料管线上气动调节阀的开启度控制进入预塔的粗醇流量。

10）当预塔底温度达82℃时，循环15～30 min，打开预塔底出口阀门。

11）打开加压塔再沸器蒸汽进口阀门，用冷凝泵出口气动调节阀的开启度控制升温速率。

12）根据加、常二塔回流槽液位，分别打开两塔回流泵进口阀，启泵后根据表压逐渐开启出口阀门，并用两塔回流管线上气动调节阀的开启度控制两塔的回流量。

13）用加压塔回流槽放空管线上气动调节阀的设定值控制加压塔顶的压强。

14）当加压塔液位下降时，打开加压塔进料泵进口阀，启动泵后根据表压逐渐开启出口阀的开度，并用进料管上气动调节阀的开启度控制加压塔进料。

15）当常压塔液位下降时，打开常压塔进料管上气动调节的前后阀，根据常压塔液位调节气动阀的开度。

16）常压塔底温度大于105℃，分析残液合格，打开残液管上气动调节阀的前后阀，用气动调节阀的开启度控制常压塔底液位。

17）加、常二塔回流分析合格后，打开两塔的采出气动阀的前后阀，用采出气动调节阀的开启度控制加、常二塔回流槽液位。

18）打开中间罐区储罐的进口阀门。

3. 甲醇装置原始开车的操作原则

做到“严、精、细、稳”，坚持“提氢不提温，提温不提氢”的原则，防止剧烈的还原反应造成催化剂超温。

二、甲醇装置的正常操作运行

1. 甲醇装置正常操作运行的内容

（1）工艺过程中的单元组合

工艺过程中单元的通常组合形式如图5—2—6所示。从图中可以看出，工艺运行操作从工序角度来讲，一般由主要工序（图中实线标示）的操作和辅助工序（图中虚线标示）的操作组成；从工艺参数及参数指标调节控制角度来讲，一般主要由温度、压强、流量、液位四大工艺参数（也有人主张把组分组成与分析纳入而称为五大工艺参数）的操作组成。

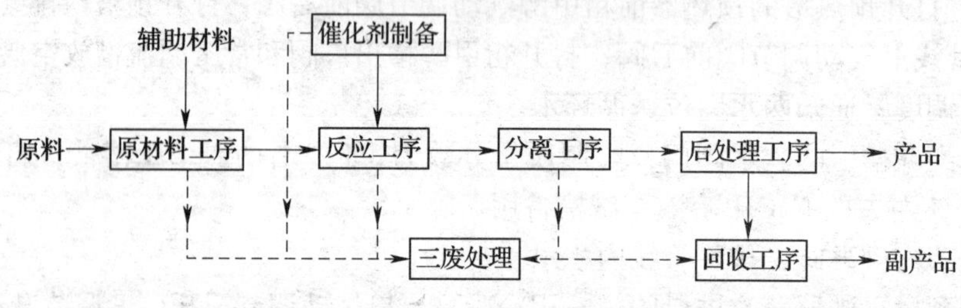

图5—2—6　工艺过程中的单元组合

目前，工业甲醇装置的正常运行操作调节与控制一般以工艺参数为线，以参数指标为点，生产量多质优的甲醇产品。

（2）正常操作与调节

1）通过调节碱液泵的行程来调节加入粗甲醇中的碱液量，使粗甲醇的pH值在8左右。

2）调节预精馏塔预热器蒸汽冷凝气控制阀，使预热后的粗甲醇升温到65℃。

3）调节预精馏塔回流管线上的空气控制阀，控制预精馏塔回流槽液位在50%～70%。

4）调节预精馏塔冷凝器放空气控制阀，调节预精馏塔底和塔顶压强的调节控制阀，使塔顶压强达到0.03 MPa。

5）调节预精馏塔再沸器蒸汽冷凝水气控制阀，来调节预精馏塔底温度，使之达到

82℃。

6）调节加压塔进料泵气控制阀或预精馏塔进料气控制阀，控制预精馏塔液位在50%～80%。

7）调节加压塔再沸器蒸汽冷凝泵气控制阀，使加压塔底温度为125℃。

8）调节常压塔入料气控制阀，控制加压塔液位在50%～80%。

9）调节加压塔精甲醇采出管线上的气控制阀，控制加压塔回流槽液位保持在50%～70%。

10）利用调节加压塔回流槽管线阀放空气控制阀，来调节加压塔回流槽和加压塔底及塔顶压强，使加压塔回流槽压强达到0.54 MPa。

11）调节加压塔回流管线上流量调节气控制阀，使回流量为进料量的2倍左右。

12）调节加压塔回流槽管线阀放空气控制阀，使加压塔回流槽压强为0.54 MPa。

13）调节加压塔回流管线上流量调节气控制阀，使回流量为进料量的1倍左右。

14）调节常压塔残液气控制阀控制常压塔底液位，使之在50%～80%。

15）调节常压塔回流管线上流量调节气控制阀，使常压塔回流量为进料量的1.5～2.5倍。

16）调节常压塔采出管线上的气控制阀，保证常压塔回流槽液位在50%～70%。

17）调节常压塔回流槽放空阀，控制常压塔底、塔顶及回流槽压强，使塔顶压强为0.003 MPa。

2. 甲醇装置正常运行工艺条件的控制方法

（1）气体成分的控制

1）新鲜合成气。新鲜合成气组成见表5—2—4。

表5—2—4　新鲜合成气组成

成分 / 组分	CO	CO_2	H_2	CH_4	N_2	Ar	水蒸气
含量（%）	27.39	3.24	68.53	0.01	0.66	0.16	0.01

新鲜气的组成，往往受上游流程的制约，在可能情况下，尽量提供满足要求的组成。根据化学计量，要求新鲜气中氢碳比为：

$$(H_2-CO_2)/(CO+CO_2)=2.05\sim2.15$$

正常生产时应在所定数值范围内操作，当遇到大减量等不正常情况时，可根据入塔气成分及时调整新鲜气的组成，来满足生产的需要。在新鲜气组成中要严格控制总硫含量。

当生产中发现系统压强逐渐上升，而其他工况比较正常时，首先检查新鲜气中的硫含量，对照分析，如果硫含量超标，要相应采取减量、停车或紧急停车的措施。

2）入塔合成气。入塔合成气的组成见表5—2—5。

表5—2—5　入塔合成气组成

组分	CO	CO_2	H_2	CH_4	N_2	Ar	CH_3OH	H_2O
含量（%）	9.753 4	3.178 0	78.612 6	0.081 7	6.369 9	1.462 4	0.517 2	0.024 8

根据有关化学计量和实际生产经验得出，入塔气中氢碳比为：

$$(H_2 - CO_2)/(CO + O_2) = 5 \sim 6$$

一般而言，氢碳比太低，副反应增加，催化剂活性衰老加快，还易引起积碳；氢碳比太高，影响产量并引起能耗等消耗定额增加。

3）惰性气体。合成系统中惰性气体有 CH_4、N_2、Ar。其组分在合成塔中不参与反应，但影响反应速率。惰性气体含量太高，降低反应速率，生产单位产品的动力消耗增加；维持低惰性气体含量，则放空量增大，有效气体损失多。一般来说，惰性气体含量要根据具体情况而定，而且也是调节工况的手段之一。催化剂使用初期，活性较高，可允许较高的惰性气体含量；使用后期，一般应维持较低的惰性气体含量。目标若是高产，则维持惰性气体含量低些；目标若是低耗，则维持惰性气体含量高些。

（2）压强的控制

合成系统在生产负荷一定的情况下，合成塔催化剂层温度、气体成分、空间速度、冷凝温度等变化均能引起合成系统压强的变化，操作时应准确判断、及时调整，确保工艺指标在允许范围内。

当合成条件恶化、系统压强升高时，可适当降低生产负荷，提高汽包压强，必要时打开放空阀，控制系统压强在指标范围内，不得超压，以维持系统正常生产。系统减量要及时提高汽包压强，调整循环量，控制温度在指标范围之内。

调节压强时，必须缓慢进行，确保合成塔温度正常。如果压强急剧上升，会使设备和管道的法兰接头及压缩机填料密封遭到破坏。

一般，压强升降速率可控制在 0.4 MPa/min 以内，升温还原时，升降压速率应小于 0.5 MPa/h。

（3）催化剂层温度的控制

合成塔壳侧的锅炉水，在吸收管程内甲醇合成反应热的影响下变成沸腾水，沸腾水上升进入汽包后，在汽包上部形成与沸腾水温度相对应的饱和蒸汽压，即为汽包所控制的蒸汽压强。合成塔催化剂的温度就是靠调节汽包的蒸汽压强得以实现。因此，通过调节汽包压强就可相应地调节催化剂床层的温度。

一般，汽包压强每改变 0.1 MPa，床层温度就相应地改变 1.5℃。因此，汽包压强一定要勤调、细调，根据生产情况决定调节的幅度。

另外，生产负荷、循环量、气体成分、冷凝温度等的改变都能引起催化剂床层温度的改变，必要时应及时调节汽包压强，维持其正常操作温度，避免温度大幅波动。

（4）液位的控制

1）汽包液位。为了保证合成反应热能够及时顺利移出，汽包必须保证有一定的液位，同时，为了确保汽包蒸汽的及时排放，防止蒸汽出口管中带水，汽包液位又不能超过一定的高限。在正常生产中，汽包液位一般控制在汽包容积的 1/3 ~ 1/2。锅炉水上水压强和上水阀门的开度都能直接影响到汽包的液位，当液位处于不正常时，要立即检查，及时恢复正常，防止联合压缩机因汽包液位过低而连锁停车。

汽包排污量大小也可以影响压强和液位，必要时可加大排污量来迅速降低汽包的液位和压强，以调节合成塔催化剂层温度。

2）甲醇分离器液位。分离器分离出液态粗甲醇的量，随着生产负荷的大小、水冷器出口温度高低和塔内反应的好坏而变化，液面控制得过高或过低都会影响合成塔的正常操作，甚至造成事故。因此，操作者要经常检查，早发现，早调节，将液位严格控制在指标之内。

如果分离器液位过高，会使液态甲醇随气体带入联合压缩机循环段，循环段填料温度下降，带液严重时，会产生液击，损坏压缩机；若入塔气中甲醇含量增高，将影响合成塔内的反应，加剧合成的副反应，使粗甲醇质量下降。如果分离器液位过低，则易发生窜气，高压气窜入甲醇膨胀槽，造成超压或爆炸等事故。

由于分离器液位达90%时会造成连锁停车，因此，当液位大于50%时应及时调节，如果液位在控制室无法控制时，应联系现场采取开副线等措施加以配合调整，避免跳车以及其他事故发生。

（5）循环量的控制

循环量即入塔气量，是指每小时进入合成塔的总气量。循环量的大小，从某种程度上反映了合成塔负荷和生产能力的大小。提高循环量可以提高合成塔催化剂的生产能力，但系统阻力增加，催化剂床层温度下降。实际上，循环量的增大受合成塔反应温度、压缩机打气量、系统阻力，以及冷却和分离设备能力的限制。正常生产操作中，在联合压缩机新鲜气量一定的情况下，可以通过调节循环量来控制入塔气量，进而调节催化剂床层的温度。循环量的大小主要是靠联合压缩机循环段近路阀（或称为副线阀）控制的，加减循环量应缓慢进行，不得过快。正常操作中，近路阀必须留有一定的调节余地。

3. 甲醇装置运行过程中常见事故及处理

（1）事故处理的基本原则

1）事故的处理必须分秒必争，做到判断准确，处理及时、果断、正确，不得耽误拖延。

2）立即发出报警信号，并通知车间值班主任、调度及有关岗位和部门。

3）发生事故应立即抢救，尽力减少事故造成的人员伤害和损失。

4）如果有人伤亡或中毒，应首先对受害人进行抢救并通知医护部门。

5）发生火灾、爆炸、触电、机械事故时，应立即切断电源，防止发生二次事故。

6）抢救受伤人员时，应首先抢救重伤人员，在医护人员未到来之前不得停止对受伤人员的抢救。

7）进入有毒气体事故现场抢救应佩戴齐全劳动保护用品和防护用具。

（2）急性中毒事故处理

1）立即将中毒者抬离现场，放到空气新鲜、温度适当的地方。

2）如果中毒者呼吸或心跳停止，应立即进行人工呼吸和人工心脏按压，未经医生确诊死亡，不得中断抢救工作。

3）抢救人员之后应立即消除毒源和毒场，以免发生二次事故。

（3）火灾爆炸处理

1）立即报警，通知消防部门及有关领导。

2）立即开动消防装置，并利用消火栓、灭火器等灭火设备灭火。

3）立即切断电源和火灾或爆炸区域内部的可燃气体供给。

4）立即移开或切断火灾区域附近的易燃易爆物品。

(4) 常见事故处理

部分常见事故处理见表5—2—6。

表5—2—6　　甲醇装置运行过程中常见事故处理

事故类型	事故原因	事故处理方法
合成塔温度急剧上升	1. 循环量突然减少 2. 汽包压强升高，如汽包蒸汽阀突然卡住 3. 汽包连锁失灵，出现干锅事故 4. 气体成分突然发生变化，如CO含量升高 5. 新鲜气量增加过快 6. 操作失误，调节幅度过大	1. 增加循环量 2. 调节汽包压强使之恢复正常值，手动开汽包蒸汽副线阀，必要时加大排污量或用调整循环量的办法使温度尽快降下来 3. 如出现干锅应立即切断新鲜气，以免使事故扩大 4. 与前系统联系，使CO含量调整至正常值，并适当增大H_2/CO比与惰性气体含量，使温度尽快恢复正常 5. 及时调整循环量或汽包压强，使之与负荷相适应 6. 精心操作，细心调节各工艺参数，尽量避免波动过大
合成塔温度急剧下降	1. 循环量突然增加 2. 汽包压强下降 3. 新鲜气组成发生变化，CO含量降低，总硫含量超标 4. 甲醇分离器高液位或假液位造成甲醇被带入合成塔 5. 操作失误，调节幅度过大	1. 适当减少循环量 2. 提高汽包压强，使之恢复正常值 3. 与前系统联系，调整气体成分，使CO含量恢复正常指标，如果总硫含量超标，切断气源，待分析合格后再导气生产 4. 开大甲醇放出阀，使液位恢复正常，同时减少循环量控制温度，用塔后放空控制系统压强，不得超压，联系仪表人员检查连锁与液位指示 5. 精心操作，细心调节各工艺参数，尽量避免波动过大
泄漏事故	管道设备大量泄漏，爆炸着火或相关岗位出现重大险情	按紧急停车处理
突发性事故	停电、停冷却水、停仪表空气	按紧急停车处理
	汽包上水中断	按紧急停车处理
	新鲜气中总硫含量严重超标，催化剂活性剧降	按紧急停车处理
	汽包液位低或分离器液位高造成的连锁停车	按紧急停车处理

三、甲醇装置的停车操作

1. 甲醇装置短期停车、长期停车和紧急停车的内容

(1) 短期停车

预计停车时间在24 h以内的停车称短期停车，也称临时停车。接调度通知与相关岗位联系准备停车，合成系统保温、保压，等待开车。具体可按下列步骤进行：接到调度指令并与前后工段联系；压缩机逐步停供新鲜气；关吹除气后，切断入塔分离器截止阀，停水洗

塔，系统保压；逐步减循环量，并置换系统，使合成回路中的（$CO + CO_2$）含量小于0.5%；分离器液位排净后，关切断阀，关汽包连续排污阀，关合成塔入水冷器前后切断阀；开启合成塔前预热器，合成塔保温在210℃以上，控制好汽包液位。

短期停车操作注意事项如下：

1）压缩机停止送气时，循环机照常运转，使循环气中的碳氧化合物继续反应，其含量不断降低，直至系统中仅含氢气和惰性气体为止。

2）当床层温度开始下降时，适当开大喷射器的蒸汽量并减少循环量，使床层温度维持在210℃以上。

3）当系统中碳氢化合物基本反应完全时，也可采用带压保温的方法，将系统压强降到0.7～0.8 MPa，床层温度温维持在150℃左右。

4）如有高纯氢气、氮气或氢气和氮气的混合气，可利用该气体进行置换，直至系统中（$CO + CO_2$）含量小于0.5%，并用该气体维持系统正压。

（2）长期停车

接指令后，压缩机提供新鲜气，循环段继续运行，循环气中的CO、CO_2继续反应，直至（$CO + CO_2$）含量小于0.5%；当汽包压强低于2.0 MPa时，停外送蒸汽，开汽包蒸汽放空；减少循环量，降低系统压强，用喷射器保持合成塔以25℃/h的降温速率降温；当合成塔温度低于100℃时可停止向合成汽包加水，将合成汽包中的水由汽包排污阀就地排空，当合成塔出口温度低于50℃时，停联合压缩机；通氮气吹扫系统，使氨含量低于0.2%，整个系统保持0.5 MPa氮封。

长期停车操作注意事项如下：

1）按短期停车步骤进行。

2）减少循环量，降低系统压强，使床层温度降速控制在50℃/h以内。

3）通氮气吹扫系统，使氢含量低于1%。

4）停止循环，整个系统用氮气维持正压。

（3）紧急停车

及时通知调度，如来不及向调度汇报，可先处理后汇报；紧急切断新鲜气或停掉联合压缩机和其他引起事故的事故源；根据发生的事故类型，采取短期停车或长期停车处理。

2. 甲醇装置正常停车的步骤

甲醇装置的正常停车一般分为有计划的短期停车和长期停车两类。其中，有计划的短期停车又分为系统保温保压的短期停车和正常的短期停车，但都按照短期停车来进行工艺处理。有计划的长期停车在工业生产中其实是指一类工艺设备彻底停止运行，一般对设备需要拆开检修或对部分工艺、设备进行改造或更换，以利于今后的工业生产。有计划的长期停车可按照长期停车来处理。

【知识链接】

影响催化剂活性的操作条件

一、温度的影响

从化学平衡上考虑，随温度的升高，甲醇平衡浓度下降；从化学动力学考虑，提高温度，反应速度加快，因而，存在一个最佳温度范围。不同催化剂的使用温度范围是不同的，C306 催化剂在 220℃时具有明显的活性，240 ~ 280℃时活性最佳；C307 催化剂使用温度范围为 190 ~ 300℃，以 205 ~ 265℃为最好。在工厂使用中，为保证催化剂有较长的使用寿命，应在确保产量的前提下，尽可能在较低的温度下操作。

二、压强的影响

甲醇合成为体积缩小的反应，增大压强，反应向生成甲醇的方向进行，从化学动力学考虑，增大压强，提高了反应物分压，加快反应的进行，因此，提高压强对反应是有利的。一般而言，压强每提高 10%，合成塔生产能力增加 10%。C207 催化剂在压强为 5 ~ 10 MPa，反应温度为 210 ~ 270℃范围内时，压强与催化剂的活性的关系也大致符合上述情况。

不同反应压强下，C207 催化剂活性不同，在 5 ~ 7.5 MPa 范围内，压强对 CO 转化率的影响较明显，超过 7.5 MPa，压强的影响减弱。在单醇生产厂中，合成压强的高低，受催化剂活性、负荷高低、空间速度大小、冷凝分离好坏、入塔气的 H_2 与 CO 的含量比和惰性气体的含量等因素的制约。

三、空间速度的影响

空间速度或循环气量是调节合成塔温度及产量的重要手段之一。循环量增加时，CO 转化率下降，但单位时间内通过的气量加大了，甲醇产量反而增加，当循环气量增加到一定范围时，甲醇的产量的增加就不明显。试验表明，C301 催化剂在空间速度为 5 000 ~ 10 000 h^{-1} 范围内时，产率随空间速度增加而增加，空间速度超过 $1 \times 10^4\ h^{-1}$ 时，甲醇产量的增加不明显；C207 催化剂在工厂使用 30 d 后，当空间速度超过 $2 \times 10^4\ h^{-1}$ 时，甲醇产量的增加不明显，工厂使用中通常选择空间速度为 $1 \times 10^4 \sim 2 \times 10^4\ h^{-1}$。

四、气体的组成影响

（H_2 - CO）/（CO + CO_2）按反应的化学计量关系，原料气中 H_2 与 CO 的含量比应为 2，在工厂试验应用中，考虑到反应热的控制与导出，循环气中 H_2 与 CO 的含量比控制在 5 以上。对于铜系催化剂，原料气中 CO_2 也参与反应，故以（H_2 - CO）/（CO + CO_2）为指标进行控制。一般而言，（H_2 - CO）/（CO + CO_2）的值控制太低，副反应增加，催化剂活性衰退加快，还引起副反应；（H_2 - CO）/（CO + CO_2）的值控制太高，影响产量并引起能耗等消耗定额增加。通常，在新鲜气中控制在 2.0 ~ 2.1，循环气中控制在 4 ~ 5。

五、惰性气体含量

循环气中惰性气体含量高，相应地减少了反应物的浓度，对合成甲醇反应不利，动力消耗也增加。惰性气体来源于造气及合成甲醇过程中的副反应。对于单醇生产厂，循环气中惰性气体含量会不断积累，需经常排放一部分气体来维持惰性气体的含量一定；对于联醇生产厂，一部分气体打循环，一部分气体输送至铜洗工序，因而不存在惰性气体积累的问题。在工厂生产中也可利用惰性气体来调节床层温度。使用初期，催化剂活性较好，惰性气体含量可以控制高些，当催化剂活性衰退，反应进行不好时，系统压强会升高，催化剂床层温度难以维持，此时，惰性气体含量可控制低些。有些高压单醇生产厂，为减缓反应速度，使床层温度不致超高，在使用初期，循环气中惰性气体含量控制在 30% ~ 40%。

入塔气中甲醇含量（一般指循环气中甲醇含量）应尽可能低，这样有利于合成甲醇反应的进行，也可避免高级醇等副产物的生成。可见，水冷温度越低，甲醇蒸汽分压越低，循环气中甲醇含量也越低。

当水冷温度为30℃，操作压强为13 MPa时，塔后气体（经水冷后）中甲醇含量为0.2%~0.3%，对一个规模为80 kt/a的生产厂而言，年损失甲醇约1.1×10^{7} kg（11 000 t），而且对周围环境造成了污染。为此，应尽可能降低水冷器的温度，冷凝下来的甲醇也要及时分离出来，操作上应勤排放，降低塔后气中甲醇含量。有些生产厂在合成气进入铜洗工序前设置一吸收塔，用清水将合成气中残余的甲醇吸收后再进行回收，效果较好。

思考与练习

1. 甲醇合成反应的主反应和副反应分别是什么？
2. 铜基催化剂在使用前为何要进行还原？还原分几个阶段？
3. 铜基催化剂停车前为何要进行钝化处理？怎样进行钝化处理？
4. 生产装置停车卸压后为什么要对催化剂进行置换？
5. 简要分析甲醇合成反应的影响因素。
6. 画出低压法合成甲醇的工艺流程。
7. 分析低压法合成甲醇精馏工艺的优缺点。
8. 简要说出低压法合成甲醇的开、停车步骤。
9. 简要分析低压法合成甲醇异常现象的判断及处理。

任务3　尿素装置运行与开、停车

学习目标

掌握尿素生产的理论基础，能够识读尿素生产工艺流程图；能够对尿素装置进行正确的开、停车操作，能够对尿素生产操作过程中的数据进行正确记录，学会分析影响尿素装置正常操作的因素，能够根据现象准确、迅速判断事故类型并及时做出处理，对重大事故具备一定的提前预知能力。

任务引入

近年来，我国多个新建尿素装置已经或将要投产，当一个新建尿素工厂的生产设备、装置安装完成后，应当在尿素装置原始开车前进行哪些准备工作？如何进行原始开车，才能使系统安全、经济、稳定地投入正常生产？在正常生产过程中如何保证设备的稳定运行？当设备出现故障时如何停车以进行维修？

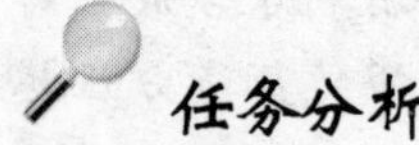

任务分析

要使生产系统安全、经济、稳定地开车，需要掌握尿素装置原始开车前准备工作的内容、原始开车步骤及要点。

要保障设备在生产过程中稳定运行，需要掌握尿素装置正常运行的操作内容，能够分析各类工艺条件对尿素生产的影响，能够分析尿素装置运行过程中常见事故原因并掌握事故的处理方法。

要对系统进行停车操作，需要掌握尿素装置停车的操作内容、操作步骤和方法。

相关知识

一、尿素生产的基本原理

1. 尿素合成的反应机理

由液氨和气态二氧化碳直接合成尿素的总反应式：

$$2NH_3（液）+ CO_2（气）\longrightarrow CO（NH_2）_2（液）+ H_2O（液）$$

该反应为可逆放热反应，液相中的反应过程分两步进行。

第一步为液氨与溶解的二氧化碳气体在高温下反应，生成氨基甲酸铵（以下简称甲铵）熔融液：

$$2NH_3（液）+ CO_2（气）\longrightarrow NH_2COONH_4（液）$$

该反应是强放热反应，反应速率很快，容易达到化学平衡，二氧化碳转化为甲铵的程度很高。

第二步为甲铵脱水生成尿素：

$$NH_2COONH_4（液）\longrightarrow CO（NH_2）_2（液）+ H_2O（液）$$

该反应为微吸热反应，反应速率较慢，在甲铵呈熔融状态时反应速率才有较明显的提高。因此，甲铵脱水是尿素合成过程中的控制反应。

2. 甲铵的生成

(1) 生成甲铵的化学平衡

干燥的氨和二氧化碳，不管其初始配比如何，一般只生成甲铵；有水存在时，还可生成铵的各种碳酸盐。

工业生产中的甲铵生成反应式为：

$$2NH_3（液）+ CO_2（气）\longrightarrow NH_2COONH_4（液）$$

此反应为放热反应，温度升高，化学平衡常数减小；在尿素合成条件下，此反应的化学平衡常数非常大。

(2) 甲铵生成的反应速率

常温常压下，甲铵生成的反应速率相当缓慢，而且极易分解；但当压力在 9 807 kPa 以上，温度超过 150℃时，甲铵生成反应几乎瞬时就可完成。液相中的二氧化碳大部分转化为甲铵，而且反应速率几乎与压力的平方成正比。在一定的范围内，提高温度也能提高甲铵的生成速率。

由此可见，为了加快甲铵的生成速率，必须采用较高的压力和与此相适应的温度。

3. 尿素的生成

(1) 甲铵脱水生成尿素的化学平衡

甲铵脱水生成尿素的反应为：

$$NH_2COONH_4\text{（液）}\longrightarrow CO(NH_2)_2\text{（液）}+H_2O\text{（液）}$$

上述反应在一定的温度、压力下进行，是一个可逆吸热反应。工业生产中，可以用二氧化碳转化为尿素的转化率表示生成尿素的反应进行程度，即：

$$X_{CO_2}=\frac{\text{转化为尿素的 }CO_2\text{ 的量}}{\text{反应前的 }CO_2\text{ 的量}}\times 100\%$$

$$=\frac{\text{尿素的质量}}{\text{尿素的质量}+1.365\times\text{未反应的 }CO_2\text{ 的质量}}\times 100\%$$

式中 X_{CO_2}——二氧化碳转化率,%；

1.365——尿素相对分子质量与二氧化碳相对分子质量之比。

在一定条件下，甲铵脱水反应达到化学平衡时的转化率，称为平衡转化率。实际生产中反应并未达到化学平衡，故用平衡达成率来表示达到化学平衡的程度，即：

$$\text{平衡达成率}=\frac{\text{实际 }CO_2\text{ 转化率}}{\text{达到化学平衡时 }CO_2\text{ 转化率}}\times 100\%$$

由于反应体系较为复杂，难以由平衡方程和平衡常数准确计算平衡转化率，因此，在工艺计算中广泛采用经验公式或实测值。

一般来说，提高反应温度、增大初始物料中的氨与二氧化碳的物质的量比和降低水与二氧化碳的物质的量比，可提高二氧化碳的平衡转化率，即有利于尿素的生成。

(2) 甲铵脱水生成尿素的反应速率

由尿素合成的反应机理可知，甲铵脱水是反应的控制步骤，即决定尿素合成的反应速率。甲铵脱水的反应速率（体现于二氧化碳转化率）与温度、时间的关系如图 5—3—1 所示。

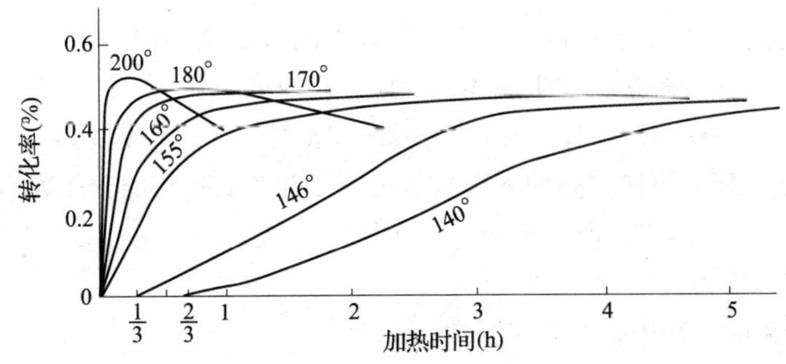

图 5—3—1 甲铵脱水的反应速率与温度、时间的关系

由图 5—3—1 可见，反应开始时，甲铵脱水速率缓慢，随着尿素和水的生成，降低了甲铵的熔点，起自催化作用，使反应速率逐渐增快。随着甲铵不断的转化，生成的水量逐渐增多，甲铵的浓度逐渐减小，尿素的浓度逐渐增大，逆反应速率越来越快，最终使反应速率趋

于平衡。

温度低于150℃时，甲铵呈固态，反应速率很慢；温度高于150℃时，甲铵呈熔融状态，反应速率加快；温度越高，甲铵脱水速率越快，二氧化碳转化率越高。

由图5—3—1也可看出，当温度高于170℃时，反应时间增加到一定程度后，二氧化碳转化率反而随时间的延长而下降，其原因是高温下尿素缩合或水解。

4. 甲铵的性质

前已述及，尿素合成反应的第一步是氨和二氧化碳反应生成甲铵，然后呈液相状态的甲铵脱水生成尿素，甲铵是合成尿素过程中的中间产物。因此，必须了解甲铵的主要性质及生成液态甲铵的条件。

（1）甲铵的离解压力

所谓甲铵的离解压力，是指在一定温度下，固体或液体甲铵表面上的氨和二氧化碳气体混合物的平衡压力。甲铵很不稳定，在常温常压下就易分解为氨和二氧化碳，在常压下加热到60℃就完全分解。

纯甲铵分解时，气相中的氨和二氧化碳分子比为2∶1，即气相组成是固定的。所以甲铵的离解压力仅与温度有关，随着温度的上升急剧增加，其数学表达式如下：

$$\lg P_s = -2\ 748 + 8.275\ 3T$$

式中　P_s——固体甲铵在温度T时的离解压力，10^5 Pa；

T——固体甲铵的温度，K。

（2）甲铵的熔点

加热固体甲铵的速率不同，甲铵的熔点会发生变化；另外，在加热过程中有少量尿素和水生成，从而降低了甲铵的熔化温度，影响测定结果。一般认为甲铵的熔点约为152℃。

5. CO_2 气提原理

气提就是在加热的同时，使一种气体通过甲铵液，从而降低其气相中的CO_2或氨的分压，促使甲铵分解。气提用的气体如果是氨，称为氨气提法；用CO_2作为气提介质，则称为CO_2气提法。

在CO_2气提法中，未反应物的分解回收与尿素的合成是在同一压力条件下进行的。在尿素合成中，由于甲铵分解是甲铵生成的逆反应，反应式为：

$$NH_2COONH_4\text{（液）}\longrightarrow 2NH_3\text{（气）}+CO_2\text{（气）}$$

根据化学平衡原理，甲铵离解的平衡常数可用氨与二氧化碳的分压表示：

$$K_P = P_{NH_3}^2 P_{CO_2} = (P\cdot y_{NH_3})^2(P\cdot y_{CO_2}) = P^3 y_{NH_3}^2 y_{CO_2}$$

式中　P——离解总压力；

y_{NH_3}——达平衡时气相中氨的摩尔分数；

y_{CO_2}——达平衡时气相中二氧化碳的摩尔分数。

（1）当纯态甲铵分解时，$y_{NH_3}/y_{CO_2}=2$，设离解总压力为P_s，则：

$P_{NH_3}=\frac{2}{3}P_s$，$P_{CO_2}=\frac{1}{3}P_s$，平衡常数$K_P{}'=P_{NH_3}^2P_{CO_2}=\left(\frac{2}{3}P_s\right)^2\left(\frac{1}{3}P_s\right)=\frac{4}{27}P_s^3$

（2）在生产条件下甲铵分解时，平衡常数为K_P，离解压力为P，当反应在同一温度下进行时，$K_P = K_P'$，所以，$P^3 y_{NH_3}^2 y_{CO_2} = \frac{4}{27} P_s^{\ 3}$，$P = \frac{0.53 P_s}{\sqrt[3]{y_{NH_3}^2 y_{CO_2}}}$。

由上式可知，在生产中向尿素合成液中通入大量的 CO_2 时，则气相中的氨的摩尔分数趋于0，则甲铵的离解压力趋于无穷大，反应向甲铵分解的方向进行。

6. 各类工艺条件对尿素生产的影响

（1）气体组成对尿素生产的影响

1）合成尿素要求水、油和惰性物含量越低越好，且不含固体杂质。一般认为，液氨纯度要求高于99.5%（质量分数），油含量小于15 mg/kg，油含量过高会出现以下副作用：

①在高压下易碳化，易堵塞气提塔分布器小孔，使气提塔腐蚀加剧，气提效率下降。

②油是一种可燃物，增加了合成尾气燃爆的可能性。

③容易引起设备结垢，增大设备腐蚀率，影响传热效果。

液氨送尿素合成工序前应有一定的静压头和过冷度，以保证氨泵正常运行。

2）为了保证尿素合成的转化率和减少设备腐蚀，一般要求二氧化碳的纯度大于98.5%（以干气体积计）、惰性气体含量小于1.5%（以干气体积计）、氢气含量不高于0.2%（体积分数），硫化物含量低于15 mg/m^3（标准状况）。如果进入合成系统的氢气含量过高，在高压洗涤器内形成 $NH_3-H_2-O_2$（或空气）爆炸性气体的危险性增加。惰性气体含量过高，会导致：

①降低进入合成系统 CO_2 的量，将降低合成的转化率。

②惰性气体含量高，减少了合成塔的有效容积，既影响生产能力，也相应增加了合成尾气的 NH_3 和 CO_2 的放空损失。

③可能使合成尾气成为可燃爆气体，增加了燃爆的可能性。

生产中为了阻止物料对气提塔、高压甲铵冷凝器、合成塔和高压洗涤器的腐蚀，需要向 CO_2 中加入空气。要求 CO_2 气中 O_2 的含量在0.75%~1.0%。O_2 含量小于0.75%，系统就会遭受腐蚀；O_2 含量大于1.0%，既增加了进入系统的惰性气体的量，还增加了合成尾气爆炸的可能性。

（2）压力在尿素生产中的影响

1）压力对尿素合成的影响。压力升高，合成尿素的平衡常数增大，有利于尿素的合成；但是，对 CO_2 气提法合成尿素来说，尿素的合成与 CO_2 的气提（大部分甲铵的分解、过剩氨和 CO_2 的解吸）是等压进行的，降压对 CO_2 的气提是有利的。结合尿素的合成与 CO_2 的气提，一般选择操作压力在14 MPa左右。

2）压力在中压吸收中的影响。中压吸收塔的作用是将进尿素装置的原料 CO_2 气中一定量的惰性气体作为尾气排至大气，并将高压合成尾气中的 NH_3 和 CO_2 用有限的氨水予以吸收。为达此目的，必须具有一定的压力。若从吸收或减少返回合成系统水量角度考虑，选取的吸收压力越高越好，但压力高，设备投资增大，同时使尾气引起燃爆的可能性增大。另外，吸收压力取决于其出液的组成，在82℃的操作温度下，出液的蒸汽压力大于0.4 MPa，因此，中压吸收塔操作压力一般选定为0.6 MPa左右。

3）压力在蒸发中的影响。减压蒸发不仅可以降低溶液的沸点，还可以减少蒸发过程中副反应的发生，所以，尿素溶液的蒸发采用减压蒸发，但压力过低，在蒸发过程中会产生尿素结晶，由图5—3—2可以看出，蒸发过程中压力必须大于0.026 3 MPa，才能保证溶液不会出现结晶。若在稍大于0.026 3 MPa的压力下经过一段蒸发将浓度为75%的尿液浓缩至99.7%，必须将蒸发温度提得很高，且蒸发时间也需要很长，从而导致尿素水解、缩合等副反应加剧，所以工业上一般分两段蒸发。

一段蒸发主要是蒸出大部分水分，将尿液浓度提高至95%～97%，同时为了防止析出结晶，操作压力一般略大于0.026 3 MPa；二段蒸发主要是为了制取浓度为99.7%的尿素熔融物，要求几乎蒸发掉所有的水分，压力越低，越有利于水分的快速蒸发，所以二段蒸发压力选择在0.005 MPa左右。

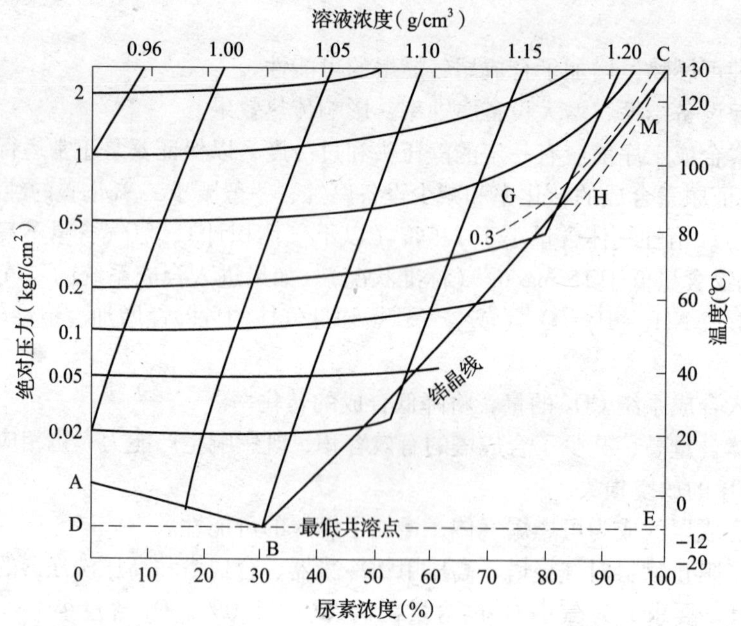

图5—3—2　CO（NH_2）$_2$ – H_2O 系统的组成—温度—密度—溶液蒸汽压图

（3）温度在尿素生产中的影响

1）温度对尿素合成的影响。甲铵脱水是尿素合成的控制步骤，它是微吸热的反应，合成尿素的总反应速率取决于甲铵的脱水速率。在一定范围内，合成温度升高，甲铵脱水速率加快，平衡常数增大，CO_2 转化率升高。当温度达到一定值时，若继续升温，平衡转化率不仅不增加，反而会下降，原因是温度过高，甲铵脱水速率增加不明显，而且甲铵还会分解为氨和 CO_2，同时，尿素在高温下的水解、缩合等副反应的反应速率也加快，从而导致 CO_2 转化率下降。由图5—3—3可知，出现最高平衡转化率对应的温度在190～200℃。

生产中，温度过高会导致合成系统平衡压力升高，从而使合成系统操作压力相应提高，压缩功耗增大；温度过高还会使合成物料对合成塔的腐蚀加快，所以生产中合成温度不宜过高。合成塔温度条件的选择是以材料耐腐蚀能力作为主要因素来考虑的。

不同衬里材料的许可操作温度见表5—3—1。

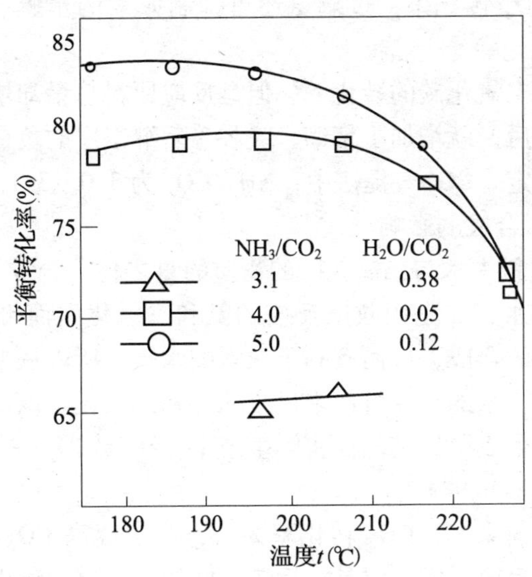

图 5—3—3 二氧化碳平衡转化率与温度的关系

表 5—3—1 **尿素合成塔衬里材料与对应的操作温度**

衬里材料	合成塔操作温度（℃）
316L 不锈钢	185
钛	200

2）温度对气提的影响。温度是气提过程的主要工艺指标。甲铵的分解和游离 CO_2、过量氨从合成液中逸出都是吸热过程。要使气提能连续进行，必须供给热量，尽量提高气提温度。但是，操作温度的提高受到气提塔材料耐腐蚀温度的限制。气提塔出液温度在 170℃ 时，其上段管部温度已经很高。所以，从生产实际出发，出液温度宜选在 160 ~ 175℃。

正常操作、调整温度的方法是控制气提塔壳侧的蒸汽压力。气提塔壳侧的蒸汽压力是与生产负荷相对应的，负荷高时，蒸汽压力相应提高，反之亦然。

3）温度对高压洗涤器操作的影响。高压洗涤器的作用是吸收从尿素合成塔来的未反应气体中的 NH_3 与 CO_2。温度越低越有利于 NH_3 与 CO_2 的吸收。但是，在高压洗涤器的操作中，温度不能过低；如果操作温度低于 155℃，高压洗涤器会过度冷凝吸收 NH_3 与 CO_2，使尾气中 NH_3 与 CO_2 含量较少，而 H_2 和 O_2 的含量较高，在操作条件下很容易引起爆炸，造成事故。所以生产中应控制高压洗涤器的操作温度不低于 155℃。

4）温度对蒸发的影响。温度越高，蒸发速度越快。为了减少尿素蒸发过程中水解、缩合等副反应的发生，对于一段蒸发，蒸发温度一般选择在 130℃ 左右；二段蒸发得到的纯度（浓度）为 99.7% 的尿素熔融物的熔点温度是 132.7℃，为了是尿素熔融物具有较好的流动性，所以二段温度控制在 136 ~ 140℃。

（4）NH_3/CO_2 对尿素合成的影响

NH_3/CO_2 指原始反应物料中氨与二氧化碳的物质的量之比。由尿素合成反应方程式知，合成尿素的理论 NH_3/CO_2 为 2，但在实际生产中 NH_3 过量。实际用量比理论用量多出的部分氨，称为过剩氨。过剩氨可以与尿素合成过程中生成的水结合生成 NH_4OH，减少了系统中游离水的量，提高了 CO_2 转化率；过剩氨还可抑制尿素的水解、缩合等副反应的发生，对尿素的合成是有利的。

过剩氨虽然可以提高二氧化碳的转化率，但是反应原料总量却增加了，压缩功耗也增加了。另外，当氨碳比增加后，就增加了精馏、吸收等后继工序的负荷。所以，过剩氨的量应从各方面综合考虑加以确定。CO_2 气提法中，NH_3/CO_2 为3.0～3.1。

（5）H_2O/CO_2 对尿素合成的影响

H_2O/CO_2 指合成塔进料中水与二氧化碳的物质的量之比。合成塔中水的来源有两部分：一是尿素合成反应生成的水，二是回收未反应的氨和二氧化碳而带入的水。从化学平衡分析，水的存在不利于尿素的合成，反而有利于尿素的水解，所以从平衡角度来考虑，进入合成塔的水越少越好。但是，水的存在可使未反应的氨和二氧化碳以甲铵液的形式返回合成塔内；水过少，回收系统易生成甲铵结晶。实际生产中，H_2O/CO_2 一般为0.3～0.4。

（6）反应时间对尿素合成的影响

在合成塔内，反应时间太短，CO_2 转化率太低，为了提高 CO_2 转化率，就必须使合成物料在合成塔内有足够的反应时间。但是，反应时间过长，CO_2 转化率增加并不明显；在尿素产量不变的前提下，必然要求合成塔容积要大，且尿素缩合、水解反应加剧，物料对合成塔的腐蚀也加剧。所以生产中在合成塔内的反应时间为50～60 min。

二、气提法生产尿素的工艺流程及主要设备

1. 生产工艺流程

二氧化碳气提法生产尿素的工艺流程如图5—3—4所示。

（1）氨的加压预热

来自氨库的纯度大于等于99.5%的液氨，进入尿素界区，经氨过滤器过滤油质和杂质后，进入氨缓冲罐，经高压氨泵加压（为16～17 MPa），进入高压氨加热器管程被预热至约70℃后，然后进入高压喷射器，与被吸入的甲铵液混合后，送入高压甲铵冷凝器顶部。

（2）压缩机脱硫脱氢

从合成氨装置来的纯度大于等于99.5%的二氧化碳气体，经分离器分离掉水及油类物质后，在压缩机入口与一定量的空气混合（空气体积约为二氧化碳气体体积的4%，主要用于高压设备的防腐和脱氢）进入压缩机进行压缩。二氧化碳气体从压缩机三段冷却器出口进入脱硫槽，在此除去气体中的硫化物，脱硫后的 CO_2 进入 CO_2 换热器与脱氢反应器出来的 CO_2 换热后，再进入开工加热器用2.5 MPa蒸汽加热至150～200℃，然后进入装有催化剂的脱氢反应器进行脱氢反应，去除二氧化碳气体中的可燃组分，目的是使高压洗涤器出口气体在可爆范围之外。

脱氢后 CO_2 含氢及其他可燃气体量小于 50×10^{-6}，经 CO_2 换热器换热后，温度由200℃降至65℃左右，进入中压 CO_2 冷却器冷却至40℃左右，进入汽液分离器排净液滴后进入四段压缩机入口。最终 CO_2 气体被压缩到14.5 MPa（绝对压力），进入气提塔底部。

（3）尿素的合成与气提

尿素合成塔、气提塔、高压甲铵冷凝器和高压洗涤器这四台设备组成高压圈，这是二氧化碳气提法的核心部分。这四台设备的操作条件要统一考虑，以期达到尿素的最大产率和最大限度的热量回收，并副产蒸汽。

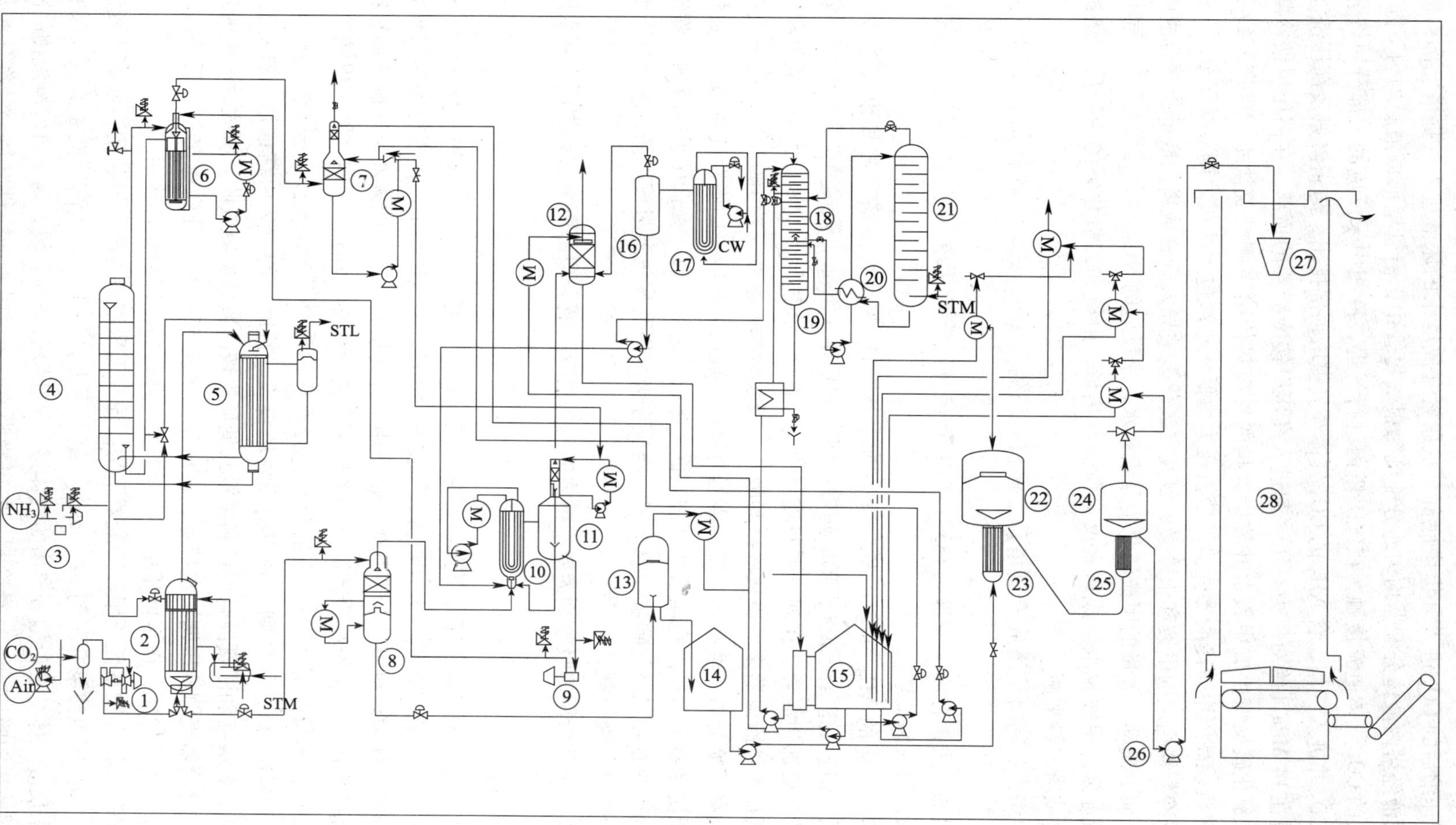

图5—3—4　二氧化碳气提法生产尿素的工艺流程

1—二氧化碳压缩机组　2—气提塔　3—高压氨泵　4—合成塔　5—高压甲铵冷凝器　6—高压洗涤器　7—中压吸收塔　8—精馏塔　9—高压甲铵泵　10—低压甲铵冷凝器　11—低压洗涤器　12—常压吸收塔　13—闪蒸槽　14—尿液槽　15—氨水槽　16—液位槽　17—回流冷凝器　18—第一解吸塔　19—第二解吸塔　20—热交换器　21—水解塔　22—一段蒸发分离器　23—一段蒸发加热器　24—二段蒸发分离器　25—二段蒸发加热器　26—熔融尿液泵　27—造粒喷头　28—造粒塔

经压缩机压缩后的 CO_2 进入气提塔底部，从尿素合成塔来的尿液进入气提塔上部；进入气提塔的尿液经塔内液体分配器均匀地分配到每根气提管中，沿管壁形成液膜均匀下降，与从底部进入的 CO_2 气体逆流接触，在气提塔内进行气提，液相中未反应的大部分甲铵分解为 NH_3 和 CO_2 并进入气相，含 NH_3 的 CO_2 气体经气提塔顶部排出，与新鲜氨及高压洗涤器来的甲铵液在 14 MPa（绝对压力）下一起进入高压甲铵冷凝器的顶部。在高压甲铵冷凝器内，氨与二氧化碳反应生成甲铵，并放出大量的反应热传给壳侧的脱盐水，副产0. 40 ~ 0. 45 MPa 的蒸汽。高压甲铵冷凝器壳侧的蒸汽压力由低压蒸汽包上的压力调节阀调节。

高压甲铵冷凝器生成的甲铵和未冷凝的氨及二氧化碳被导入到合成塔的底部，在合成塔内，物料自下而上流动，大量的甲铵转化为尿素和水，未反应的 NH_3、CO_2 继续反应，同时甲铵脱水生成尿素。甲铵脱水生成尿素反应所需的热量，由氨和二氧化碳的冷凝反应热提供，以维持合成塔的热平衡。

尿素合成塔内的物料从塔底升到塔顶，停留时间约为 1 h，二氧化碳转化率为 58% ~ 59%。

合成塔顶部，尿素合成反应液（183 ~ 185℃）经过溢流管从塔下部出口排出，经气提塔气提后，尿液进入精馏塔。

合成塔内未反应的 NH_3 和 CO_2 及少量的 N_2、H_2、O_2 等从合成塔顶部排出（温度为 183 ~ 185℃），先进入高压洗涤器上部的防爆空间，然后导入下部的管式换热器，与中心管流下的甲铵液在底部相混合，在列管内并流上升进行吸收。在这里，气体中大部分的氨和二氧化碳，被低压甲铵冷凝器来的甲铵液冷凝吸收，吸收后的甲铵液（约 160℃）由高压洗涤器引出后进入高压喷射器；经高压甲铵冷凝器再返回合成塔，不冷凝的惰性气体和一定数量的氨气自高压洗涤器顶部排出高压系统，进入低压吸收塔进行吸收。在低压吸收塔内，除惰性气体外，全部的氨和二氧化碳被吸收下来，经洗涤吸收后，尾气通过放空筒排入大气，液体进入常压吸收塔作吸收剂。

低压吸收塔中部所用的吸收剂为氨水槽内的闪蒸槽冷凝液，顶部所用的吸收剂为氨水槽内的氨水。

（4）循环吸收

来自气提塔底部的尿液，经减压到0. 25 ~ 0. 35 MPa（绝对压力），溶液中41% ~ 42%的 CO_2 和约69%的 NH_3 得到闪蒸，并使溶液温度降到约107℃，减压后的气液混合物喷到精馏塔上部，精馏塔上部为填料塔，起着气体精馏作用。经过填料段下落的尿液流入循环加热器下部。循环加热器用高压甲铵冷凝器副产的低压蒸汽进行加热，加热到约 135℃，甲铵进一步分解，然后返回精馏塔下部的分离器分离。分离后的液体经减压进入闪蒸槽，压力约 0. 045 MPa（绝对压力）；气体则上升到精馏塔填料段。精馏后的气体由精馏塔顶部导出，与部分回流液、解吸液和液氨混合后送到浸没式低压甲铵冷凝器冷凝吸收。吸收时产生的热量被低压甲铵冷凝器壳侧低压调温水带走，低压调温水从 55℃左右升到约 65℃。后经低压甲铵冷凝器循环水泵加压，送至低压甲铵冷凝器循环冷却器冷却后循环使用。

吸收后的气液混合物从低压甲铵冷凝器上部溢流到低压甲铵冷凝器液位槽，液体从液位槽底部导出，经高压甲铵泵升压到 14. 2 MPa（绝对压力）以上，送入高压洗涤器顶部吸收合成塔来的未反应气体。液位槽分离出的气体进入常压吸收塔填料段，与来自冷凝液槽的冷凝液、低压吸收塔的吸收液、自身冷却后的氨水吸收，未能吸收的惰性气体，经排气筒放空，液体流入氨水槽的小隔间。

(5) 蒸发和造粒

从尿液槽来的尿液浓度为72%左右，经尿液泵送入一段蒸发器底部。

控制进入一段蒸发器壳侧的低压蒸汽，使一段蒸发分离器出液温度为130℃。从一段蒸发器出来的气液混合物上升至一段蒸发分离器进行气液分离。气相进入一段蒸发冷凝器中冷凝，液体经U形管进入二段蒸发器的列管内。不凝性气体被一段蒸发喷射泵抽至最终冷凝器冷凝。由于冷凝器和喷射泵的作用，一段蒸发压力降为0.032 MPa（绝对压力）。一段喷射器进口设有空气吸入阀，以备调节真空用。

控制进入二段蒸发器壳侧的饱和蒸汽，使二段蒸发分离器的出液温度为138~140℃。二段压力为0.003 MPa（绝对压力）。经二段蒸发后的尿液浓度可达到99.7%。

二段蒸发器的气、液混合物进入二段蒸发分离器。气相经升压器抽至二段蒸发冷凝器中冷凝，未冷凝的气体被二段蒸发第一喷射器抽至二段蒸发后冷凝器中继续冷凝，其中未冷凝气体再由二段蒸发第二喷射器抽至最终冷凝器，最后，不凝的气体排入大气。各蒸发冷凝器都由循环水换热，冷凝的氨水排入氨水槽各个不同的小室中。闪蒸冷凝液和蒸发冷凝液均含有一定量的NH_3、CO_2，回收进入氨水槽，氨水槽内有隔板，将闪蒸冷凝液和蒸发冷凝液隔开，闪蒸冷凝液由于含有较多的NH_3和CO_2，用泵送至低压吸收塔吸收；蒸发冷凝液含NH_3和CO_2较少，大部分被送至解吸塔解吸。

从二段蒸发分离器出来的浓度为99.7%的熔融尿素，由尿素熔融泵加压后送至造粒塔喷头。进入喷头的尿液喷出后，被塔底进入的空气冷却。落到塔底温度约为70℃的尿素颗粒，由刮料机刮入下料槽，经过造粒塔皮带送入皮带秤计量，卸在散装仓库或直接流到成品包装楼。

(6) 解吸和水解

蒸发和闪蒸冷凝液中含有一定量的NH_3、少量CO_2和少量尿素，经真空液封管流入氨水槽。

氨水槽氨水由解吸塔给料泵经解吸塔换热器加热到110℃后送到第一解吸塔的上部，解吸出氨和二氧化碳。

解吸塔的操作压力为0.3 MPa（绝对压力），出第一解吸塔的液体，经水解塔给料泵加压到2.65 MPa（绝对压力），进入水解塔换热器，与水解液换热后，进入水解塔上部，水解塔的下部通入2.5 MPa的蒸汽，使液体中所含的少量尿素水解成氨和二氧化碳，水解的气相一部分进入第一解吸塔的上部，一部分直接进入回流冷凝器。液相经水解塔换热器换热后温度为150℃，进入第二解吸塔的上部，操作压力为0.3 MPa（绝对压力），塔下部通入低压蒸汽进行解吸，塔底温度为143℃，从液相中解吸出来的氨、二氧化碳和水蒸气经升气管进入第一解吸塔的下部，与第一解吸塔的液体进行热质交换。出第一解吸塔的气相，控制含水量小于40%，在回流冷凝器中冷凝。一部分回流冷凝液作为回流液，回到第一解吸塔的顶部进行热质交换以减少出塔气相中的水含量；另一部分回流冷凝液送入低压甲铵冷凝器；未被冷凝的气体进入常压吸收塔中进一步回收氨和二氧化碳后放空。第二解吸塔解吸后的液体中含有的氨小于5×10^{-6}，尿素小于5×10^{-6}，经解吸塔换热器和废水冷却器换热后（温度为60℃）送出界区。

2. 主要设备

(1) 气提塔

气提塔的作用是在与尿素合成塔同等压力下，在通入CO_2气的同时，加热合成反应液，促使合成反应液中的甲铵分解并逐出游离的 CO_2 和 NH_3。分解后的 CO_2 和 NH_3 连同 CO_2 原料气一起进入高压甲铵冷凝器内。

气提塔是立式列管换热器，其结构如图 5—3—5 所示。在壳侧蒸汽由 N11 蒸汽入口进入，蒸汽冷凝液由 N6 蒸汽冷凝液出口排出，在气提塔内，蒸汽释放出的热量维持操作温度。CO_2 气体由入口 N10 通入气提塔，尿素合成液由入口 N12 进入气提塔，管内合成反应液自上而下成膜流下与 CO_2 逆流接触，使未反应物得到气化和分解。分解后的尿液由 N9 气提液出口排出，经减压阀进入精馏塔。分解后的 CO_2 和 NH_3 连同 CO_2 原料气由气提气出口 N2 排出，一起进入到到高压甲铵冷凝器内。通过各个管内的气液负荷应均匀分配，否则容易产生腐蚀。为了使气液分配均匀，在塔上设有液体分布器。由于分布器的控制，不但每个管内的液体流量可以均匀分配，而且管内的流量受到液位的作用可以自动调节设备的负荷。

（2）尿素合成塔

尿素合成塔是尿素装置关键设备之一，其结构如图 5—3—6 所示。在尿素合成反应中，甲铵脱水反应是在尿素合成塔内进行的，反应所需的热量由 NH_3 和 CO_2 生成甲铵放出的热量供给，为了满足生产需要，尿素合成塔应具备下述条件：

1）尿素合成反应在 180～190℃、约 14.0 MPa 下进行，要求尿素合成塔具有足够的机械强度。

2）反应物料具有强烈的腐蚀性，尿素合成塔必须具备优良的耐腐蚀性能。

3）甲铵脱水生成尿素是在液相中进行的慢速反应，为保证达到所需要的反应转化率，物料必须有一定的停留时间，要求尿素合成塔具有足够大的容积。

尿素合成塔是一个直立圆筒形的高压容器，外筒为碳钢多层卷焊受压容器，内壁衬有一层厚 8～10 mm 的尿素级 316 L 不锈钢板，使碳钢筒体与尿素甲铵腐蚀介质隔开。在高压筒体和封头上还设有一定数量的检漏孔，设备制造完后在检漏孔内通入 30 kPa 氨气，以检查衬里焊缝质量。每个筒节有 12 个检漏孔，每个孔接有检漏管并引出保温层外，检漏孔分别布置在焊缝两侧，距离焊缝 300 mm。生产中一旦衬里层泄漏，尿素甲铵液从检漏管流出气化，很容易被操作人员发现（可将检漏孔用胶管与装有酚酞溶液的容器相连，氨会使酚酞溶液变红）。

从高压甲铵冷凝器来的气液相物料分两路进入尿素合成塔底部，进行甲铵脱水反应。为防止反应物料返混（指生成物料与未反应物料相混合），提高转化率和生产强度，在尿素合成塔中装有多块筛孔塔盘，将尿素合成塔分隔成几个串联的小室（为提高 CO_2 转化率，有些厂在尿素合成塔中安装了高效塔盘）。由于 CO_2 和 NH_3 气体自下而上流动时不断冷凝，气体量逐渐减少，为了保持气体通过筛孔的速度相等，上部筛板的开孔数目相对少一些。由于气体通过小孔的速度较大，使得每一个小室中的物料相互混合很激烈，浓度近似于相同，而上一个小室的尿素生成物又比下一个小室的生成物含量高。物料在尿素合成塔内停留时间接近 1 h，最后从塔顶溢流管流出的尿素浓度达到 35%。未反应的气体 CO_2、NH_3 和惰性气体从塔顶流出进入高压洗涤器。

合成塔溢流管设在塔内，好处是可以避免在高压直筒部位开孔，提高设备机械强度；溢流管内外无压差，可采用非高压管线，降低成本。

合成塔底部有一根管线与高压喷射器的甲铵液入口管相连接，一是为了补充从高压洗涤器来的甲铵液的不足，避免高压喷射器抽空而导致气蚀；二是增加进入高压甲铵冷凝器甲铵液中的水量，以提高甲铵的冷凝温度。

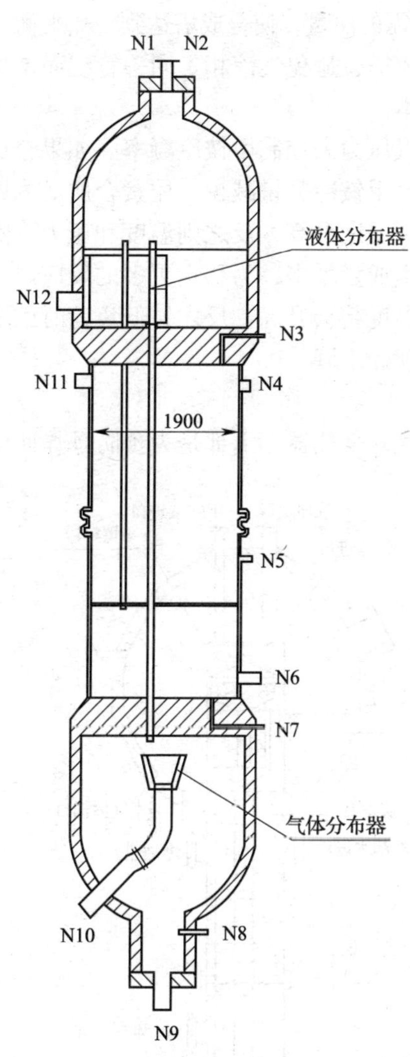

图 5—3—5　气提塔

N1—人孔　N2—气提气出口　N3—排气口　N4—爆破板接口
N5—不凝气排放口　N6—蒸汽冷凝液出口　N7—排放口
N8—液位计接口　N9—气提液出口　N10—CO_2 气入口
N11—蒸汽入口　N12—合成液入口

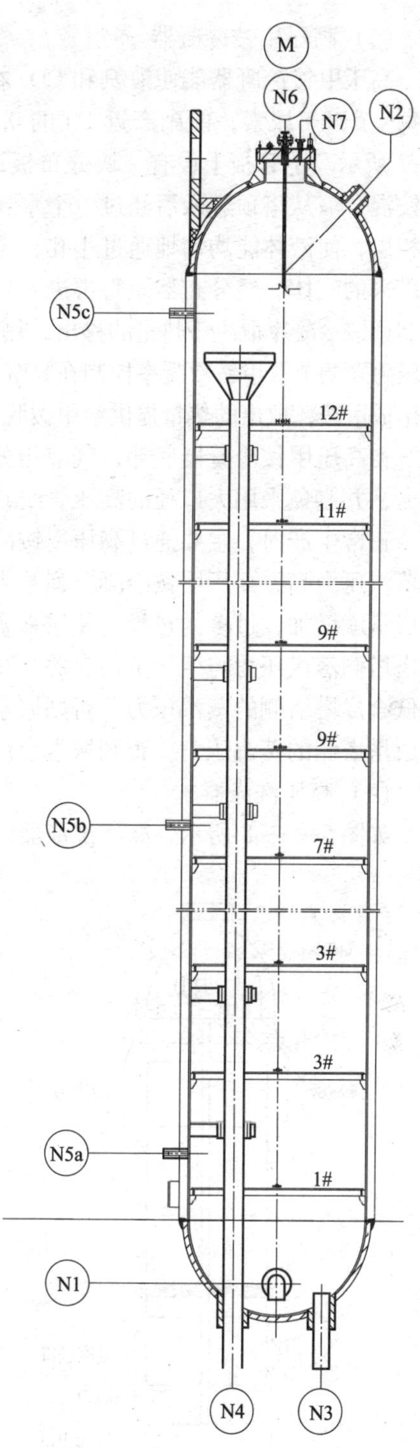

图 5—3—6　尿素合成塔

N1—气体进口　N2—气体出口　N3—液体进口
N4—液体出口　N5a、N5b、N5c—温度计接口
N6—液位计接口　N7—放空口　M—人孔

(3) 高压甲铵冷凝器

高压甲铵冷凝器能使液氨和 CO_2 在列管内生成甲铵，并利用甲铵生成热副产蒸汽。一般每生产 1 t 尿素，能副产近 1 t 的 0.4 MPa 低压蒸汽。高压甲铵冷凝器设备结构如图 5—3—7 所示。上管板上设有一块分布板，板上密布着小孔和短管。从高压喷射器来的液氨和甲铵混合液从塔顶进入后经过一个水封溢流，分散到分布板上，分布板上保持着一定高度的液相层，使液体能均匀地通过小孔，再流入每一根列管内，达到气液均匀分布的目的。从气提塔来的气体，经分布器短管再进入各列管内与氨反应生成甲铵。

甲铵冷凝率取决于热量的移出，热量移出多，甲铵冷凝率就高。热量移出多少可用副产蒸汽压力来调节。甲铵冷凝率控制在 80% 左右，还有约 20% 未冷凝的氨和 CO_2 气体进入合成塔再生成甲铵，放出的热量提供给甲铵脱水生成尿素所需的热量，使合成塔达到自热平衡。

在高压甲铵冷凝器底部，气液相分两路进入合成塔，避免气液相走同一管线而增加流动阻力，并避免采用大口径的高压管线，降低制造成本。

正常生产时，主要通过高压甲铵冷凝器壳侧蒸汽压力来控制甲铵冷凝率。如果合成塔塔侧蒸汽压力高，高压甲铵冷凝器列管内外温差减小，甲铵冷凝量减少，尿素合成塔内甲铵的生成量就增加，过多的热量会使尿素合成塔的压力和温度升高，反之则温度和压力下降。合成塔塔侧蒸汽压力与生产负荷有关。高负荷时甲铵生成量增多，为移走更多的反应热，需要降低合成塔塔侧的蒸汽压力，否则尿素合成压力和温度将会升高。反之，低负荷时就应提高合成塔塔侧的蒸汽压力，否则尿素合成压力和温度就会下降。

(4) 高压洗涤器

如图 5—3—8 所示，高压洗涤器的底部是一管壳式换热器，上部是为预防爆炸而设计的

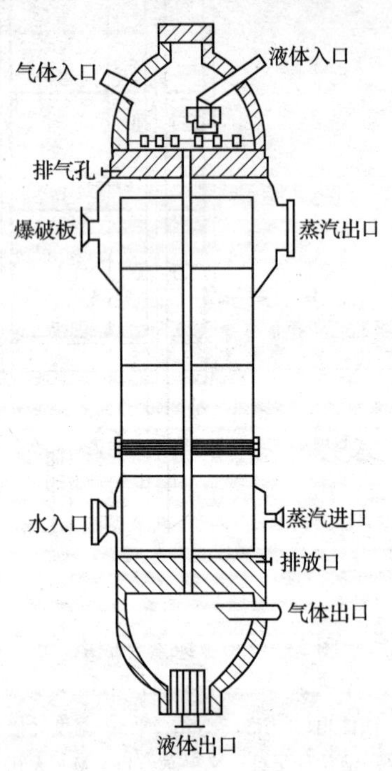

图 5—3—7　高压甲铵冷凝器

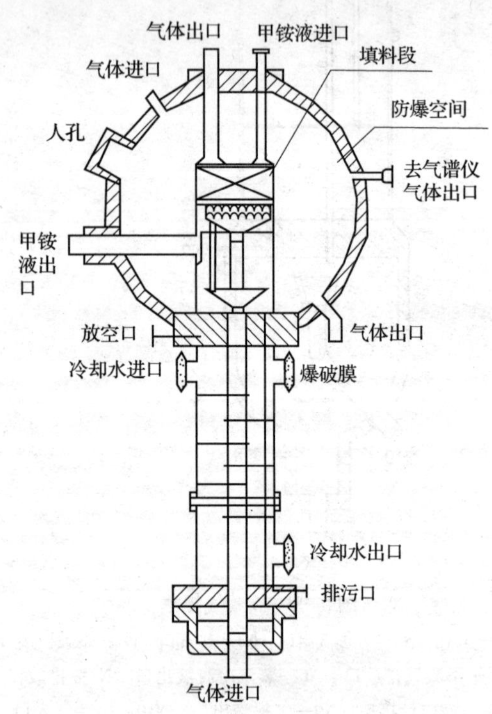

图 5—3—8　高压洗涤器

球形空腔，中部为装有鲍尔环填料的吸收段，下部设有管式换热段，采用高压调温水来冷却。高压洗涤器的作用是吸收出合成塔气相中的氨和 CO_2，所产生的高压甲铵液经高压喷射器返回高压甲铵冷凝器。

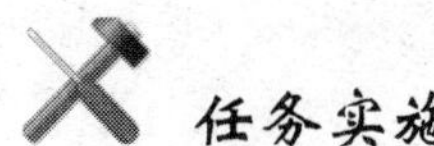

任务实施

查找资料，了解尿素系统的工艺流程和尿素装置开车、停车的总体方案。

应用二氧化碳气提法合成尿素仿真软件或流程级尿素生产模型进行如下的训练：尿素装置冷态开车；正常运行状态下，在其他条件不变时，分别改变反应温度、合成压力、氨碳比、水碳比、循环吸收的温度与压力、蒸发压力、蒸发温度等工艺条件，观察对二氧化碳转化率、缩二脲含量等的影响；尿素的正常停车；尿素生产中的常见事故处理操作。

尿素装置开车流程如图 5—3—9 所示。

图 5—3—9　尿素装置开车流程

一、尿素装置原始开车前准备工作

1. 单体试车与管线、设备的吹扫

（1）单体试车

系统开车前，首先要进行单体试车，主要针对尿素生产系统的动力设备（如输送冷凝液的离心泵、输送液氨的高压氨泵、输送 CO_2 的压缩机）进行单体试车。

(2) 尿素系统的吹扫

对高压合成系统、尿素装置蒸汽管网、低压、蒸发系统等进行吹扫。

2. 气密性试验

对高压系统、低压、蒸发真空系统、解吸水解系统等进行气密性试验。

3. 联动试车

对尿素装置进行联动试车，排除开车前的一切潜在问题，保证尿素系统能顺利开车。

联动试车结束，待系统排放干净后，将各加热器、受热设备及管道连接的法兰螺栓紧固一遍。

二、尿素装置原始开车步骤

1. 引脱盐水

开脱盐水进界区总阀，引脱盐水进尿素界区，向蒸汽冷凝液槽充液；控制脱盐水中氯离子的含量小于0.5 mg/L；汽包的液位不要过高，目的是减少汽包预热时间并防止发生水击现象，减少进入工艺系统的水量。

2. 建立蒸汽系统

建立蒸汽系统是尿素装置开工准备中的重要内容之一，也是装置开工的必备条件。因此，蒸汽系统必须在装置开工之前建立并投入运行。

将蒸汽引入尿素生产系统时，管道升温升压缓慢进行，严格控制升温速率在5～10℃/min，升压速率小于等于0.1 MPa/min，同时注意管道排水，防止管道水击，并投用相关的疏水器。

建立中压蒸汽饱和器的蒸汽系统时，要缓慢引蒸汽进入中压蒸汽饱和器和气提塔。对气提塔进行常压预热，控制升温速率为12℃/h，预热至100℃后，按合成升温钝化要求，调整蒸汽饱和器压力值。

建立低压蒸汽饱和器的蒸汽系统时，要缓慢引蒸汽进低压蒸汽饱和器，防止出现液击现象；当低压蒸汽饱和器建立正常时，预热高压甲铵冷凝器，控制高压甲铵冷凝器的升温速率为6～12℃/h，同时要预热高压洗涤器。

3. 引循环冷却水

给尿素系统的冷却器、冷凝器等设备引入循环冷却水，在引入循环冷却水时，注意在设备、管道的高点及死点排气，避免出现气阻现象。

4. 建立调温水系统

设置调温水密闭循环系统的目的是控制工艺反应的适宜温度并移走反应热，用冷凝液做冷却介质是为了避免工厂循环的冷却水中含氯离子而造成不锈钢设备的应力腐蚀。

建立高压调温水时，在提温过程中，如果调温水不能正常循环，可能导致高压洗涤器壳侧防爆板破裂，因此应予以避免；提温过程中，应采取排气或保留少量冷却水流动的方式，防止调温水冷却器冷却水侧的水汽化而发生气击，造成设备激烈振动。

5. 二氧化碳压缩机的开车

按二氧化碳压缩岗位操作规程开启二氧化碳压缩机，维持负荷在70%；控制进气提塔二氧化碳原料气的含氧量为0.75%～0.85%（体积分数），氢含量小于等于 50×10^{-6}，升温钝化期间控制含氧量大于1.0%（体积分数）。

6. 系统升温钝化

尿素装置空塔开车前，高压设备必须进行升温和钝化操作。

本操作的主要任务是预热高压设备并控制升温速率，建立或修复不锈钢高压设备和管线内表面的抗腐蚀氧化膜等。升温钝化操作的好坏，将直接影响高压设备的使用寿命。

高压系统的尿素合成塔、气提塔、高压甲铵冷凝器、高压洗涤器四台设备升温钝化是同时进行的，目前普遍采用的钝化方法为蒸汽加空气升温钝化法。

（1）高压设备升温、升压速率的控制及钝化条件

在合成塔升温前，气提塔、高压甲铵冷凝器和高压洗涤器的预热操作在建立蒸汽系统和高压调温水系统时已经完成。因此，系统升温操作是以合成塔壁温作为操作控制点，通过调整气提塔和高压甲铵冷凝器壳侧蒸汽压力等手段，控制合成塔任何一点的温升速率都不超过10～12℃/h，且塔顶和塔底的温度差不得大于40℃。控制升温速率，是为了避免温升过快导致高压设备中的不锈钢与碳钢膨胀不均（前者线性膨胀系数是后者的1.5倍）产生热应力而破坏衬里和列管，因此，要按设备制造厂的要求，严格控制尿素高压设备的升温速率。

系统压力升高时会同时带来温度的上升，所以在操作中也要控制系统的升压速率。

一般认为，升压可分为两个阶段：由常压升到2.0 MPa为一个阶段，升压速率不超过2.0 MPa/h；另一个阶段为2.0 MPa以上，升压速率不超过3.0 MPa/h。

实际生产中，钝化必须满足下列条件：

1）高压调温水温度在合适范围内（120～130℃）。

2）气提塔和高压甲铵冷凝器壳侧蒸汽压力应低于合成塔压力为0.05～0.1 MPa，以保证列管内壁表面有冷凝液膜，形成湿壁。

3）合成塔壁温最低在125℃以上，以保证能顺利钝化。

4）空气流量不低于200 m^3/h，以保证足够的氧气形成钝化膜。

5）钝化过程必须连续保持8 h以上。

（2）蒸汽加空气升温钝化法具体操作过程

此法的特点是升温钝化过程中不需要CO_2，在CO_2机组未运行前就可以进行，合成塔出料管不需要建立液封。

蒸汽加空气升温钝化具体过程如下：

1）把空气和蒸汽送入合成塔，为保证良好的钝化效果，应保持空气流量为200～250 m^3/h（标准状况下），压力不低于0.65 MPa。在升温后期尤其要注意空气的压力，绝不能低于中压蒸汽饱和器压力，以免蒸汽倒入空气管线造成事故。

2）控制气提塔和高压甲铵冷凝器壳侧的蒸汽压力低于高压系统的压力，借以始终保持高压设备列管管内壁处于湿壁状态，即按下列要求控制各设备的温度：气提塔进气温度 > 气提塔出气温度 > 高压甲铵冷凝器出气温度，以保证钝化效果。

3）升温钝化过程中要密切注意合成塔上部、中部和下部壁温的变化，控制升温速度在6～8℃/h，最高不超过10～12℃/h。合成塔的四点壁温在达到100℃以前，蒸汽可以从塔顶、塔底同时进入，以使上、下塔壁均匀升温。通过调节合成塔出料阀的开度，避免合成塔顶部与底部的温差大于40℃。为避免塔壁温度突升，气提塔塔侧蒸汽压力最好不要超过0.2 MPa，保证温升速率不超过12℃/h。

4）合成塔的四点壁温达到100℃以上后，可以逐渐提高气提塔和高压甲铵冷凝器壳侧

蒸汽压力到0.5～0.55 MPa；合成塔各点壁温在125℃以上并保持8 h，即可认为升温钝化合格。

5）钝化达到要求后，将钝化用的蒸汽和空气排出系统，并排尽系统中积存的蒸汽冷凝液。

（3）二氧化碳气体升压

空气加蒸汽升温钝化后，需要用CO_2将系统压力升到约8.0 MPa后才能进行投氨操作。

当二氧化碳压缩机运行正常，出口压力达8～10 MPa后，即可对合成系统进行升压（升压之前应对高压系统中的蒸汽及惰性气体进行2～3 h的置换，防止合成塔顶部超温）。升压时要对合成塔溢流管加水形成液封，避免CO_2气体走短路直接进入合成塔。系统升压要缓慢进行，注意升压过程中保持高压调温水温度在120℃以上。当高压系统压力达8.0 MPa时，开启高压系统设备检漏蒸汽，此时可全开CO_2进口大阀，手动关闭进气提塔CO_2放空调节阀，全部的CO_2由高压洗涤器气相出口放空阀和低压吸收塔气相调节阀放空。

7. 合成系统开车

合成系统开车也就是系统投料，将反应物料引入系统进行反应生产尿素。具体开车过程如下：

（1）投料前准备工作

1）高压系统的准备。升温钝化期间积存在系统中的冷凝液一定要及时排空，否则系统内的水量过多，开车后造成反应转化率偏低，工艺指标难以达到要求，且易导致系统出料时运行不稳定；在系统中的冷凝液排空结束后，要关闭相应的阀门，避免物料泄漏。

2）引氨。检查确认氨泵及氨管线中无积水、无泄漏，界区外氨原料泵运行正常后，将氨引入泵体并将泵体和管线的气体置换出系统。初始引氨入泵体进行排气时，应缓慢操作，防止液氨在泵体骤然气化降温或与残存的水溶解发热导致密封系统泄漏。引氨后，检查泵进口压力达到指标要求。

（2）投料

1）向高压洗涤器送吸收液。进入合成系统的水量多少，将直接影响合成反应的CO_2转化率。进入系统水量过多，将使CO_2转化率大为下降，造成高压系统出料时和出料后较长一段时间内整个系统生产不稳定；进入系统的水量过少，会使高压洗涤器吸收的氨与二氧化碳比正常量偏少，高压洗涤器不能正常工作，合成系统压力上涨过快，甚至不能控制。为防止这两种情况出现，应合理控制进入合成系统的水量。

2）待高压洗涤器溢流管温度开始下降后，引氨入系统，氨碳比控制稍高于系统最佳氨碳比。

3）逐步调节高压喷射器至最大吸入量，控制氨泵出口压力与高压系统的压差为1.5～2.0 MPa，保持高压洗涤器壳侧正常温度为110℃左右。

4）当高压调温水出口和进口出现温差后，缓慢地提升高压系统压力。

5）密切注意合成液温度的变化情况，及时向合成溢流管加水，保持液封，防止CO_2倒流。

（3）合成塔出料

1）当合成塔液位为20%左右时，缓慢打开合成塔出液阀，稍开气提塔出液阀，最后将合成塔液位控制在50%、气提塔液位控制在30%，控制气提塔出液温度在169～175℃。

2）当高压甲铵冷凝器出液温度上升时，调节蒸汽包压力至0.5 MPa左右，并逐渐使其与负荷对应。

3）当高压洗涤器溢流管温度上升时，调节高压调温水流量，把上水温度控制在120℃左右。

4）调节进入系统的氨量，使原料的氨碳比降到2.05。待合成系统出料后，缓慢地调节各控制参数至正常，使系统趋于最佳操作状态运行。

8. 低压系统的开车

（1）合成系统出料后，尿素溶液经减压后进入精馏塔；当精馏塔进料后，将液位控制在适当位置，调节循环加热器的进口蒸汽量使精馏馏出液温度控制在135℃左右。

（2）开一段蒸发喷射器，提升闪蒸槽真空度至0.07～0.075 MPa（绝对压力）左右，并配合蒸发系统开车，逐渐将真空度提至0.044 MPa（绝对压力），控制闪蒸下液温度在85～90℃。

（3）待低压调温水上回水温度出现温差后，控制上水温度在55℃左右，调温水的温度不能低于50℃，否则导致甲铵结晶及系统压力上升。

调节低压系统各控制参数，使系统趋于最佳操作状态运行。

9. 蒸发系统开车

待尿液槽液位达到正常时，启动尿液泵，向一段蒸发器进料，控制流量在70%负荷；在向一段蒸发器进料时，打开蒸发喷射器，在温度上升的前提下逐步提高一、二段的真空度；待二段蒸发分离器显示液位时，开启尿素熔融泵，将尿素熔融液打循环；待蒸发系统真空度和温度达到正常指标后，进行造粒操作。

10. 解吸水解系统开车

在尿素生产中，由于有水的生成，所以要排放掉一部分水才能维持系统的水平衡，这部分水含有尿素、氨等物质，直接排放会造成环境污染，需要经解吸水解后才能排放。

解吸水解系统开车步骤如下：

（1）将含尿素、氨等物质废水引入第一解吸塔、水解塔、第二解吸塔，使各塔分别建立适当液位。

（2）给第二解吸塔送蒸汽，将第一、二解吸塔预热至100℃。

（3）给水解塔送蒸汽，以30℃/h的速度保持升温，并逐渐把水解塔压力升至操作压力1.6～1.8 MPa，水解塔预热至190～200℃。

（4）调节第二解吸塔蒸汽流量，缓慢调节第一解吸塔顶压力达到0.3 MPa。

（5）根据水解塔顶部温度和出液温度来调节水解塔高压蒸汽流量，调节水解塔顶部温度至187℃，底部温度至200℃左右。

（6）当回流冷凝器液位槽液位正常时，向第一解吸塔送液，调节入第一解吸塔的流量，控制第一解吸塔顶部温度在116℃左右；调节解吸塔换热器，控制第一解吸塔的进液温度在110℃左右。

（7）根据氨水槽内氨水浓度及生产负荷情况，及时调节进入解吸塔的氨水与蒸汽的比值，并稳定解吸系统的温度、压力及各项工艺指标在控制范围内，通知分析人员，做解吸废液的分析。

（8）根据生产负荷调整解吸液至第一解吸塔的流量，同时相应调整水解塔高压蒸汽的流量与第二解吸塔蒸汽的流量，使解吸水解系统自控投入运行。

（9）解吸、水解系统开车正常后，解吸废液外送或排放。

三、尿素装置的正常运行

1. 尿素装置正常运行操作的内容

尿素装置在正常生产中，操作工应进行定时巡检。在生产中的常规检查及注意事项主要有：

（1）机泵

1）检查各泵进、出口压力，特别是高压泵，如有异常现象应及时处理。

2）经常检查高压泵进、排液阀的工作状况，保证正常运行。

3）注意各电动机的温升及电流变化情况。

4）检查各管道的紧固及振动情况。

（2）合成、循环系统

1）检查尿素合成塔的温度和转化率的变化情况，并能及时采取措施调至正常值。

2）检查进入合成系统 CO_2 气体中的 O_2 含量和压力。

3）检查气提塔的出液温度，绝不允许超过175℃。

4）定期巡回检查各工艺指标是否控制在正常范围，各调节阀动作是否正常，系统是否泄漏。

5）检查现场液位与总控室二次表是否一致，特别注意气提塔和精馏塔的液位保持正常值。

6）检查各甲铵液、尿液排放管是否畅通。

7）分析惰性气体成分，调整高压调温水的流量和温度。

8）注意循环系统压力的变化情况，防止因气提塔液位控制不当而窜气，造成循环系统超压。

（3）蒸发系统

1）检查一段蒸发压力、温度是否在指标范围。

2）检查一段蒸发液位是否正常。

（4）解吸—水解系统

1）根据氨水槽液位变化情况和全系统生产负荷情况，适当调节进入解吸塔的氨水量。

2）检查解吸塔、水解塔顶部和底部温度是否在正常范围。

3）注意解吸塔排出废液的氨含量、尿素含量是否在正常范围之内。

2. 尿素装置正常运行中的调节

（1）原料纯度对系统造成的影响及调节方法

如果 NH_3、CO_2 进料中的惰性气体含量增加，合成塔顶的惰性气体含量也会增加，在这种情况下，如果高压洗涤器顶部的惰性气体放空量仍保持不变，那么合成压力肯定升高。因此，当惰性气体含量升高时，应加大高压洗涤器顶部惰性气体排放量。

（2）合成塔温度变化的调节方法

合成塔温度变化可能有以下原因，原因不同，调节方法也不一样。

1）操作压力波动导致合成塔温度波动。操作压力低，则出液温度低；反之，操作压力高，则出液温度高。此时根据出液温度状况可适当调节压力。

2）氨碳比偏离最适宜值，使合成塔出液温度下降。可根据 CO_2 流量与 NH_3 的流量计算出实际氨碳比，再与理论氨碳比进行对比、调节。

3）水碳比增大，二氧化碳转化率下降，合成塔内气氨会溶解于尿液中，出液温度上升，气提塔出液温度也上升。此时，可调节高压洗涤器中吸收液的用量来改变水碳比。

4）高压甲铵冷凝器汽包压力低。氨与二氧化碳在高压甲铵冷凝器中过度冷凝，致使进入合成塔中的气氨与二氧化碳的量减少，从而导致合成塔内甲铵的生成热和气氨溶解于液相释放出的溶解热减少，合成塔内温度下降。对应此现象，可提高汽包压力。

（3）高压洗涤器的操作温度控制

高压洗涤器的操作温度不能低于155℃，否则，尾气会形成可爆气体，通过调节调温水的流量可调节高压洗涤器的操作温度。

（4）气提塔加热蒸汽压力的调节

正常条件下，合适的蒸汽压力应使气提液中的 NH_3 含量保持在6.0% ~8.0%。

提高加热蒸汽压力，输入热量增加，有利于降低气提液中 NH_3 含量，提高 NH_3 气提率。但蒸汽压力超过20 atm（$1\ atm = 1.013 \times 10^5$ Pa）是不允许的，蒸汽压力过高，气提塔腐蚀危险增加。

蒸汽压力低，对降低尿素水解率、减少缩二脲生成和防止腐蚀有利，但气提液中含 NH_3 量将增加。当蒸汽压力低于15.5atm时，气提液中过多的 NH_3 和 CO_2 将使低压系统操作困难，并造成返回合成塔的水量过多。

蒸汽压力的正常控制范围是17 ~20 atm（$1\ atm = 1.013 \times 10^5$ Pa）。生产负荷低时，蒸汽压力应控制在低限；生产负荷高时，蒸汽压力应控制高些。

3. 尿素装置运行过程中常见事故及处理

尿素装置运行过程中常见事故及处理见表5—3—2。

表5—3—2　　尿素装置运行过程中常见事故及处理

常见事故	事故原因	处理办法
气提塔出液温度上升	1. 气提塔液位过高 2. 进气提塔的合成反应液中水尿比升高（一般水尿比每增加0.1，出液温度将升高2℃） 3. 生产负荷过低。由于气液在管内分布不均匀，使部分管中的气、液量减少，液体温度升高 4. 进气提塔 CO_2 气体温度升高 5. 合成塔出液量过大，造成进入气提塔的液气比偏高 6. 气提塔液体分布器小孔堵塞 7. CO_2 转化率偏低	1. 降低气提塔液位 2. 降低水尿比 3. 提高生产负荷 4. 降低进气提塔的 CO_2 气体温度 5. 调节合成塔出液量至正常 6. 可停车保压，排空气提塔，将 CO_2 导入系统，经合成塔出液管反吹 7. 找出 CO_2 转化率偏低的原因，提高转化率 此外，气提塔内发生故障会使出液温度异常升高，需停车检修
CO_2 气体“短路”	1. 合成塔降液管中没有保持正常的液位 2. 合成塔出料管线阀门开度过大，使合成塔被抽空，CO_2 气体通过高压冷凝器的阻力大于通过合成塔降液管的阻力，液封失去作用	1. 在 CO_2 气体送入气提塔之前，要确保合成塔降液管中有合适的液位 2. 如果合成塔出料管线上的阀门泄漏太大，致使液封漏空时，应尽快用高压冲洗水泵把液封管充满。正常操作时，如果液封漏空了，则应迅速关闭出液阀，直到液体升到溢流漏斗以上，合成塔有液位指示

续表

常见事故	事故原因	处理办法
合成塔塔顶、塔釜温度下降，压力偏高	NH_3/CO_2 比增大	调整 NH_3、CO_2 进入量，使之恢复正常
高压洗涤器内防爆板破裂	高压洗涤器防爆空间出口至设备底部的管道堵塞，投料后上下产生压差，从而将防爆板压破	停车时确保高压洗涤器排放干净，并保持气相管路畅通，在用 CO_2 气体进行升压时，应缓慢地增加压力。在投料过程中，高压洗涤器气相排放阀不要猛开猛关
投料过程中高压调温水无温差	1. 防爆板破裂 2. 高压洗涤器列管因甲铵结晶而堵塞	1. 停车检修高压洗涤器 2. 在投料时要对高压洗涤器进行热洗

四、尿素装置的停车操作实施步骤

1. 尿素装置短期停车

在尿素装置停车过程中，为避免因合成排放、升温钝化和充液所造成的损失，采取合成封塔，并且在封塔 72 h 内，故障得到了排除，且合成塔壁温不低于 125℃，则可根据实际情况立即开车，此期间的停车称为短期停车。

尿素装置短期停车的操作步骤如下：

（1）合成系统的停车和封塔

高压系统降负荷至 65% ~70%，高负荷下停氨泵容易造成泵进口管线超压，且在切出气提塔塔侧蒸汽过程中容易造成蒸汽系统大的波动以及 CO_2 机组运行不稳定。

1）封塔操作注意事项

①停高压氨泵后，为防止在停车过程中浮在合成塔液面上的油沫进入气提塔而堵塞分布器小孔，在液位降至零前，应关闭合成塔出液阀。

②停高压氨泵后，要立即关闭液氨到高压系统的阀门，防止高压系统内的溶液倒回液氨管线。对于有氨加热器的装置，在停氨后要迅速切断加热介质，防止出现液氨气化造成超压事故。

③及时排放高压洗涤器内的甲铵溶液，观察洗涤器出液温度是否有一个下降的过程，以及用洗涤器底部的排放阀及冲洗水阀来确定洗涤器是否排空；向高压调温水系统注入加热蒸汽，调节调温水温度，以保持洗涤器进口调温水温度不低于 120℃。这两个操作步骤都是为了防止洗涤器内及进气管结晶堵塞，避免再次开车时发生洗涤器内防爆板破裂。

④停氨 5 min 后即可将 CO_2 切出高压系统。如此操作的目的是在封塔期间防止合成塔溶液经高压甲铵冷凝器倒流入气提塔，并保持系统溶液中有一定的氧溶量，减少设备的腐蚀。

⑤将 CO_2 切出系统的操作过程一定要与 CO_2 机组岗位配合好，应缓慢地关闭气提塔进气阀门，防止压缩机组出口压力变化过大造成喘振。

⑥在关闭合成塔出液阀的同时，应立即将高压蒸汽饱和器压力降至 0.5 ~1.0 MPa，防止气提塔出液超温使设备腐蚀加重。由于停止送氨，高压甲铵冷凝器不再副产低压蒸汽，为了保持高压甲铵冷凝器的适宜温度（不至于温度过低而发生冷凝，造成合成塔内溶液倒流向高压甲铵冷凝器，甚至进入气提塔），应及时将低压汽包压力提升至 0.5 ~0.55 MPa。

2）封塔期间必须达到的防腐条件要求

①在合成塔温度不低于 125℃的情况下，封塔最长时间不超过 72 h。

②在整个封塔期间不能通入 CO_2 气体进行气提。

③再一次封塔之前，合成系统至少要正常运转24h之后，才允许封塔。

④封塔期间合成温度必须在125℃以上。否则，应立即进行排放处理。

3）封塔后的处理。装置停车后，一定要及时地将所有工艺物料管线冲洗干净，避免结晶堵塞，这是保证装置再次开车一次成功的重要措施之一。

用高压冲洗水泵冲洗管线应按照高压甲铵泵出口、高压喷射器前氨管线、气提塔 CO_2 进气阀后管线、气提塔出液阀后管线的顺序进行冲洗操作。冲洗操作时，应检查冲洗水泵出口压力和被冲洗管线上温度的变化，确认冲洗水真正进入管线。

①高压系统封塔后，中、低压系统即中断进料。为避免结晶堵塞，应关闭循环吸收液冷却器和低压调温水冷却器的冷却水，保留中、低压系统的稀氨水循环；如果需要将循环泵停下来，必须用水稀释设备和管道。

②停甲铵泵后，要尽快用高压水冲洗泵出口到高压洗涤器的管线，用蒸汽冷凝液置换泵体和进口管线，防止结晶堵塞。根据该管线的管径和长度，建议适当控制冲洗时间，时间太长有造成高压洗涤器内气体过度冷凝以至于形成爆炸性气体的危险。

③CO_2 管线和 NH_3 管线的冲洗时间一般约5 min。

④气提塔出液阀后管线的冲洗时间一般应以低压分解塔（低压精馏塔）或尿液槽液位出现变化为基准，同时注意低压分解塔、闪蒸槽出液温度的变化。如果需要立即排放高压系统，则气提塔出液阀后管线的冲洗可安排在排放结束后进行。

⑤合成系统封塔后，为防止可燃性气体在高压洗涤器内聚集，在 CO_2 气切出系统后，应间断并短时间开启高压洗涤器尾气排放阀排放尾气。值得注意的是，在高压系统封塔期间，不应使合成系统压力降得太多（不得低于8.0 MPa），以免造成封塔期间高压设备的腐蚀加重。

⑥高压系统封塔期间，应通过间断冲洗操作来检查高压洗涤器排放管线和尾气阀后管线是否畅通，但严禁冲洗尾气阀前管线，该规定的目的是避免高压洗涤器气相中的氨被冲洗水吸收后，使气相组分进入爆炸极限。

（2）循环系统的停车

1）当精馏塔无液位时，关闭加热蒸汽，停送加热蒸汽。

2）由高压冲洗水泵送水冲洗气提塔的尿液排出管线，防止管道出现结晶。

3）当系统经循环冲洗干净后，根据需要可停运循环系统。

（3）蒸发系统的停车

蒸发系统停车时，先降低尿液流量，然后按照先降真空度再降温度的顺序进行释放真空、降温度的处理；在此过程中，仍然要控制二段的真空度高于一段真空度，以保持尿液顺利循环；当真空度和温度降至规定值时，蒸发系统便可停止尿液循环，操作尿液泵抽冷凝液槽中的蒸汽冷凝液进行蒸发系统的冲洗。

2. 尿素装置的长期停车

长期停车是指装置按计划正常停车，在装置进行长期停车处理时，除完成上述短期停车的各项步骤外，还应进行下列几项工作：

（1）高压系统排放

1）维持低压系统、蒸发系统设备运转，打开合成塔排放管，对合成系统进行排放，将合成物料送到精馏塔，打开低压甲铵冷凝器液位槽至常压吸收塔气相管上阀门，进行精馏和闪蒸处理后，排放到尿液槽。

2）当合成塔排完后，再排尽合成塔出料管内的液体；打开气提塔液相出口阀门，排尽气提塔内的液体。

3）当高压系统压力降至 8.0 MPa 时，关闭高压系统设备，检漏蒸汽。

4）开高压冲洗水泵冲洗合成系统的有关管道。

5）高压蒸汽饱和器排空。

6）全开高压洗涤器惰气排放阀，合成系统卸压，连通大气。

（2）低压系统排放

1）将精馏塔、闪蒸槽等设备内液体排放，排放结束后，关闭液体排放阀。

2）低压系统通水，对精馏塔冲洗。

3）排放掉管道、设备内积存的水，排放过程中防止形成负压。

4）重新开蒸发、造粒系统，将尿液储槽内的尿液降至最低，再停蒸发、造粒系统，并将它们处理干净。

3. 尿素装置的紧急停车

凡遇到停电、停蒸汽、停冷却水、停仪表空气、CO_2 原料气 O_2 体积分数低于 0.6% 达 15 min、氨及甲铵大量泄漏和系统超压等情况，无法维持正常生产时，均应立即紧急停车。

紧急停车操作要点如下：

（1）尽快停送进入高压系统的物料，关闭进料阀和出料阀。在关闭 CO_2 到气提塔的阀门时，要尽可能迅速，防止倒液；关闭高压洗涤器尾气阀速度要适当，防止高压洗涤器内部防爆板破裂和高压调温水降温过快。

（2）迅速关闭高、低调温水的冷却水阀。

（3）重点防止高压甲铵泵出口管线、高压喷射器前氨管线、CO_2 进气提塔管线、蒸发系统管线和气提塔后管线不堵塞。

（4）在不是迫不得已的情况下，不要就地排放工艺介质，防止造成污染事故。

（5）避免高压物料在不受控制的情况下进入低压设备，因此，要迅速地将各压力等级的系统进行隔离操作。

【知识链接】

尿素生产方法简介

由于尿素合成反应受到反应平衡的限制，总有未反应的氨存在，因此，在20世纪四五十年代，尿素工艺的改进方向都是集中于研究如何最大限度地回收未反应的氨和二氧化碳，于是先后出现了半循环法、高效半循环法和全循环法尿素生产工艺。全循环法主要有水溶液全循环法和气提法。

全循环法生产尿素归纳起来可用图 5—3—10 表示。

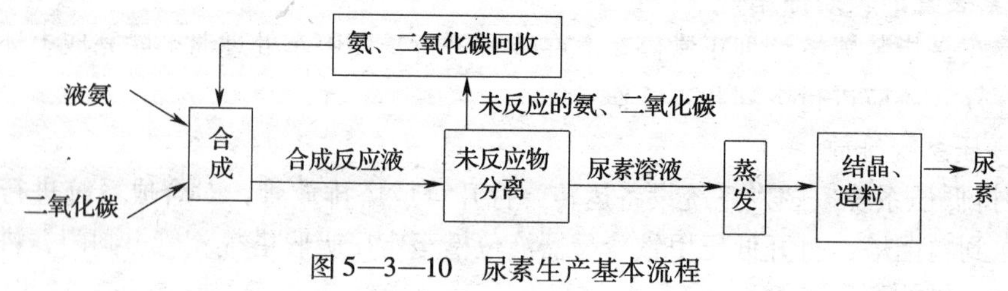

图 5—3—10　尿素生产基本流程

一、水溶液全循环法

水溶液全循环法是将尿素合成反应后的物料分段减压、加热，使其中未反应的甲铵分解和游离氨解析出来，并逐段将氨和二氧化碳冷凝成液氨和吸收成氨基甲酸铵水溶液，用泵加压后返回合成系统中循环利用。

水溶液全循环法的流程较复杂，设备较多，中压吸收塔为整个尿素系统的“心脏”，但较难调节。在我国新上的氮肥项目中已经淘汰，只有中小型老厂还在采用此法进行生产。

二、气提法

气提法是用原料二氧化碳气或氨气在合成压力下将尿素合成液进行气提，使其中的氨基甲酸铵分解，返回合成系统。如用二氧化碳气提，称为二氧化碳气提法。如用氨气提，则称为氨气提法。

气提法工艺是尿素生产技术的一大突破，至20世纪70年代，气提工艺已成为尿素生产技术的主流，并且尿素装置也随着合成氨大型化技术的兴起而进入大型化时代，到20世纪90年代中期，尿素装置的单系列生产能力已能超过2 000 t/d。目前，世界上采用最新技术（如斯塔米卡邦公司的尿素2 000^{+TM}技术）设计的单套尿素装置日产尿素可达3 250 t（2005年在沙特阿拉伯投产），年生产能力已超过100万吨。

衡量一个尿素生产工艺的优劣主要取决于：原料（CO_2与氨）得到充分利用，消耗量越低，工艺越先进；动力消耗少，低位能热源得到充分利用，水和蒸汽消耗低；投资少；产品质量好；操作方便。

1. 二氧化碳气提法

CO_2气提工艺是荷兰斯塔米卡邦公司开发的以CO_2为气提剂的尿素生产技术，现在是世界上应用最广的尿素生产工艺。

（1）CO_2气提工艺优点

1）采用与合成等压下，用二氧化碳气体进行气提来分解未转化的甲铵和游离氨，高压系统物料靠其自身重力自行循环，因此，二氧化碳气提法流程短，设备少，操作控制也比较简单。

2）在高压甲铵冷凝器中，氨与二氧化碳反应生成甲铵释放的生成热和气态的氨与二氧化碳冷凝进入液相放出的冷凝热可用来副产蒸汽，此部分蒸汽用于低压分解、蒸发及解吸等工序，并使生产过程中的蒸汽和冷却水耗量降低。

3）由于甲铵的生成热在甲铵冷凝器中已被导出，合成塔的自热平衡就不需要加入过多的氨来维持，这样，不但使未反应的物料减少，而且简化了循环系统的流程，并使动力消耗减少。

4）由于气提法生产尿素时物料在高压甲铵冷凝器内冷凝，使进入合成塔的气体量大大减少，合成塔内容积得到充分利用。

5）高压系统操作稳定性好。

6）电耗低。由于气提法生产尿素操作压力较低，因而高压氨泵、高压甲铵泵的功耗也低。由于气提效率高且没有中压回收工段，没有单独的液氨循环回收，甲铵液的循环量也少，因而进一步降低了循环氨、甲铵所必需的功耗。

7）安全系数高。在脱氢转化器中，通过钝化燃烧除去原料CO_2中的H_2、CO等可燃性气体，使高压和低压放空气体均处于爆炸范围之外，工艺装置安全性高。

8）污染小。工艺冷凝液经水解解吸后，不仅降低了氨的损失，也消除了对环境的污染。

（2）CO_2 气提工艺缺点

1）NH_3/CO_2 比较低，过剩 NH_3 量少，对高压设备的腐蚀严重，缩二脲生成量高。

2）由于气提效率较高，故只设低压回收工段即可满足物料循环回收的要求，但因为没有中压工段，气提效率的波动将对下游工序产生影响，因此，气提塔必须控制在相对稳定的条件下操作，在一定程度上限制了整个装置的操作弹性。

2. 氨气提法

NH_3 气提工艺是意大利斯纳姆普罗吉提公司于20世纪60年代开发的以 NH_3 为气提剂的尿素生产技术，后来发展为 NH_3 自气提工艺，在世界范围内获得可观的建厂业绩。

（1）NH_3 气提工艺优点

1）合成塔进料 NH_3/CO_2 物质的量之比为3.3～3.6，CO_2 转化率较高（为64%～67%），减少了高压回路以后的循环回收负荷，减轻了设备的腐蚀。

2）中、低压分解加压器均为降膜式，操作过程积液量少，即使停车排放，NH_3 和 CO_2 的损失量也少。

3）由于有中压分解段，增加了操作的灵活性，可通过改变气提效率和高压甲铵冷凝器的副产蒸汽量来调节整个装置的蒸汽平衡，使之在最佳的条件下操作。

4）高压圈内的主要设备能在地面布置，无须高层框架，设备操作与维修都比较方便。

（2）NH_3 气提工艺缺点

1）工艺流程较长。

2）投资较大。

思考与练习

1. 影响合成尿素反应压力的主要因素有哪些？

2. CO_2 中 H_2 含量高对尿素系统有何危害？惰性气体含量对尿素生产有何影响？为什么原料二氧化碳中要加入空气？

3. 尿素合成系统为什么要升温钝化？升温钝化时，为什么要控制升温速率？

4. 二氧化碳气提法高压洗涤器设置防爆空间的作用是什么？

5. 尿素装置四大高压容器不锈钢衬里设置检漏孔的作用是什么？

6. 尿素合成塔出液温度降低的原因有哪些？

7. 尿素装置合成系统 NH_3/CO_2 比（物质的量之比）高对系统有何影响？

8. 尿液蒸发温度达不到指标是何原因？影响缩二脲生成速度的主要因素有哪些？

9. 二氧化碳气提法尿素装置高压洗涤器主要由哪几部分组成？

10. 尿素成品颗粒为何会出现空心、残缺、过大、过小、发黏、发红的现象？

任务4　常减压炼油装置运行与开、停车

学习目标

掌握原油的组成和基本性质及常减压炼油生产的基本原理和工艺流程，掌握常减压炼油装置的初始开停车、正常运行、紧急停车及事故处理的方法、步骤。能够准确、迅速地根据事故现象判断事故类型并及时做出处理，对重大事故具备一定的提前预知能力。

任务引入

石油炼制工业是国民经济的基础工业之一，原油经过炼制可得到石油溶剂、燃料油、润滑油、石蜡、石油沥青、石油焦、炼厂气等数十种重要产品，不仅为国防、交通和各工业部门提供了燃动能源，而且为石化工业提供原料，支撑石化工业的发展。对于常减压炼油装置，如何进行初始开停车操作和正常运行操作呢？

任务分析

常减压蒸馏是通过加热、分馏、冷却等方法将原油分割成为不同沸点范围的组分，以适应产品和下游工艺装置对原料的要求。常减压蒸馏装置是原油加工的第一道工序，在炼油厂加工总流程中有重要作用，常被称为“龙头”装置。常减压装置的另一个主要作用是为下游二次加工装置提供原料。

在实际中，常减压装置与其他的炼油装置在操作上存在着不同之处，因此，要具备常减压炼油开停车、正常运行、常见事故处理等操作技能，同时必须掌握原油的一般性质、常减压炼油工艺流程、主要设备工作原理等知识。

相关知识

一、原油的组成及性质

1. 原油的一般性状

原油（或称石油）通常是黑色、褐色或黄色，流动或半流动的黏稠液体，相对密度一般为0.80～0.98。

2. 原油的元素组成

原油一般由五种元素组成，即碳、氢、硫、氮、氧。其中各元素的质量分数一般为：碳83.0%～87.0%，氢11.0%～14.0%，硫0.05%～8.00%，氮0.02%～2.00%，氧0.05%～2.00%。

另外，原油中还有含量非常少的微量金属，含量处在百万分级至十亿分级范围，主要有钒（V）、镍（Ni）、铁（Fe）、铜（Cu）、钙（Ca）、钠（Na）、钾（K）、砷（As）等59

种微量元素。其中有些元素对石油的加工过程，特别是对催化加工中的催化剂有很大影响，会使催化剂失活或减活。

3. 原油的馏分组成

原油是一种多组分的复杂混合物，其沸点范围很宽，从常温一直到500℃以上。所以，在原油加工利用时，必须先对原油进行分馏。分馏就是按照组分沸点的差别将原油“切割”成若干“馏分”，每个沸点范围称为馏程或沸程。

常压蒸馏从初馏点到200（或180)℃之间的轻馏分称为汽油馏分（也称轻油或石脑油馏分)。常压蒸馏200（或180） ~350℃之间的中间馏分称为煤、柴油馏分或常压瓦斯油（简称AGO)。相当于常压下350 ~500℃的高沸点馏分称为减压馏分，也称润滑油馏分或减压瓦斯油（简称VGO)。减压蒸馏后残留的沸点大于500℃的油称为减压渣油（简称VR)。同时，也将常压蒸馏后沸点大于350℃的油称为常压渣油或常压重油（简称AR)。

【注意】

馏分并不是石油产品，需要进一步加工才能成为石油产品。

4. 原油馏分的烃类和非烃类组成

从化学组成来看，石油中主要含有烃类和非烃类这两大类物质。

烃类和非烃类存在于石油的各个馏分中，但因石油的产地及种类不同，烃类和非烃类的相对含量差别很大。在同一原油中，随着馏分沸程的增高，烃类含量减小而非烃类含量逐渐增加。

石油中的烃类主要是由烷烃、环烷烃和芳香烃以及分子中兼有这三类烃结构的混合烃构成，石油中一般不含有烯烃。

通常以烷烃为主的石油称为石蜡基石油，以环烷烃、芳香烃为主的石油称环烃基石油，介于两者之间的石油称中间基石油。

石油中的非烃类化合物主要包括含硫、含氮、含氧化合物以及胶状、沥青状物质。

石油中的含硫化合物主要有硫醇（RSH)、硫醚（RSR)、二硫化物（RSSR）和噻吩等，在石油的某些加工产物中还含有硫化氢（H_2S)。

石油中的含氮化合物主要有吡啶、吡咯、喹啉和胺类（RNH_2）等。

石油中的含氧化合物主要有环烷酸和酚类（以苯酚为主)，此外还含有少量脂肪酸。在炼油生产中常把环烷酸和酚叫做石油酸。

5. 原油的分类

按组成不同，原油可分为石蜡基原油、环烷基原油和中间基原油三类；按硫含量不同，原油可分为超低硫原油、低硫原油、含硫原油和高硫原油四类；按密度不同，原油可分为轻质原油、中质原油和重质原油三类。

6. 我国原油的一般性质

与国外原油相比，我国主要油区原油的性质特点是：

（1）凝点及蜡含量较高，庚烷沥青质含量较低，相对密度大多为0.85 ~0.95，属偏重的常规原油。

（2）含硫量低，多为低硫和含硫原油；含氮量偏高。

（3）镍含量高，钒含量低。

（4）轻馏分少，重馏分多。

二、现代炼油厂的构成

现代大型炼油厂主要由以下装置组成：

1. 常压蒸馏和减压蒸馏

常压蒸馏和减压蒸馏习惯上合称常减压蒸馏，基本属物理过程。原料油在蒸馏塔里按蒸发能力分成沸点范围不同的油品（称为馏分），这些油有的经调和、加添加剂后以产品形式出厂，相当大的部分是后续加工装置的原料，因此，常减压蒸馏又被称为原油的一次加工。常减压蒸馏包括三个工序：原油的脱盐、脱水，常压蒸馏，减压蒸馏。

原油的脱盐、脱水又称预处理。从油田送往炼油厂的原油往往含盐（主要是氯化物）、带水（溶于油或呈乳化状态），可导致设备的腐蚀，在设备内壁结垢和影响成品油的组成，需在加工前脱除。常用的办法是加破乳剂和水，使油中的水集聚，并从油中分出，而盐分溶于水中，再加以高压电场配合，使形成的较大水滴顺利除去。

2. 催化裂化

催化裂化是在热裂化工艺基础上发展起来的，是提高原油加工深度，生产优质汽油、柴油最重要的工艺操作。催化裂化的原料主要是原油蒸馏或其他炼油装置的350～540℃馏分的重质油。催化裂化工艺由三部分组成：原料油催化裂化、催化剂再生、产物分离。催化裂化所得的产物经分馏后可得到气体、汽油、柴油和重质馏分油。有部分油返回反应器继续加工，称为回炼油。催化裂化操作条件或原料的改变，可以改变产物的组成。

3. 催化重整

催化重整（简称重整）是在催化剂和氢气存在下，将常压蒸馏所得的轻汽油组分转化成含芳烃较高的重整汽油的过程。如果以80～180℃馏分为原料油，产品为高辛烷值汽油；如果以60～165℃馏分为原料油，产品主要是苯、甲苯、二甲苯等芳烃，重整过程副产物氢气，可作为炼油厂加氢过程的氢源。重整的反应条件是：反应温度为490～525℃，反应压力为1～2 MPa。重整的工艺过程可分为原料预处理和重整两部分。

4. 加氢裂化

加氢裂化在高压、氢气存在下进行，需要催化剂，把重质原料转化成汽油、煤油、柴油和润滑油。加氢裂化由于有氢气存在，原料转化的焦炭少，可除去有害的含硫、氮、氧的化合物，操作灵活，可按产品需求调整。加氢裂化产物收率较高，而且质量好。

5. 延迟焦化

延迟焦化是在较长反应时间下，使原料深度裂化，以生产固体石油焦炭为主要目的，同时获得气体和液体产物。延迟焦化用的原料主要是高沸点的渣油。延迟焦化的主要操作条件是：原料加热后温度约500℃，焦炭塔在稍许正压下操作。改变原料和操作条件可以调整汽油、柴油、裂化原料油和焦炭的比例。

6. 炼厂气加工

原油一次加工和二次加工的各生产装置都有气体产出，总称为炼厂气，就组成而言，主要有氢气、甲烷、由2个碳原子组成的乙烷和乙烯、由3个碳原子组成的丙烷和丙烯、由4个碳原子组成的丁烷和丁烯等。它们的主要用途是作为生产汽油的原料和石油化工原料，并可用于生产氢气和氨。发展炼厂气加工的前提是要对炼厂气先分离后利用。炼厂气经分离后作为化工原料的比重增加，如分出较纯的乙烯可做生产乙苯的原料，分出较纯的丙烯可做生产聚丙烯的原料等。

三、常减压炼油工艺流程简述

1. 常减压部分

如图 5—4—1 所示，45℃左右的原油自罐区由泵压送到装置，经计量后进入原油换热系统，换热至 113℃后，顺序经混合阀进入一级电脱盐脱水罐、二级电脱盐脱水罐、三级电脱盐脱水罐，在电场作用下脱盐脱水后，将原油中含盐量降到 3 mg/L 以下，含水量降到 0.2% 以下，为提高原油的脱盐率，在一、二、三级混合阀前注水和破乳剂。对减压塔的基本要求是在尽量避免油料发生分解反应的条件下尽可能多地拔出减压馏分油。

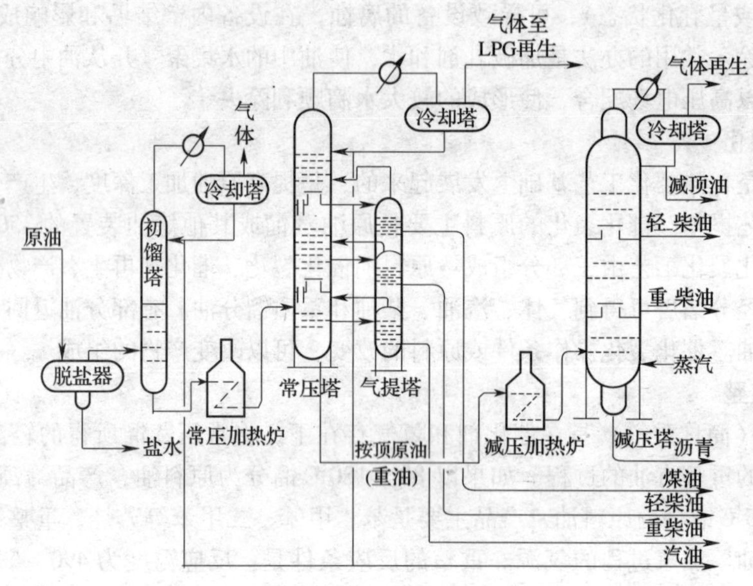

图 5—4—1 常减压炼油流程

脱盐脱水后的原油经换热系统升温至 230℃后进入闪蒸塔进行闪蒸分离，从闪蒸塔顶出来的油气直接进入常压塔第 27 层塔盘上，闪蒸塔塔底油经泵抽出，增压后继续换热至 288℃，进入常压炉加热至 363℃后，进常压塔蒸馏分离。

从常压塔顶出来的油气，经空冷器冷却到 70℃后进入常顶回流罐进行油水分离。常压塔所需的热回流油由泵从常顶回流罐中抽出打回常压塔顶，常顶回流罐中未凝油气经冷凝器冷凝到 40℃后进入常压塔顶产品罐进行油水分离。常压塔顶油自常顶产品罐由泵抽出打入汽油碱洗水洗电离器进行电化学精制。

常一线油自常压塔第 30 层或 32 层塔盘自流入常压气提塔上段，经气提后由泵抽出换热至 45℃后，与常二线合并进入柴油碱洗水洗电离器进行电化学精制，气提油气返回常压塔第 33 层塔盘上。

常二线油自常压塔第 18 层或 20 层塔盘自流入气提塔中段，经气提后，由泵抽出，经换热器、冷凝器冷却至 60 ~ 70℃后，与常一线合并进入柴油碱洗水洗电离器进行电化学精制。气提油气返回常压塔第 21 层塔盘上。

常三线油自常压塔第 8 层或 10 层塔盘自流入气提塔下段，经气提后，由泵抽出，经换热器、冷凝器冷却至70℃后，进入混合重油线从装置抽出，气提油气返回常压塔第12层塔盘。

常四线油自常压塔第5层塔盘抽出后直接与常三线油合并进入气提塔。

常压塔设有一个顶循环回流和两个中段回流，以便调整塔内气液相的负荷分布，并回收热量。

常顶循环回流油自常压塔第38层塔盘由泵抽出后换热，温度降至70℃后返常压塔第40塔盘。

常一中回流油自常压塔第26层塔盘由泵抽出后换热，温度降至146℃后返常压塔第28层塔盘。

常二中回流油自常压塔第14层塔盘由泵抽出后换热，温度降至219℃后返常压塔第16层塔盘。

常压塔底油经泵抽出，增压后进入减压炉，加热至380℃经低速转油线进入减压塔蒸馏分离，减压塔顶油气自减顶挥发线引出，经过减顶一、二、三级抽空器和减顶一、二、三级抽空水冷器，冷却至50℃，冷凝出的油和水经“大气腿”（蒸汽抽真空时，塔内为负压，蒸汽进入空冷后冷凝流出，因为前部为负压，必须维持一定的高度，液体才能克服负压流出，一般，“大气腿”的高度大于等于负压所支持的液柱），自流入减顶分水罐，减顶油在此分出后由泵抽送出装置，减顶压力维持在99.32 kPa左右。

减压塔内设三段填料、三层集油箱及三个组合式液体分布器，上二层填料为金属板波纹填料，下层为金属环矩鞍填料。

减一线油由泵从减压塔的第一层集油箱抽出，经换热后温度降至80℃，一部分作为产品出装置，一部分经冷凝器冷却到40℃返回减压塔第一段填料的上部作为减顶回流油。

减二线油由泵从减压塔的第二层集油箱抽出，一路经换热后温度降至80℃出装置，一路经换热后冷却到185℃，作为第二段填料的回流油返回该填料的上部，一路无须冷却作为轻洗油返回第三段填料的上部。

减压三线（过汽化油）油由泵从减压塔的第三层集油箱抽出，一部分无须冷却，作为重洗油返回第三段填料上部，一部分与减二线合并，经换热冷却到80℃进入混合重油线出装置，在未换热前，引一支路至常压塔底油泵入口，当降量生产或常底油流量波动时，可投用该设备线，以防减压炉炉管结焦。

减压渣油由泵从减压塔底抽出，换热冷却至120℃后，一路出装置，一路与减二线油和减三线油合并入混合重油线出装置。

2. 一脱四注部分

新鲜水与电脱盐罐切出的含盐污水换热后分为五路，分别注入电脱盐一级、二级、三级混合阀前，常压塔顶馏出线上，以及减顶一、二、三级抽空器之后。

破乳剂在容器中配制成浓度为1%的溶液，由泵抽出分为三路，分别在一级、二级、三级电脱盐注水之前注入。

缓蚀剂在容器中配制成浓度为0.2%的溶液，由泵分为两路，一路注入常压塔顶馏出线上，一路在减顶一、二、三级抽空器之后注入。

氨气从液氨罐中压出，经缓冲罐后分两路，一路注入常压塔顶馏出线上，一路在减顶一、二、三级抽空器之后注入。

3. 产品电化学精制部分

用非净化风将浓度为30%的浓碱液压入碱液配制储槽，注入新鲜水，配制成浓度为4%的溶液，作为碱洗用。

常顶油及常一、二线油自常减压部分来，首先与新碱液在相应的静态混合器中混合、反应。混合物分别进入汽油碱洗水洗电离器和柴油碱洗水洗电离器的下罐，罐内分别通入15 kV的高压直流电，电场梯度为1.25 kV/cm，碱渣在高压电场的作用下凝聚、分离，自电离器的底部排出至碱渣罐。经碱洗后的油品自碱洗罐上部流出，在静态混合器中与新鲜水混合，然后分别进入汽油碱洗水洗电离器和柴油碱洗水洗电离器的上罐，罐内通入15 kV的高压直流电，电场梯度为1.25 kV/cm，在高压电场作用下，洗掉碱洗后油品所携带的残存碱渣，废水自罐底排出至污水处理厂，罐顶部流出精制油。

每种精制油在出装置的附近都设有不合格油的线路，为防止串油，每种精制油的不合格油线都加双重阀，精制油经分析合格后作为成品油出装置至罐区。

四、常减压蒸馏主要设备及作用

常减压蒸馏车间的任务是将罐区来的原油脱盐脱水，再用常压、减压蒸馏的方法将原油分离为溶剂油、直馏汽油、直馏柴油、润滑油基础油原料和减压渣油等。

本车间分为四个班组，分别是常压班组、减压班组、司泵班组和司炉班组。常压班组负责的设备主要有电脱水脱盐系统、初馏塔、常压塔和换热设施，主要任务是将罐区来的原料油脱水脱盐，然后经初馏塔、常压塔将原油分馏为直馏汽油、直馏柴油等。减压班组的任务是将常底油由泵抽出后分成两路进入减压炉，常底油在减压炉中被加热到约370℃后经减压转油线进入减压塔进行减压蒸馏，得到减顶油气、润滑油基础油原料、减压渣油等产物。司炉人员主要负责检查常、减压炉燃料油、气压力，炉内火焰状态，以及炉底有无漏油点等。司泵人员主要负责检查各泵有无异常响声、振动，有无滴漏现象，以及润滑是否处于正常状态。常减压蒸馏车间主要由下列设备构成：

1. 换热设备

常减压蒸馏装置中，从常压塔、减压塔出来的油品均具有较高的温度，若要出装置，必须冷却到一定的温度。同时，原油需要经过加热才能进入塔、炉进行下一步的加热及加工。热的产物需冷却，冷的原油需加热，一般都是通过换热设备进行热量的交换。

由于常减压蒸馏装置中换热设备较多（见图5—4—2），所以开好换热设备，提高换热设备的操作水平，是合理利用热源、提高装置热量回收率、做好装置节能降耗的一项重要措施。

常减压蒸馏装置使用的换热设备主要是管壳式换热器，其中用量最多的是浮头式换热器，此外，还有固定管板式换热器、U形管式换热器。它们是以使用温度、压力及两侧流动介质特性为选用依据，总的优点是结构简单、价格低廉、选材广、清洗方便、适应性强，但在传热效率、紧凑性、单位传热面积的金属耗量等方面，不及板型和其他类型的换热器。

2. 塔设备

塔是整个常减压蒸馏装置工艺过程的核心设备，原油在分馏塔中通过传热、传质实现分馏作用，最终将原油分离成沸点范围不同的馏分。常减压蒸馏装置分馏塔通常由圆柱形的壳体及内构件等组成。

精馏操作是根据不同组分具有不同的挥发度（蒸汽压），通过能量分离剂（热量）的引入使气、液或气液混合物多次部分汽化和部分冷凝，从而达到分离目的的一种分离方法。

图 5—4—2　常减压蒸馏车间换热网络

连续精馏以进料口为界，分为精馏段和提馏段。塔内装有提供气液两相接触的塔板或填料。塔顶馏出物冷凝后，部分作为塔顶产品，其余作为塔顶回流（轻组分浓度很高）送回塔顶，塔底再沸器加热塔底液体以产生一定量的气相回流（轻组分含量很低，温度较高）。

由于塔顶回流和塔底气相回流作用，沿着精馏塔高度建立了两个梯度，分别是温度梯度（即自塔底至塔顶温度逐渐降低）和浓度梯度（即气液相物流的轻组分浓度自塔底至塔顶逐渐升高）。由于这两个梯度，气液相互相接触，传质传热，达到平衡而产生新的平衡的气液两相，使气相中的轻组分和液相中的重组分分别得到提浓。

精馏塔的基本控制方案有两种：按精馏段指标控制和按提馏段指标控制。以按精馏段指标控制为例，其控制方案如图 5—4—3 所示。

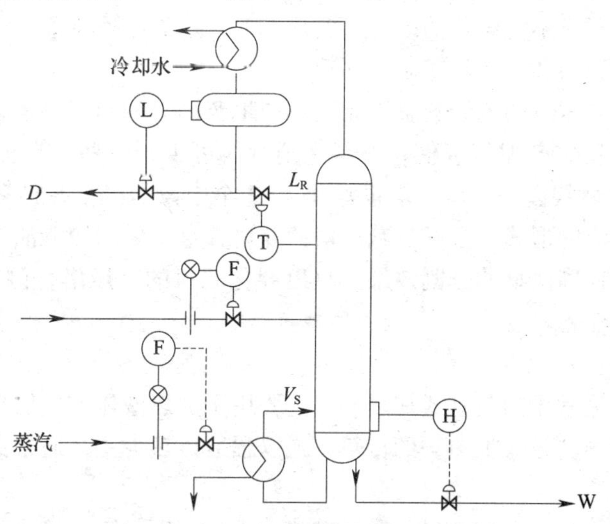

图 5—4—3　精馏段指标控制方案

取精馏段某点成分或温度为被调参数，以回流量 L_R、馏出液量 D 或塔内蒸汽量 V_S 作为调节参数。

用精馏段塔板温度控制回流量 L_R，并保持塔内蒸气流量 V_S 恒定，这是精馏段控制中最常用的方案。

（1）初馏塔

脱盐脱水后的原油进入换热网络，分为两路与常、减压塔侧线的采出产物换热，温度升至213℃，合并成一路后进入初馏塔：初顶油气冷却后进入初馏塔顶汽油回流罐进行气、油、水三相分离，分离出的初顶瓦斯和常顶瓦斯汇合后经初常顶瓦斯分液罐分液后作常压炉的燃料，分离出的含硫污水进入电脱盐注水罐作为电脱盐注水，硫化物与氨氮含量超标的含硫污水被送至酸性水气提装置。初顶汽油一部分作初馏塔回流，另一部分和常顶汽油汇合后进入电精制系统精制。流入塔底的液相部分（初底油）送至常压炉。

因此，初馏塔的任务是对原油进行一次预蒸馏。

（2）常压塔

常压塔的主要作用是切割350℃以下的馏分，如汽油、煤油和柴油等。因此，常压塔侧线开得较多，一般开3～4个侧线。

初底油经常压炉加热到360～370℃进入常压塔。从塔顶馏出汽油馏分或重整原料油，从塔侧分别馏出煤油和轻、重柴油等侧线馏分。为了取走剩余热量，设一个塔顶冷回流或塔顶循环回流以及2～3个中段回流，使塔的负荷分布趋于均匀。塔底油经泵送至减压炉。

常压塔的侧线一般设有气提塔，以提高产品的闪点、初馏点和塔的分离效果。汽提塔一般采用水蒸气蒸馏的方式分离常压塔侧线产物中的部分轻馏分。

（3）减压塔

原油中350℃以上的高沸点馏分在高温下会发生分解反应，为了保证该馏分范围的质量，在常压塔的操作条件下不能获得这些馏分，只能在减压和较低的温度下通过减压蒸馏取得。在现代技术水平下，通过减压蒸馏可以从常压重油中蒸馏出沸点550℃以下的馏分油。减压蒸馏的核心设备是减压蒸馏塔和它的抽真空系统。减压塔的作用是在减压条件下，分割常压炉进料温度下常压塔不能汽化的馏分（常底油），通常是350～550℃的馏分，作为加氢裂化原料、催化裂化原料和润滑油基础油料等。

生产方案不同，减压塔的侧线数各不相同。如生产润滑油料，则需多开一些，一般为4个或5个侧线。如果只生产加氢或催化原料，则侧线可少开一些，流程也可简化，一般开2～3个侧线即可。除侧线以外，减压塔也常开2～3个中段回流，并且多数采用一部分作为产物、一部分作为回流的形式，以减少减压塔的开口数量。采用润滑油生产方案时，减压侧线均连接气提塔，以提高产物的分割效果。只出裂化原料的减压塔，侧线则不必设气提塔，以便节省投资，简化流程。

3. 加热炉

石油化工生产中最常用的是管式加热炉，主要用于加热液体或气体化工原料，所用燃料通常有燃料油和燃料气。管式加热炉的传热方式以辐射传热为主，通常由以下几部分构成：

（1）辐射室

辐射室是通过火焰或高温烟气进行辐射传热的部分。辐射室直接受火焰冲刷，温度很高（600～1 600℃），是热交换的主要场所（占热负荷的70%～80%）。

（2）对流室

对流室是靠辐射室来的烟气进行以对流传热为主的换热部分。

（3）燃烧器

燃烧器是使燃料雾化并与空气混合，燃烧的产热设备，燃烧器可分为燃料油燃烧器、燃料气燃烧器和油—气联合燃烧器。

（4）吹灰器

吹灰器一般用在加热炉的对流室，国内常用的吹灰器有蒸汽吹灰器、声波吹灰器和激波吹灰器等。

（5）阻火器

为防止火焰倒蹿入瓦斯罐或其他容器内产生爆炸，在炉内瓦斯线上都设有瓦斯阻火器。阻火器应设在瓦斯入炉前的管线上。阻火器大多由多层金属细网组成，当火焰进入阻火器后，由于金属细网传热效率很高，火焰通过金属细网被分割散热而熄灭，从而达到阻火的目的。

（6）通风系统

通风系统将燃烧用空气引入燃烧器，并将烟气引出炉子，其通风方式可分为自然通风方式和强制通风方式。

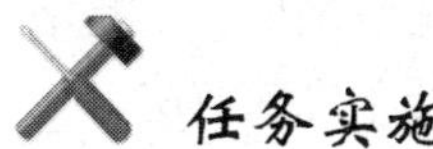

任务实施

实施本任务前，请查找资料、分组讨论，掌握常减压炼油开停车、正常运行及常见事故处理的方法、原理与步骤。

应用年处理500万吨原油的常减压炼油仿真模拟软件，进行常减压炼油装置开停车、正常运行及常见事故处理操作训练。

一、常减压炼油装置的原始开车

1. 开车应具备的条件

（1）与开车有关的修建项目全部完成并验收合格。

（2）设备、仪表及流程符合要求。

（3）水、电、气、风及化验能满足装置要求。

（4）安全设施完善，排污管道具备投用条件，操作环境及设备清洁、整齐、卫生。

2. 开车前的准备工作

（1）开车前的检查

1）系统的检查。检查改造项目是否完成，管线有无错接，螺栓是否上紧，盲板是否拆除，仪表、压力表、真空表、温度计，热电偶、液位计是否按要求装好，防雷、防静电设施是否安全、可靠，消防通道是否畅通，消防器材是否备好，下水道、管沟是否畅通。

2）塔的检查。检查塔内构件是否安装好；塔内杂物是否清扫干净；安全附件如塔顶安全阀、液位计安装是否符合要求；消防通道、平台梯子是否合格；防雷、防静电引线有无脱接。

3）加热炉的检查。检查炉管吊架、导向管、看火窗、防爆门是否按要求安装；炉管、堵头、回弯头、回弯头箱、火嘴、长明灯、阻火器的安装质量是否符合要求；炉膛、风道内是否清理干净；烟道挡板、风门、风机是否试运行合格；空气预热器是否检修安装好；热电偶、温度计、压力表等仪表是否安装完毕。

4）换热设备的检查。检查相关各阀门，包括进、出口阀，以及吹扫、放空、排污、采样阀是否安装合格；各焊口质量；基础和地脚螺栓是否安装牢固；静电接地是否符合要求；油漆、保温是否符合要求。

5）机泵的检查。检查相关阀门，包括进、出口阀，以及放空、扫线、排污、预热线等阀门是否齐全好用；润滑、封油、冷却系统是否正常；压力表、温度计是否准确；各法兰螺钉是否拧紧，堵头是否上紧；静电接地线、基础和地脚螺栓是否安装牢固。

6）容器的检查。检查容器内残留物是否清除干净；安全附件，包括安全阀、液面计、容器顶放空阀和容器底放空阀是否按要求安装好；静电接地是否符合要求。

7）工艺管线的检查。检查管线、管件、阀门、垫片的安装是否符合工艺要求，有无错接；焊缝质量是否有缺陷；伴热管线及热力管线的热补偿措施是否符合要求；所属的单向阀、球心阀、疏水阀的安装方向是否正确；所属的压力表、温度计是否正确安装；所属的放水、放空、排污和扫线设施是否符合生产要求；所属法兰螺钉是否上紧，规格是否统一，垫片是否放正、压紧；瓦斯、汽油、柴油等管线的防静电装置是否漏接、松脱。

（2）蒸汽贯通试压

开车前，必须对新增或经检修后的设备、管线、阀门进行蒸汽贯通和蒸汽试压，一是清除设备、管线内的杂物和积水，二是考察设备的严密性，把存在的问题在开车之前解决。

（3）减压抽真空及气密性试验

1）目的。检验抽真空系统及有关设备是否泄漏，真空泵是否满足工艺要求，同时可使操作人员进一步熟悉减压塔系统抽真空的操作。

2）原则。开抽真空系统时先开二级，后开一级；停用时先停一级，后停二级；保证“大气腿”的温度不高于40℃；气密性试验时真空度下降小于0.267 kPa/h，视为合格。

3）步骤。蒸汽贯通吹扫试压后，发现的问题全部处理好即可以开始抽真空进行气密性试验。

操作步骤如下：检查流程，减顶冷却系统通冷却水，水封罐建立水封，打开水封罐顶及最后一级出口冷凝器出口的放空阀；切断与减压塔相连的阀门。缓慢打开二级真空泵，再开启一级真空泵。当减压塔真空度达到最高值（残压最低值）时，关闭不凝气放空阀，停止抽真空，进行气密性试验。

气密性试验：观察真空度下降的情况，真空度下降小于0.267 kPa/h，即视为合格，否则要仔细检查泄漏情况，重新进行气密性试验直到合格为止；试验完毕后缓慢恢复常压，缓慢打开塔顶放空阀和塔底排污阀。

3. 加热炉烘炉操作

通过缓慢加热除去炉体内砌筑的耐火砖及耐火材料中的水分，使耐火胶泥得到充分烧结，以防在开车时炉温上升太快，水分汽化膨胀造成炉体胀裂或变形，甚至炉墙倒塌等设备事故。同时考核炉体各零部件及炉管在热状态下的性能。

4. 进、退油试油压、循环操作

（1）进油前的准备工作

1）装置必须达到“四不开车”条件，经有关部门检查合格。

2）联系好油罐，加强原油脱水。

3）改好装置的进、退油流程。

4）联系启用仪表，启动计量表，及做好送电准备。

（2）进、退油

1）启动原油泵并对受油流程做详细检查，严防跑油、窜油。

2）油输到初馏塔时，打开塔底放空放净存水，见油就关。初馏塔底液面达30%时，启动初底泵，油到常压塔时，打开塔底放空放球，见油关阀。常压塔底液面达30%时，启动常底泵；油到减压塔时，打开塔底放空阀放净存水，见油就关。减压塔底液面达到30%时，启动减底泵，控制好三塔底的液面。

3）启动渣油泵后，退油开始，以一定的速度进、退油，期间切换原油泵及各塔底泵，以赶净装置中的存水。装置进、退油时，要加强对塔底现场液位计及塔底泵出口压力的检查，严防装油渍塔。

（3）试油压、冷循环

试油压前，安排好"看压人、蹩压人和检查人"，开始试油压时，稳定各塔底液面，放慢进、退油速度。试油压过程中重点检查全流程的法兰、垫片、阀盖、温度计等处的严密性。

试油压包括：渣油系统、常底系统、拔头油系统、电脱盐系统、原油系统。

5. 第一次开车需增加的步骤

（1）水冲洗

1）水冲洗的目的

①将施工中遗留在设备、管线内的铁锈、焊渣等杂物冲洗干净，防止在运转时卡坏阀门、法兰、孔板，堵塞管线、设备和机泵。

②检查管线、阀门、法兰、焊缝有无泄漏，保证管线、设备畅通。

③操作人员进一步熟悉工艺流程和管线设备。

2）水冲洗步骤及注意事项

水冲洗前所有仪表必须安装、校对完毕；消防安全设施齐全；机泵单机试运合格；场地杂物清除干净；管线做好标志；炉管进料及机泵进口加过滤网，避免杂物带进炉管。所有系统管线的控制阀均拆下，仪表流量孔板拆开加上垫片，关闭仪表引线手阀和安全阀底阀。冲洗时先走副线，然后冲洗短管，完全冲洗干净后再装上。

（2）机械设备的单体试车

检查机泵性能和安装质量。管线设备进一步用水冲洗、清除杂物，达到畅通无阻。

（3）柴油联运

柴油联运的目的是：脱净循环系统管线及设备内的存水，为装置开车打下基础；进一步考验在热油状态下设备、机泵、仪表等是否好用；利用柴油渗透能力强的特点，代替原油对装置循环系统运行，试油压，考验焊缝和静密点是否渗漏；通过油运，使操作人员进一步掌握装置循环及加热炉的操作。

6. 冷态开车步骤

（1）装油

装油的目的是进一步检查机泵情况，检查和发现仪表在运行中存在的问题，清除管线内的积水，建立全装置系统的循环。

(2) 冷循环

冷循环的目的主要是检查工艺流程是否有误，设备、仪表是否正常，同时清除管线内部残存的水。

待排水工作完成后，各塔底液面在偏高（50%左右）位置，便可进行冷循环操作。

1）冷循环的具体步骤与装油步骤相同，流程不变。

2）冷循环时要控制各塔液面稍超过50%左右，并根据各塔液面的情况补油。

3）原油泵底部要经常排水：间断打开电脱盐罐水位调节阀，控制不超过50%。

4）各塔底用泵切换一次，检查机泵运行情况是否良好。

5）换热器、冷却器副线稍开，让油品自副线流过。

6）根据各塔的液位情况，随时调节流量，将液位控制在略大于50%的水平。

7）检查塔顶汽油、瓦斯流程是否开通，防止憋压。

8）启用全部有关仪表显示。

9）如果循环油温度低于50℃，减压炉可以间断点火，但出口温度不得高于80℃（低温状态下原油的黏度太大，不便于输送）。

10）冷循环工艺参数平稳后，至此热循环的各项准备工作完成。

(3) 热循环

当冷循环完成后，开始热循环，流程不变。

1）热循环前的准备工作

①到现场打开各塔的顶部阀门，防止塔内憋压。

②到泵现场启动空冷风机；到常压塔现场和减压塔现场打开各冷凝冷却器给水阀门，检查常压塔、减压塔馏出线流程是否完全贯通，防止塔内憋压。

③循环前到闪蒸塔现场将原油进入电脱盐罐副线的阀门全开，开电脱盐罐副线时可能引起入电脱盐罐原油流量的变化，要注意调节各塔的液位。

2）热循环升温、热紧过程

①加热炉开始升温，起始阶段以炉膛温度为准，前两个小时温度不得大于300℃，两小时后以炉出口温度为主，以每小时20~30℃速度升温。

②当常压炉出口温度升至100~120℃时，恒温两个小时脱水，升温至150℃恒温2~4 h脱水。

③恒温脱水至塔底无水声，回路罐中水减少，进料段温度与塔底温度较为接近时，常压炉开始以每小时20~25℃速度升温至250℃时恒温，全装置进行热紧。

④减压炉出口温度始终保持与常压炉出口温度平衡，温差不得大于30℃。

⑤常压塔顶温度升至100~120℃时，联系轻质油引入汽油开始打顶回流，在常压塔塔顶回流现场打开轻质油阀，开度要自己调节，此时严格控制塔顶罐水液面，严禁回流带水。

⑥常压炉出口温度升至300℃时，常压塔自上而下开侧线，开中段回流。

升温阶段即脱水阶段，塔内水分在相应的压力下开始大量汽化，所以必须加倍注意，加强巡查，严防泵抽空，并根据各塔液面情况进行补油。同时再次检查塔顶汽油线是否导通，以免憋压。

3）热循环过程注意事项

①热循环过程中要注意对整个装置的检查，以防泄漏或憋压。

②检查各塔底泵运行情况，发现异常及时处理。

③严格控制好各塔底的液面，随时补油。

④升温的同时打开各加热炉的过热蒸汽，并放空，防止炉管干烧。

（4）常压系统转入正常生产

1）切换原油

①常压塔自上而下开完侧线后，启动原油泵，将渣油放出装置。启用渣油冷却器，将渣油温度控制在160℃以内，在减压塔现场打开渣油出口阀，关闭开工循环线，将原油量控制在70～80 t/h。

②导好各侧红、冷换热设备及外放流程，关闭放空阀，待各侧线来油后，联系调度和轻质油，并启动侧线泵，侧线外放（前面已经打开）。

③当过热蒸汽温度超过350℃时，缓慢地打开常压塔底、常压塔各侧线的吹蒸汽阀，关闭过热蒸汽放空阀。

④待生产正常后缓慢地将原油量提升至正常。

2）常压塔正常生产

①切换原油后，常压炉以20℃/h的速度升温至工艺要求温度。

②常压炉抽空温度正常后，常压塔自上而下开常一中、常二中回流（前面已经开启了）。

③原油入脱盐罐温度低于140℃时，将原油入脱盐罐副线开关关闭。

④司炉工控制好常压炉出口温度，常压技工按工艺指标和开工方案调整操作，使产品尽快合格，及时联系调度室将合格产品放入合格罐。

⑤根据产品质量条件控制侧线吹汽量。

注意事项如下：

①控制好常压塔回流罐汽油液面及水液面，待汽油液面正常后停止补汽油，用本装置汽油打回流。

②将过热蒸汽压力控制在0.3～0.35 MPa，温度控制在380～450℃。开塔顶部吹汽时要先放净管线内的冷凝水，再缓慢开汽，以防止蒸汽吹翻塔盘。

③脱盐工做好脱盐罐切水工作，防止原油含水过多，影响操作。

④严格控制好侧线油出装置温度。

⑤通知化验室按时进行分析。

（5）减压系统转入正常生产

1）开侧线

①当常压开侧线后，减压炉开始以20℃/h的速度升温至工艺指标要求的范围内。

②当过热蒸汽温度超过350℃时，开减压塔底吹汽阀、减压塔各侧线现场吹蒸汽阀，关过热蒸汽放空阀。

③当减压炉出口温度升至350℃时，打开炉管注汽阀。

④减压塔开始抽真空。抽真空分三段进行：第一段为0～200 mmHg；第二段为200～500 mmHg；第三段为500 mmHg至最大。

⑤减压塔顶温度超过工艺指标时，将常三线油倒入减压塔顶打回流，待减一线有油后，

改减一线油本线打回流，常三线油放出装置，控制塔顶温度在指标范围内。

⑥减压塔自上而下开侧线。操作方法同常压塔，基本相同。

2）调整操作

①当减压炉出口温度达到工艺指标后，自上而下开中段回流，开回流时先放净设备管线内的存水，严禁回流带水。

②侧线有油后联系调度室，启动侧线泵，将侧线油放入催化原料罐或污油罐。

③倒好侧线流程，开脏洗油系统，同时启用净洗油系统。

④根据产品质量调节侧线吹汽流量。

⑤司炉工稳定炉出口温度，减压技工根据开工方案要求尽快调整产品使其合格，将合格产品放进合格产品罐。

⑥将软化水引入装置，启用蒸汽发生器系统。自产气先排空，待蒸汽合格不含水后，再并入低压蒸汽网络或引入蒸汽系统。

3）注意事项

①开炉管注汽，塔部吹气应先放净管线内的冷凝存水。

②将过热蒸汽压力控制在0.25～0.3 MPa，温度控制在380～450℃。

③抽真空前先检查抽真空系统流程是否正确。抽真空后，检查系统是否泄漏，并控制好液面。

④控制好蒸汽发生器水液面，自产蒸汽压力不得大于0.6 MPa。

⑤开净洗油、脏洗油系统时，应先放尽过滤器、调节阀等低点的冷凝水。应缓慢开启，防止吹翻塔盘。

⑥将常三线油引入减压塔顶打回流前，必须检查常三线油的颜色，防止黑油污染减压塔。

（6）投用“一脱四注”

1）生产正常后，将原油输入电脱盐工序的温度控制在120～130℃，压力控制在0.8～1.0 MPa，电流不大于150 A。然后开始注入破乳剂、水。

2）常压塔顶开始注氨，注破乳剂。

二、常减压炼油装置的正常操作运行与事故处理

在企业正常生产时，操作人员要严格遵守各项操作规程，杜绝违章操作，工艺指标出现波动时要及时调整，在最短的时间内使生产恢复正常；问题较严重时应及时上报，避免问题进一步恶化。化工企业为高危行业，人为操作的失误或设备的老化都有可能造成生产事故，出现生产事故时，操作人员必须及时、正确地采取措施进行处理，否则将会酿成严重后果。

1. 电脱盐操作要点

（1）正常操作

1）内操岗位。电脱盐的盯岗重点是：电流是显示原油性质变化的重要指标之一，要勤观察电流的变化趋势；脱盐温度是否保持在110～140℃；注水量是否稳定控制在5%左右；储水罐的液位是否过低；界位是否正常，两种测量方式的测量值之差是否发生变化；混合阀的开度是否发生大的变化等。根据脱盐后的含盐、含水量的分析数据，进行相应的调整。

2）外操岗位。巡检重点：脱水中是否带油；破乳剂罐的液位是否过低；破乳剂的注入量是否稳定在规定量上；各阀门、法兰是否泄漏；定期手动检查界位指示是否良好；定期检查乳化层的实际位置等。

（2）在线反冲洗

原油在开采、运输过程中会携带大量的杂质，包括固体杂质，虽经沉降，仍不免被部分带入脱盐罐内，并沉降堆积于罐底。随着杂质的聚积，杂质高度的逐渐升高，界位的零位也会升高，从而影响水滴的沉降时间，同时，过多的杂质会使排放水的含油量上升。因此，要对电脱盐罐进行定期在线反冲洗，以冲掉沉积的杂质，建议每月进行2～3次。

反冲洗的步骤和注意事项如下：

1）反冲洗时不可同时冲洗两级，这样可保持一定的脱盐、脱水效果。

2）停一级注水，内操逐渐降低一级界位。降低界位的目的是防止大量的水进入罐内，造成界位突升，电脱盐系统跳闸，甚至出现原油带水事故。但是不要将界位降得很低，这是因为若界位很低，高速水流形成的涡流容易造成顽固的乳化层。一般降到25%～30%即可。

3）打开反冲洗水阀，将水引入罐内。一般，反冲洗水是从注水线上引出，水量不可过大，以免引起界位波动，使搅起的杂质被原油带走。

4）打开罐底直排，排出沉积物。罐底直排和脱水线不同，罐底直排是指罐的最底部的排水口，脱水是从罐底部的脱水收集管（槽）中引出来的，脱水收集管高于罐底。

5）一般反冲洗30 min即可。判断反冲洗效果的方法是观察直排放出来的水是否变清。如果水已变清，关闭直排阀门，停止反冲洗水，改正常注水流程。

6）重复以上步骤，进行二级反冲洗。

7）反冲洗过程中，内、外操要勤联系，一定要控制好界位。如果中途原油大幅变化或其他不稳定因素出现，如电流升高，可中断反冲洗。

（3）非正常状态

常减压装置是炼厂的“龙头”装置，而电脱盐又是常减压装置的“龙头”处理单元，原油性质发生变化首先体现在电脱盐的各种参数上。例如，原油密度发生变化，会引起脱盐压力的变化，这是因为原油的汽化率发生了变化。原油含盐量变化，会引起电流变化。原油含水量的变化可以从脱水量的大小上看出，或从界位控制阀的开度变化看出，因此电脱盐单元操作参数很容易发生波动，这就需要认真分析，查找波动原因，并做出相应的调整。

事故处理的基本原则为：生产事故发生后，要保持镇静，组织人员根据事故的现象查明事故的原因、部位，做到判断准确。然后，一方面安排人员及时向上级领导、调度、消防队汇报；另一方面安排人员采取一切措施，全权处理事故。

脱盐不正常的直观表征主要是：界位变化，电流电压变化，脱盐后原油含盐、含水量变化，脱盐后带油。脱盐过程中可能出现的异常状态、原因及处理措施见表5—4—1。

表5—4—1　　脱盐过程中可能出现的异常状态、原因及处理措施

异常状态	原因	处理措施
脱盐原油中含盐量太高	①混合压降太低，盐没有充分溶解于水中	①提高一级或两级混合压降
	②注水量不足	②提高一级或两级注水量
	③操作温度太低	③提高脱盐前原油的温度
	④原油性质变化剧烈	④筛选破乳剂，更换破乳剂配方
	⑤原油处理量大，停留时间短	⑤延长原油的沉降时间

续表

异常状态	原因	处理措施
脱盐原油中含水量太高	①混合压降太大	①降低混合压降
	②注水量太大	②降低注水量
	③脱前原油沉积物及含水量太高，油水分离不彻底	③加强罐区脱水，电脱盐罐反冲洗
	④电场强度太低	④检查电气系统是否有运行问题或适当调高电压挡位
	⑤破乳剂加入量不足或者应改变破乳剂的类型	⑤提高破乳剂注入量或者改变破乳剂类型
	⑥界位太高	⑥标定界位指示仪表
脱水带油	①混合压降太大	①降低混合压降
	②脱盐温度太低，破乳效果不好	②调整换热流程或联系改变原油品种
	③破乳剂注入量不足或者应改变破乳剂的类型	③提高破乳剂注入量或者改变破乳剂类型
	④界位太低	④标定界位指示仪表

2. 初馏塔的操作要点

（1）原油性质对初馏塔影响

原油性质变化，在初馏塔的各种参数上表现得十分明显，继而影响常压塔、减压塔的操作。

1）原油密度。原油密度变小，轻油产量增加，重油产量减少。相应地脱盐前的原油与轻油换热，脱盐前的温度会升高。脱盐后原油与重油换热，初馏塔进料温度低。初馏塔进料的汽化率增加，塔内气相负荷上升，塔顶压力上升，不凝气量、汽油量增加，汽油干点降低，冷凝后温度升高；侧线馏出油温度升高；初底液位下降。

操作重点：原油变轻后应提高初馏塔的塔顶温度和侧线的馏出量，以提高馏出油的干点，保证产品质量。适当提高中段回流量，并稳定塔底液位和流量。如果原油变化太剧烈，可联系调度降量处理。

2）进料温度。初馏塔的进料主要是与常压塔、减压塔的侧线产品和中段回流换热。进料温度主要影响进料的汽化率、初馏塔内的气液相分布，造成产品分布的变化。与原油换热的热源流量或温度的变化，都会影响进料的换热温度，由此可以看出，初馏塔的进料温度是很难稳定的。

3）进料带水量。在换热过程中，原油中的水被加热汽化，吸收大量的热量，造成初馏塔进料温度下降。另外，水蒸气进入初馏塔会使塔内气相负荷大幅增加，塔顶压力上升，石脑油冷凝后温度升高，塔顶罐的界位迅速上升。带水严重时会造成冲塔，使塔顶产品变黑，安全阀启跳。

操作中要随时注意初馏塔的进料温度、塔顶压力、塔顶罐界位和初底液位等参数的变化，同时参照电脱盐压力、界位的变化来判断进料带水量的变化。

（2）塔顶压力

初顶压力同样受进料的轻重、含水量、流量大小的影响。

初顶瓦斯的后路如果憋压会使塔顶压力迅速上升，液位太高也会使塔顶压力上升，如果空冷皮带坏、电动机故障，或者冷却器气阻、循环水中断，都会造成塔顶压力升高。

初顶压力的高低影响到塔上部气相负荷的大小，由于进料温度低，气化率小，常压塔的塔顶压力变化对石脑油干点的影响比较小。

初顶压力主要影响塔顶轻烃的挥发度。如果塔顶压力提高至0.35 MPa以上，轻烃里的液化气组分基本全部以液态溶解到汽油中，再送至轻烃回收单元（装置）进行分离。升压有利于回收轻烃，但同时也带来一个问题，就是压力升高后，进料的汽化率很低，起不到提高炼油量的作用，有的装置就在初馏塔后又增加一级常压闪蒸，将其中的轻组分蒸出送至常压塔中部。还有一种在初馏塔前设置闪蒸塔，它的目的也是提高炼油量。

塔顶压力如果快速下降，塔顶罐中的汽油大量汽化，会造成初顶汽油泵抽空。这时应稳定压力，冷却泵体，使泵体里的油气冷凝。

（3）塔顶温度

塔顶温度主要是控制塔顶产品和侧线的质量。它受原油的性质、含水量和温度的影响，还受控制方案的限制。

（4）初底液位

初底液位是初馏塔物料平衡的表征。很多因素会使液位产生波动，如原油轻重的变化，原油量、初底油量的调整，塔顶温度压力的变化等。

初底液位的控制阀一般设在原油泵后，脱前换热器前。控制阀到初馏塔底的距离太长，而且中间加有电脱盐罐、若干换热器，造成控制比较滞后。这在开工初期建立三塔循环时会带来麻烦。操作中控制好初底液位，更要保持好初底油量的稳定，因为这关系着以后流程的平稳运行。

3. 常压塔的操作要点

常压塔的操作是常减压蒸馏装置最核心的操作环节，掌握着主要产品质量的控制，对全装置的平稳操作起着重要作用，同时其他单元的波动都会影响着常压塔的平稳操作。要使常压塔操作平稳、产品质量合格，必须做到：

（1）稳定进料量和进料性质。当进料发生变化时，应及时调整中段回流量和侧线抽出量。

（2）稳定塔顶温度。当塔顶温度发生变化时，侧线抽出温度会呈现放大效果，很容易造成产品不合格。

（3）稳定塔顶压力。当塔顶压力发生变化时，各组分的挥发度发生变化，改变了产品性质，要调整各侧线的抽出温度，以保证产品质量。

（4）稳定塔底液位，稳定塔底吹汽量和气提塔吹汽量。

（5）稳定各回流温度和流量，保持好热量的平衡。

4. 减压塔操作

减压分馏的操作方法与常压塔大致相同，它的侧线量、温度、顶温、液面控制、影响因素以及物料和热量的平衡的维持也基本与常压塔相同，但不同的是它在负压的条件下蒸馏，所以真空度的变化给以上各个操作条件都会造成影响。几乎每个条件中的影响因素和调节方法都提到了真空度的变化和控制。为了更直观地说明控制方法，特把前面阐明的各影响因素汇总如下，见表5—4—2。

表5—4—2　　减压塔正常操作控制方法

控制要点	影响因素	调节方法
减顶温度控制	①进料温度、流量发生变化 ②顶回流的流量和冷后温度波动 ③中段回流量变化，影响上部气相负荷 ④常压拔出率减小，会把部分柴油组分带到减压塔，使顶温升高 ⑤炉管注汽量变化 ⑥真空度波动	①平稳减压炉的出口温度 ②平稳塔顶回流量，调整冷却温度 ③调节中段回流量或返塔温度 ④根据塔负荷的变化，塔顶温度做相应的调整 ⑤调整炉管注汽量 ⑥调整真空度
侧线温度控制	①减顶温度变化 ②顶回流或中段回流温度变化 ③顶回流或中段回流量变化 ④真空度变化 ⑤减压炉出口温度变化	①稳定减顶温度 ②平稳顶回流或中段回流温度 ③根据负荷调节顶回流、中段回流量 ④稳定真空度 ⑤平稳减压炉出口温度
减底液面控制	①减压炉出口温度变化 ②塔底泵送量不稳定 ③真空度下降 ④进料量变化	①平稳减压炉的出口温度 ②处理塔底泵，使泵送量平稳 ③提高真空度 ④稳定进料量
侧线液面控制	①塔顶温度波动 ②进料量与进料温度变化 ③一中、二中回流量变化 ④真空度变化 ⑤泵抽空或出现故障，不上料 ⑥仪表失灵	①稳定塔顶温度 ②稳定进料量与进料温度 ③调节一中、二中的流量到适当值 ④稳定真空度 ⑤处理泵，使泵送量稳定 ⑥联系仪表处理

减压塔常见的故障原因及处理方法见表5—4—3。

表5—4—3　　减压塔常见故障及处理方法

常见故障	故障原因	处理措施
减压侧线油残炭高、颜色深、干点高及重金属含量高等	塔内气速非常高，气相夹带液严重；没有洗涤油或洗涤效果不佳；馏分油本身拔得过重、减压炉出口温度升高，中段回流量较小，填料上部气相温度高，真空度太高，塔底液位过高。塔底吹汽量过大或减压塔气相负荷过大	通过调节洗涤油的流量来获得合格的产品；对于没有洗涤油流程的减压塔，可以采取降低减压炉出口温度的方法，改善馏分油的质量
真空度下降	①减顶温度控制过高；蒸汽量过大；减压炉出口温度波动；塔底液面波动或系统轻微泄漏等 ②抽真空蒸汽压力不足、减顶冷却器汽化、冷却负荷不足、减压炉出口超温、减底液面过高或蒸汽带水等	①检查减顶回流的流量和温度，将塔底吹汽，炉管注汽适当调小，控制减压炉出口温度在指标之内；减小塔底液面波动幅度；查找泄漏点并处理 ②原油适当降量，以外甩渣油不超温，保持塔底液面正常为条件。侧线适当降量，以保住侧线液面，泵不抽空为基准

续表

常见故障	故障原因	处理措施
真空度下降	③抽真空蒸汽中断、减顶冷却水中断、减顶瓦斯线堵塞、水封破坏、某级真空泵堵塞或设备严重泄漏（倒吸空气）等	③立即采取果断措施，严禁空气倒吸入塔。迅速关闭末级真空泵不凝气放空（或去加热炉）阀，严防空气倒吸。原油降量，开大减底泵抽出，控制好液面，外甩渣油不超温，侧线外甩视情况关闭，保持侧线液面、保持回流量，然后查找原因并处理
渣油 500℃馏出量大	①减压炉出口温度低 ②真空度低 ③侧线拔出量少，减三线往下溢流 ④换热器漏，含有较多轻组分的原油或拔头油漏入渣油侧 ⑤封油量过大。500℃馏出量大的多数原因就在于此	①稍提炉温 ②努力提高真空度 ③减少二中回流量，提高侧线抽出量 ④甩漏换热器 ⑤减小封油量

5. 加热炉日常操作中的问题及解决方法

（1）加热炉的安全运行与点火

加热炉在运行过程中，由于空气不足，燃料燃烧不完全，当高温炉膛内瓦斯达到一定浓度时就可能会发生爆炸事故。另外，加热炉在开车阶段，点火前炉膛未进行蒸汽彻底吹扫，或者刚点着又熄灭，未进行蒸汽吹扫又接着点火。

为防止加热炉发生爆炸事故，应做到以下几点：

1）燃烧器在点火前要彻底对炉膛进行蒸汽吹扫，待烟囱见到蒸汽后方可进行点火作业。

2）当燃烧器在点着又熄灭的情况下，应立即关闭燃料阀门，然后向炉膛内吹蒸汽，待烟囱见到蒸汽后再重新点火。

3）在加热炉正常运行中，如发现空气量不足，应立即查明原因及时处理，使燃料充分燃烧。

（2）燃料正常燃烧的现象和条件

燃料在炉膛内正常燃烧的现象是：燃烧完全，火焰刚直有力，炉膛明亮。燃料油燃烧时，火焰呈杏黄色，燃料气燃烧时，火焰呈蓝白色；烟囱排烟呈无色或淡蓝色。

为保证燃料的正常燃烧，燃料压力必须稳定，燃料气不得带入液相组分。燃料油不得带杂质、水，且温度保持在130℃以上；风压稳定、风量适中。

（3）影响加热炉出口温度波动的因素

影响加热炉出口温度波动的原因有：炉膛温度发生变化；入炉原料油温度、流量、性质发生变化；燃料系统压力或性质发生变化，燃料气带液或燃料油带水；燃料油雾化蒸汽压力发生变化，燃料油雾化效果不好；仪表自动控制失灵。

（4）保证炉出口温度平稳的主要措施

1）及时准确地调节加热炉的“三门一板”，做到燃料燃烧状况良好。

2）随时掌握入炉原料的温度、流量、压力的变化情况。

3）保证燃料压力、性质平稳，做好燃料排凝、脱水工作。

4）燃料系统、雾化蒸汽等发生问题后，及时联系有关单位处理解决。

5）加强仪表自控的日常维护，出现问题及时处理。

（5）回火

当空气与瓦斯的混合气体流出的速度低于火焰传播速度时，火焰回到燃烧器内燃烧，这种现象叫回火。回火有时会引起爆振或熄火，长时间燃烧也可能烧坏混合室或引起其他事故。

处理措施：当瓦斯供应不充足时，开大瓦斯控制阀门或提高瓦斯压力；当瓦斯供应充足时，调节燃烧器的风门，使空气与瓦斯混合物的流出速度大于火焰的传播速度，即可达到解决和预防回火的目的。

（6）脱火

当空气与瓦斯的混合物流出速度很高，燃料离开喷头一段距离后才着火，这种现象叫脱火。脱火时火焰燃烧不稳定，以至于熄火。处理措施：视情况减小燃料和空气的送入量。

（7）熄火

造成燃烧器熄火的原因很多，如燃料压力波动、瓦斯中带入液相组分、一次风风量过大、燃烧器喷嘴堵塞等均可造成燃烧器熄火。当发生熄火时，应立即关闭燃料阀门，防止大量燃料进入炉膛发生闪爆。

6. 冷却器的操作

冷却器的投用、停运方法可参照换热器操作方法进行，但应注意以下几点：

（1）冷却器投用时，应打开冷却水线上的放空阀排气，见水后关闭，防止气阻影响冷却效果。

（2）冷却器停运扫线时，停冷却水，同时打开冷却水放空阀，避免憋压损坏设备。

（3）调节油品冷后温度时，应用冷却水出口阀控制。因为采用入口阀控制水量，虽然可以节省冷水，但是会引起冷却器内水流短路或流速减慢，造成上热下凉，影响换热效果。

7. 空冷器的操作

（1）空冷器的投用

1）启用空冷前，首先检查风机、电动机是否按要求安装，各润滑部位是否加好润滑脂，转动风扇不应有卡、碰现象，传动带是否齐全。

2）检查基础、支座、框架是否完好，各部位螺栓是否满扣、紧固。

3）改好流程后方可启动。

（2）运行检查

在运转中应经常检查电动机、风扇是否运行正常，空冷器有无泄漏，空冷器及管道有无异常振动，传动带是否磨损。对于湿式空冷及表面蒸发式空冷，还应注意检查喷淋水系统的运行情况，喷嘴有无堵塞，水槽是否泄漏，换热管外壁是否结垢等情况，发现问题及时处理。

要特别重视表面蒸发式空冷的腐蚀问题，对于未做管外防腐的管束，使用半年就会出现大面积的泄漏情况。其腐蚀机理属于垢下腐蚀，应从以下三方面着手延长空冷器使用寿命：一是应加强水质管理，定期做好水质监测，根据水中的总磷及铁离子浓度控制好缓释剂的剂量；二是做好管束外壁防腐，目前较常用的防腐涂料是TH901；三是管束材质升级。

(3) 空冷器停运后的保护

空冷器停运后，用蒸汽将存油扫净，扫净后蒸汽排空，防止憋压。

三、常减压炼油装置的停车操作

1. 正常停车

(1) 停工建议的原则及要求

1) 扫线原则。先重后轻，先长后短，先难后易，先正后副，前后依次，不得错漏，汽、煤、柴、油线先用水顶后扫线。

2) 汽油、液态烃管线及流程经过的设备，先用水顶后吹扫，扫通后再吹扫时间不小于8 h。瓦斯线用蒸汽扫通后再吹扫时间不小于8 h。液态烃管线往瓦斯管网消压后用蒸汽吹扫，吹扫时间不少于12 h，瓦斯管线用蒸汽吹扫时间不少于12 h。

3) 冲洗及吹扫时水量及蒸汽量要按要求供给。

4) 扫线蒸汽压力应大于被吹管线的压力，用蒸汽吹扫前，应将设备或管线中的存水放净。小于1.0 MPa的压力表和真空表的引压阀要关死，低于250℃的温度计要取出或更换。

5) 扫线时要联系罐区注意罐液位的变化，防止冒罐、窜罐事故。

6) 对固定管板式冷却器一般用水顶净即可；必须进行蒸汽吹扫时，应将吹扫线系统的蒸汽压力降至最低，严防憋压，以免产生较大温差而损坏设备。

7) 控制阀、泵体要吹扫干净。备用泵及停用设备要一起吹扫。

8) 吹扫冷换热设备的管程和壳程时，必须打开另一管程线的阀门，严防憋压，冷却水必须在扫线之前放净。

9) 扫净冲洗油线。

10) 连接线、死角均要吹扫，难吹扫的死角要反复吹扫。吹扫系统的管线时，如果有很多分支线，应每条分支线分别进行，不要同时吹扫，以免蒸汽压力不足扫不干净。

11) 蒸汽扫线时，流量计走副线，以免损坏流量计。

12) 吹扫是否干净以排空不见油为标准。

13) 蒸塔时塔底不存残液。水温不小于90℃。各容器吹扫时间不少于24 h，塔的蒸气吹扫时间不能少于60 h。

14) 各塔、容器打开人孔后，注意防止FeS自燃。

(2) 正常停车步骤

1) 降量

①降量前先停电脱盐系统。

②降量分多次进行，降量速度为10～15 t/h。

③降量初期保持炉出口温度不变，调整各侧线油的抽出量，以保证侧线产品质量合格。

④降量过程中注意控制好各塔底的液面，调节各冷却器用水量，将侧线油品出装置的温度控制在正常范围内。

2) 降量、关侧线阶段

①当原油量降至正常指标的60%～70%时开始降炉温。炉出口温度以25～30℃/h的速度均匀降温。

②降温时将各侧线油品放入催化原料罐或污油罐，常减压各侧线及汽油回流罐控制高液面，做洗塔用。

③常压炉出口温度降至280℃左右时，常压塔开始自上而下关侧线，停中段回流，各侧线及汽油停止外放。

④减压炉出口温度降到320℃左右时，减压塔开始自上而下关侧线，停中段回流，各侧线及汽油停止外放。

⑤当过热蒸汽出口温度降至300℃时，停止所有的塔部吹气，进行放空。

3）装置打循环及炉子熄火

①常压塔关完侧线后，立即停原油泵，改为循环流程进行全装置循环。

②减压塔关侧线后，将减压侧线油自分配台倒入减压塔打回流洗塔。减侧线油打完后，将常压各侧线油倒入减压塔顶回流洗塔，直到各侧线油打完为止。

【注意】

将侧线油倒入减一线打回流时，应打开减一线流量计和外放调节阀的副线阀门。

③常压技工将汽油回流罐内的汽油全部打入常压塔顶洗常压塔，塔顶温度过低时停空冷。

④炉子对称关火阻，继续降温，炉出口温度降至180℃时停止循环，炉子熄火，风机不停。待炉膛温度降至200℃时停风机，打开放爆门加速冷却，停过热蒸汽。

⑤炉子熄火后，将各塔底油全部抽出装置。

（3）FeS钝化

化学清洗的目的：近年来，随着原油重质化，炼油企业加工高硫和含硫原油逐年增多，各种设备和工艺管线均有不同程度的硫化亚铁生成。在静设备（塔、容器等）的高温或高硫介质部位生成的硫化亚铁不断沉积，在装置检修期间，由于这些部位沉积的硫化亚铁很难在蒸塔及水洗过程中水解或冲走，当打开塔或容器时，残余的硫化亚铁接触空气后，迅速氧化、自燃，产生大量的热量，引起烧毁设备和火灾的事故时有发生，成为安全检修和设备安全的极大隐患。为了有效地防止硫化亚铁自燃，保证炼油厂的安全检修，消除硫化亚铁的危害。在检修过程中必须对塔或容器进行硫化亚铁钝化，以保证检修期的安全。

硫化亚铁钝化原理：硫化亚铁具有较强的活性和螯合能力，基于这一机理，钝化剂主要由螯合剂加上水解促进剂及表面活性剂、缓蚀剂等组成。可以氧化腐蚀硫化亚铁，使其生成可溶于水的铁盐及硫酸盐。

化学清洗方案：根据各装置具体情况而定。

2. 紧急停车

紧急停车作为事故处理的手段，在事故原因尚不明确或发生重大事故且有扩大趋势危及装置的安全生产时，即可采用紧急停工。这可能不是最优化的事故处理方案，但却可以迅速有效地控制事故的蔓延，保证装置的安全，从而为迅速恢复生产奠定基础。

（1）紧急停工的条件

当遇到突发的重大事故时，一时难以下手，为了迅速控制事态，避免事故的扩大和蔓延，保护人身、设备的安全，最大限度地减小损失，迅速恢复生产，应果断地采取紧急停车手段。这些突发事故可以归纳为以下几类：

1）装置内发生重大着火、爆炸事故。

2）加热炉管严重烧穿、漏油着火。

3）分馏塔、转油线等主要设备严重漏油着火。

4）主要机泵、原油泵、塔底泵严重故障无法运行或漏油着火。

5）公用系统，如电、风等长时间中断。

6）重大的自然灾害如地震等。

7）外装置重大事故严重危及本装置安全。

（2）紧急停车操作要点

1）沉着冷静，果断决策，及时汇报调度和上级领导，必要时通知消防部门。

2）加热炉迅速熄火，各塔顶的瓦斯改放火炬或放大气。

3）切断原油进料，停掉所有机泵（原油泵、塔底泵、侧线泵、回流泵、燃油泵、引风机等）。

4）关闭所有气提蒸汽，过热蒸汽放空。

5）减压塔释放真空，恢复常压，释放真空时要严防空气倒窜入塔内而引起爆炸。

6）设备内用蒸汽掩护（微正压），迅速移走、退净存油。

7）迅速切断与事故相关的管线、设备，并对事故环境中的管线、设备进行消压、移走油品、蒸汽掩护、给水降温或组织消防灭火等，严防设备管线受热膨胀爆裂、漏油着火，使事态扩大。

8）紧急停车过程中严防超温、超压、超液面情况发生。

9）根据停车时间的长短，决定重油管线是否吹扫。

10）未尽事宜均按正常停工处理。

（3）紧急停车步骤

1）加热炉立即熄火。

2）停止原油进料，关各馏出阀、注气阀，释放真空，认真退油，关塔部吹气，过热蒸汽改为放空。

3）将不合格油品改进入污油罐。

4）对局部着火部位应及时切断火源，加强灭火。

5）尽量维持局部循环，尽量按正常的停车方法处理。

【注意】

减压释放真空时，不能太快，要关闭瓦斯放空阀。

思考与练习

1. 常压塔侧线采用再沸提馏的优点是什么？

2. 影响脱盐效果的六因素是什么？

3. 简述常减压蒸馏各组分的馏分范围。

4. 简述生产润滑油馏分油时，减压各侧线油的黏度、馏出温度、各中段回流量、塔顶温度、真空度之间的关系。

5. 影响加热炉热效率的主要因素有哪些？

6. 常减压装置在塔顶回流或塔顶循环为什么多采用U形管换热器？

7. 原油中含盐含水对原油加工有什么危害？

8. 影响减压塔顶温度变化的因素有哪些？

9. 引起减压塔底液位变化的因素有哪些？

10. 如何保证在产品质量合格的前提下提高产品收率？

参考文献

1. 刘振河．化工生产技术．北京：高等教育出版社，2010
2. 赵师琦．无机物工艺学．北京：化学工业出版社，2008
3. 米镇涛．化学工艺学（第二版）．北京：化学工业出版社，2006
4. 朱宝轩，霍琪．化工工艺基础．北京：化学工业出版社，2004
5. 葛晓军，周厚云．化工生产安全技术．北京：化学工业出版社，2010
6. 中国化工节能技术协会．化工节能技术手册．北京：化学工业出版社，2009
7. 张天成．化工单元运行安全技术．北京：化学工业出版社，2007
8. 金磊夫．氯碱电解工艺作业．北京：团结出版社，2011
9. 程雪．离子膜制碱生产技术．北京：化学工业出版社，2004
10. 唐元斌．常减压蒸馏工艺技术．北京：化学工业出版社，2007
11. 姚曾信．炼油工艺学．北京：中国石油出版社，2006
12. 崔恩选主编．化学工艺学（第二版）．北京：高等教育出版社，1990
13. 黄仲九．化学工艺学．北京：高等教育出版社，2001
14. 韩冬冰等．化工工艺学．北京：中国石化出版社，2003
15. 冯元琦．甲醇操作问答．北京：化学工业出版社，2004
16. 杨春升．小型尿素装置生产工艺与操作．北京：化学工业出版社，1999
17. 梅安华．小型尿素装置生产技术．北京：北京科学技术出版社，1992
18. 钱镜清，朱俊彪，陈英明．尿素生产工艺与操作问答．北京：化学工业出版社，1992
19. 大连工学院．气提法尿素生产工艺．北京：石油化学工业出版社，1978
20. 袁一．尿素．北京：化学工业出版社，1997
21. 池永庆．尿素生产技术．北京：化学工业出版社，2006
22. 王寿建．化工厂公用设施设计手册．北京：化学工业出版社，1999
23. 韩文广．化工装置实用操作技术指南．北京：化学工业出版社，2001
24. 黄纯华，葛少云．工厂供电．天津：天津大学出版社，1988
25. 汪寿建．化工厂工艺系统设计指南．北京：化学工业出版社，1996
26. 蔡尔辅，陈树辉．化工厂系统设计．北京：化学工业出版社，2004
27. 曾科，卜秋平，陆少鸣．污水处理厂设计与运行．北京：化学工业出版社，2001